基于形状记忆合金的自复位抗震钢结构：
材料、构件与体系

王 伟 方 成 著

中国建筑工业出版社

图书在版编目（CIP）数据

基于形状记忆合金的自复位抗震钢结构：材料、构件与体系 / 王伟，方成著 . —北京：中国建筑工业出版社，2019.12（2022.3 重印）

ISBN 978-7-112-24126-2

Ⅰ. ①基… Ⅱ. ①王… ②方… Ⅲ. ①形状记忆合金-抗震结构-钢结构 Ⅳ. ① TU352.11

中国版本图书馆 CIP 数据核字（2019）第 179895 号

为实现韧性城市的建设目标，首先需要发展抗震韧性结构的关键技术和设计理论，有效提高强震作用下建筑和基础设施的震后恢复能力。本书以"材料—元件—构件与节点—结构"为主线，系统地介绍了基于形状记忆合金的自复位抗震钢结构性能和设计方法，重点突出新型自复位元件应用于结构的工作机理及其设计关键技术。包括：SMA 棒材、环簧、碟簧的加工工艺与基本力学性能；基于 SMA 棒材的钢结构节点抗震性能与设计；基于 SMA 环簧的钢结构节点抗震性能与设计；基于 SMA 环簧的自复位阻尼器抗震性能与设计；基于 SMA 碟簧的钢结构节点抗震性能与设计；基于 SMA 的钢 – 混凝土组合节点抗震性能与设计；基于 SMA 的自复位钢框架抗震设计与地震损失分析。

本书适合建筑结构设计人员和工程抗震研究人员阅读，也可供高校教师从事相关科研和教学工作参考。

责任编辑：武晓涛　王　梅
责任校对：王　瑞

基于形状记忆合金的自复位抗震钢结构：材料、构件与体系
王　伟　方　成　著

*

中国建筑工业出版社出版、发行（北京海淀三里河路9号）
各地新华书店、建筑书店经销
北京建筑工业印刷厂制版
北京中科印刷有限公司印刷

*

开本：787×1092毫米　1/16　印张：14½　字数：362千字
2020年1月第一版　2022年3月第二次印刷
定价：**48.00**元
ISBN 978-7-112-24126-2
（34642）

版权所有　翻印必究
如有印装质量问题，可寄本社退换
（邮政编码 100037）

前　言

现代化大型城市人口集中、建筑物和基础设施集中、财富集中、社会功能集中，建筑和基础设施的震后功能恢复速度，对经济、社会乃至人群心理和生活的影响之大，前所未有。因此，建设韧性城市已成为当前及其今后相当长一段时期内土木工程抗震科技工作者面临的重要任务之一，抗震韧性（Seismic resilience）正逐渐成为工程抗震设计的新要求。要实现韧性城市的目标，首先就需要通过发展抗震韧性结构的关键技术和设计理论，有效提高强震作用下建筑和基础设施的震后恢复能力。抗震韧性理念提升了传统以保障地震下生命安全性为主的结构抗震要求，强调减小震后经济损失和避免漫长的震后修复期，最大限度地降低地震灾害对社会的影响，从而获得显著的经济效益和社会效益。

近年来，国内外学者在抗震韧性结构领域开展了诸多研究，提出了可更换结构、自复位结构、摇摆结构等多种形式，其中最具代表性的当属自复位结构。自复位结构体系的核心包括自复位系统和可更换耗能部件，两者组合使用既可以获得优良的延性和耗能能力，又可以使主体结构在地震中无损或仅发生易于修复的微小损伤且震后残余变形极小。后张拉预应力技术无疑是实现自复位系统有效工作的驱动方式之一。随着材料科学与技术的发展，形状记忆合金（SMA）在土木工程抗震中逐渐得到应用，有别于后张拉预应力技术这一传统自复位驱动方式，形状记忆合金的超弹性效应具有同时为自复位结构提供变形回复驱动力和耗能能力的一体化集成优势。基于 SMA 开发的特殊元件和构件还可解决后张拉预应力自复位结构极限变形能力有限且存在断裂风险，构造复杂、张拉施工烦琐等瓶颈问题。

本书作者自 2011 年以来在国内较早开展了基于 SMA 的自复位抗震钢结构研究，从 SMA 材料和元件入手进行系统性研发，先后创制了 SMA 环簧和碟簧等新型自复位元件，将其应用于钢结构连接、节点、构件并拓展至结构体系，具体包括：

1）形状记忆合金棒材、环簧、碟簧的加工工艺与基本力学性能；

2）基于形状记忆合金棒材的钢结构节点抗震性能与设计；

3）基于形状记忆合金环簧的钢结构节点抗震性能与设计；

4）基于形状记忆合金环簧的自复位阻尼器抗震性能与设计；

5）基于形状记忆合金碟簧的钢结构节点抗震性能与设计；

6）基于形状记忆合金的钢 - 混凝土组合节点抗震性能与设计；

7）基于形状记忆合金的自复位钢框架抗震设计与地震损失分析。

本书即是在参考国内外相关研究成果的基础上，对我们在基于 SMA 的自复位抗震钢结构方面的研究成果加以总结而成。全书大纲由我拟定，由方成起草第 1 章，我起草第 2～9 章，最后由我负责全书的修改和统稿。

本书内容主要基于下列我所指导研究生的学位论文工作，他们是邵红亮、刘佳、贺策、杨肖、张奥、钟秋明、冯伟康、胡书领、陈俊百。方成副教授参与了上述部分研究生的指导，对本书的研究成果也有贡献。同济大学陈以一教授对相关研究工作多次提出指导意见。研究生冯伟康协助完成了全书文字和图表的排版工作。本书的研究还得到了国家自然科学基金重点国际合作研究项目（批准号：51820105013）、国家自然科学基金面上项目（批准号：51778459，51778456）、国家自然科学基金重点项目（批准号：51038008）、土木工程防灾国家重点实验室基金项目（批准号：SLDRCE14-B-05）、地震工程国际合作联合实验室基金项目（批准号：ILEE-IJRP-P1-P1-2016）、同济大学中央高校基本科研业务费专项资金学科交叉类项目（批准号：0200219232）的资助。对此，本书作者表示衷心感谢。

尽管我们做出了努力，但由于学识和水平有限，书中依然难免存在不当和疏漏之处，恳请读者不吝指正，以期在今后加以改进和完善。

王伟

2019 年 5 月

目　　录

第1章 绪　　论

1.1　背景与现状

1.1.1　自复位结构与形状记忆合金

在结构抗震理论日益完善的当今，地震仍然严重威胁着人类社会的生存和发展。仅按现行抗震规范要求设计的结构，即使在强震作用下没有发生结构整体倒塌，但是由于过大塑性变形导致的破坏和难以恢复的残余变形而不得不在震后予以拆除；即使设法修复也将造成高昂的代价，付出的时间、材料和人力成本甚至会超过重建所需。如2011年新西兰 Christchurch 地震后，受灾范围内大量的尚未完全倒塌的建筑由于显著的破坏而需要被拆除，预估重建费用将高达400亿新西兰元，占当年新西兰国内生产总值的20%[1]。由此可见，"大震不倒"已经不能完全满足现代抗震设计的需要。对于钢结构，能够实现强震作用下的可恢复性目标，即结构大震后不需修复，或者只需对局部受损部件进行快速定位及简易更换便可迅速恢复使用功能，将有效提高广大城镇特别是大型城市的灾后恢复能力，具有显著的社会效益和经济效益[2]。

近十几年来，抗震研究领域中一个较为突出的亮点便是基于超弹性形状记忆合金（Shape Memory Alloy，简称 SMA）的自复位结构体系的提出。该理念可以追溯到20世纪90年代中期开展的 Manside 与 Istech计划[3]，研究成果为 SMA 自复位消能减震系统的研制和开发提供了重要基础。在随后的20年间，国内外众多学者进行了大量的理论和试验研究，取得了丰硕的成果。目前，相关研究已经从"概念探索的第一阶段"发展到了"实用开发的第二阶段"，其中在第一阶段，研究人员逐渐掌握了 SMA 的基本材性、生产工艺与热处理制度，同时也对部分 SMA 消能减震装置进行了初步的研制与概念验证。从2005年开始，研究发展到了"第二阶段"，一系列相关概念产品开始出现，同时研究者也开始更加理性地审视 SMA 的设计理念，寻求最优应用方案。自2010年以来，仅美国国家自然科学基金委（NSF）就针对 SMA 抗震应用研究先后资助了总额超过300万美元的科研项目，涵盖 SMA 阻尼器开发、钢结构、混凝土结构以及木结构等应用。英国工程与自然科学基金委（EPSRC）也于2016年批准了 SMA 在混凝土结构中的应用研究。

1.1.2　SMA 材料

SMA 具有两种主要金相，一种是低温稳定的马氏体相（martensite），另外一种是高温稳定的奥氏体相（austenite），也称母相。奥氏体为规则的体心立方晶体，而马氏体根据晶体排布方式可以分为自协作马氏体（twinned martensite）和非自协作马氏体（detwinned martensite）。SMA 最基本的特征是奥氏体与马氏体之间的可逆相变，这种相变伴随着晶体无扩散切变过程，与传统的金属扩散相变有本质的不同。在零应力状态下 SMA 的相变特征温度包括：1）奥氏体起始温度 A_s，即由马氏体开始向奥氏体转变时的温度；2）奥氏体结束温度 A_f，即马氏体完全转变为奥氏体时的温度；3）马氏体起始温度 M_s，即由奥氏体开始向马氏体转变时的温度；4）马氏体结束温度 M_f，即奥氏体完全转变为马氏体时的温度。

　　根据相变诱发机理的不同，SMA 会出现形状记忆效应（shape memory effect）或超弹性效应（superelasticity）。形状记忆效应是指变形后的 SMA 在经过一定的热循环后恢复到初始形状的能力。如图 1.1（a）所示，SMA 在温度低于 M_f 的情况下受应力作用会从自协作马氏体相转化为非自协作马氏体相，且当应力消失后保持该状态不变，即变形暂时无法恢复。然而，如果将材料升温至 A_f 以上，非自协作马氏体相将转化为奥氏体相，同时促进变形完全恢复。超弹性效应是指 SMA 在一定的恒温范围内可以完全自动恢复应力诱发马氏体相变变形的能力。如图 1.1（b）所示，SMA 在高于 A_f 的情况下呈奥氏体相，在应力作用下由奥氏体相转化为非自协作马氏体相。当应力消失时（即卸载时），通过逆相变驱动可使高达 8%～10% 的应变瞬时自动恢复，并在上述加卸载循环中形成滞回环从而耗散能量。需要说明的是，当温度在 A_f 和 A_s 之间时也会有一定的超弹性特性，部分变形将得到恢复。SMA 的上述两种特性在土木工程领域皆有应用潜力，但是目前超弹性效应由于其瞬时自复位特性以及无需额外供能（如供电供热）等优点在抗震领域，尤其是被动控制领域受到更多的关注。

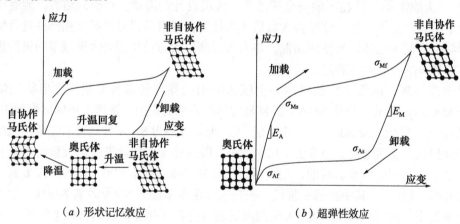

（a）形状记忆效应　　　　　　　　　　（b）超弹性效应

图 1.1　SMA 形状记忆和超弹性效应

　　广义上，SMA 代表了一系列具有形状记忆或超弹性效应的合金，包括镍钛合金、铜基形状记忆合金、铁基形状记忆合金等。其中，镍钛合金（NiTinol）由于其稳定的性能、合适的工作温度以及较为成熟的生产工艺被认为是最具有工程领域应用潜力的 SMA 类型之一。表 1.1 给出了 NiTinol 的基本物理与力学特性，并与常规结构用钢进行了对比。NiTinol 的主要成分是近似等原子比的镍元素和钛元素，其恢复应变能达到 8% 以上，且具有很好的防腐蚀特性。NiTinol 的相变温度可以通过微调两种元素的原子比进行改变，但值得一提的是，除了材料本身的成分以外，后续的热处理工艺也对 NiTinol 的力学特性有很大的影响。有研究发现[4]：不同的热处理温度与热处理时间均会影响 NiTinol 的相变温度，因此，合适的热处理工艺对保证材料在一定温度范围内具有所期望的力学性能（例如常温下超弹性性能）至关重要。另外，热处理过程直接影响 Ti_3Ni_4 的析出程度，这与材料的力学性能密切相关。以国产超弹性 Ti-Ni50.8at.% 为例，在 400～450℃ 的温度下退火

15～30min 可以保证材料在常温下具有良好的超弹性特性[4]，这与试件的尺寸有关，尺寸越大，所需的热处理温度越高以及时间越长。

从市场角度，NiTinol 已经基本实现了商业化生产，国内 NiTinol 研发技术也在不断增强。目前，国内研发和生产的机构包括北京有色金属研究总院、中国科学院金属研究所、西北有色金属研究院等。国产商业化 NiTinol 丝材、棒材、板材等在市场上已经较为常见，特殊尺寸与形状的 NiTinol 一般也可以定制。另外，NiTinol 价格的持续下降也为其广泛应用提供了可能。根据美国市场的调查[3]，2004 年的材料价格与 1999 年相比下降了约90%，而 2014 年与 2004 相比价格又进一步下降了80% 以上。随着国内外工程界对 SMA 的认知不断提高以及 NiTinol 市场的日趋成熟，NiTinol 在土木工程中的理论和应用研究迎来了前所未有的机遇与挑战。如无特殊说明，本书中 SMA 即为超弹性 NiTinol。

NiTinol 与结构用钢的基本材料特性 表 1.1

材料特性	奥氏体 NiTinol	马氏体 NiTinol	结构用钢
熔点（℃）	1240～1310	1240～1310	1500
密度（g·cm^{-3}）	6.45	6.45	7.85
热传导系数（W·cm^{-1}·℃$^{-1}$）	0.28	0.14	0.65
热膨胀系数（℃$^{-1}$）	11.3×10^{-6}	6.6×10^{-6}	11.7×10^{-6}
可恢复应变（%）	8～10	8～10	0.2
弹性模量（GPa）	30～83	21～41	205
（伪）屈服强度（MPa）	195～690	70～140	235～460（典型）
抗拉强度（MPa）	895～1900	895～1900	390～540（典型）
最大伸长率（%）	15～20	20～60	20
泊松比	0.33	0.33	0.30
热加工性能	较好	较好	好
冷加工性能	较差	较差	好
切削加工性	需添加磨料	需添加磨料	好
可焊性	较好	较好	好

1.1.3 SMA 基本元件研究进展

（1）SMA 丝材与棒材

SMA 基本元件通常是构成 SMA 构件或体系的核心部分，决定了结构的功能性、安全性与经济性。目前，SMA 丝材或棒材的应用最为广泛，研究也最为完善。大量研究表明[5-7]，SMA 丝材与棒材由于受力均匀，呈现出典型的旗帜形滞回曲线，并具有优良的自复位特性、滞回稳定性以及较好的耗能特性。然而，在实际应用中较大直径的光滑 SMA 丝材端部锚固比较困难。另外，建筑结构通常需要较大的承载力，因此需要大量的 SMA 丝材才能满足受力条件，这会使端部锚固问题更加复杂，尤其需要考虑锚固端由于复杂应力导致的丝材断裂问题。大直径 SMA 棒材可以提供足够的承载力，但避免其端部螺纹部分的断裂是设计中的关键点之一[8]。虽然可以通过增加螺纹部分与光滑部分的直径比来降低断裂的可能性[9]，但是这会使加工过程中产生大量的材料残余，造成一定的浪费。总体来说，SMA 丝材与棒材可以在预设变形范围内具有良好的延性，但断裂风险须在设计中谨慎考虑。一般情况下，SMA 棒材的超弹性效果较丝材差，而由于制作工艺的差异，其单位质量成本却可能高于丝材。

（2）SMA 绞线

与钢绞线（钢丝绳）的构造类似，SMA 绞线是由多根（多层）SMA 丝材根据相关标准绞合构成的新型抗拉元件。SMA 绞线可以有效地"放大"SMA 丝材的优越特性，并且提供充足的承载力。相比于 SMA 棒材，取材于丝材的 SMA 绞线造价更低、操作性强，且不存在受压屈曲问题。特别是，SMA 绞线的破坏模式通常是由单丝破坏逐渐向其他丝扩展，破坏过程具有一定的可控性与预警性。因此，其延性和鲁棒性优于 SMA 棒材。相比于 SMA 丝材或棒材，对 SMA 绞线的研究起步较晚[10-14]。研究结果表明，SMA 绞线与单根丝材的滞回行为类似，但是对于某些特殊的旋绕方式，会对绞线的受力特性产生影响。目前，SMA 绞线在混凝土结构中的应用研究已经展开[15]，但总体上研究还处在初步阶段。

（3）SMA 螺旋弹簧

SMA 螺旋弹簧（以下简称"SMA 弹簧"）是 SMA 元件的另外一种形式，如图 1.2 所示。SMA 弹簧的力学特性通常由丝径 d、外径 D、螺旋角 θ 以及间距 δ 等几何参数控制。通常，SMA 弹簧呈现出狭长的梭形滞回环特性。有研究者针对 SMA 弹簧恢复力特性建立了宏观模型，并利用 MATLAB 程序进行了数值模拟，验证了模型的适用性和正确性[16]。Speicher 等[17]通过试验验证了 SMA 弹簧较好的自复位能力，结果表明，直径为 12.5mm 的实心弹簧在设计最大变形下能提供约 8kN 的承载力。Mirzaeifar 等[18]建立了 SMA 弹簧的理论分析模型，其结果与试验结果吻合良好，同时发现温度对弹簧性能会产生影响。Savi 等[19]进一步分析了 SMA 弹簧的几何尺寸对宏观性能的影响，并提出了设计建议。研究发现：由于超弹性效应，SMA 弹簧比普通弹簧具有更大的伸缩变形，并且其承载力与耗能能力可以通过增大弹簧尺寸来实现，但是相对经济性较差。目前，对于 SMA 弹簧，适用于变形需求大，但是承载力需求小的结构或构件。

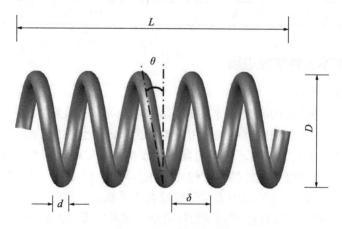

图 1.2　螺旋弹簧几何特征

（4）SMA 碟簧

碟形弹簧（以下简称"碟簧"）为圆锥碟状弹簧，既可以单独使用又可以通过并联或串联进行组合，如图1.3所示。碟簧的主要几何参数包括外径 D_e、内径 D_i、总高度 H、厚度 T 以及圆锥角 θ。传统精钢碟簧由于需要其在弹性范围内工作，所提供的行程较短，而且无耗能能力。而超弹性 SMA 可以有效提高单只碟簧的变形能力，同时促进自恢复以及耗能，因此具有良好的应用前景。Speicher 等[17]采用 SMA 碟簧用于阻尼器设计，通过试验发现，SMA 碟簧组在循环受压情况下具有很好的自复位性能。研究还发现，圆锥角过大会导致 SMA 碟簧在接近扁平时承载力大幅退化，影响其性能。方成等[20]提出了适用于抗震应用的 SMA 碟簧几何构型，并通过试验验证了 SMA 碟簧在不同温度下的工作性能。研究发现，在奥氏体状态下的 SMA 碟簧可以具有类似旗帜形的滞回环，其自复位能力与等效阻尼比不低于单轴拉伸的 SMA 丝材或棒材。当温度超过 40℃ 时，由于塑性变形的产生，SMA 碟簧将产生一定的残余变形。Sgambitterra 等[21]对 SMA 碟簧的生产工艺进行了介绍，并推导了其工作状态下的计算模型，分析结果与数值模型吻合良好，这为SMA 碟簧的设计与应用奠定了基础。

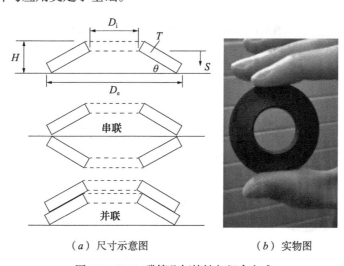

（a）尺寸示意图　　　　　　（b）实物图

图1.3　SMA 碟簧几何特性与组合方式

（5）SMA 环簧

SMA 环簧是一种新型高效减震功能元件[22]，由相互扣合的 SMA 外环和精钢内环组成，变形主要集中于 SMA 外环，而精钢内环保持弹性（图1.4）。外环的主要几何参数包括外径 D_e、内径 D_i、总高度 H、厚度 t 以及倾角 α，如图1.5所示。由于外环与内环有一定的接触角，所以通过 SMA 外环膨胀来提供承载力，并且通过接触面摩擦与 SMA 材料本身滞回特性相互协作进行耗能，当达到最大变形时环簧自锁，以避免进一步破坏。由于应力诱发马氏体相变，SMA 环簧在有限的环数内可以提供较大的变形空间，在卸载时，由于逆相变的驱动，整个环簧可以自动恢复到初始状态。SMA 环簧可以将轴向（或受弯）受力机制转变为具有过载保护特性的环向受力机制，解决了 SMA 丝材或螺杆锚固、防断裂等方面的难题，并突破了目前 SMA 材料利用率低的瓶颈。目前，相关研究尚处在起步阶段，试验研究与数值分析表明，SMA 环簧由于内外环摩擦作用具有稳定的"广旗帜形"

滞回环（图 1.4），其耗能能力超过了其他 SMA 元件形式。对 SMA 环簧的热处理、摩擦面处理、几何优化等方面的关键问题有待进一步研究。

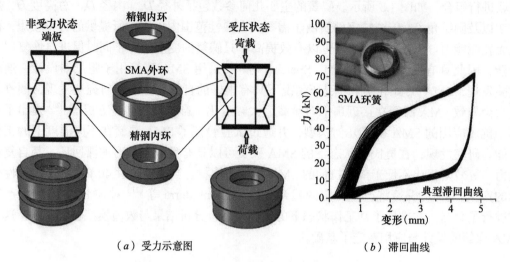

（a）受力示意图　　　　　　　（b）滞回曲线

图 1.4　SMA 环簧基本特性与典型滞回曲线

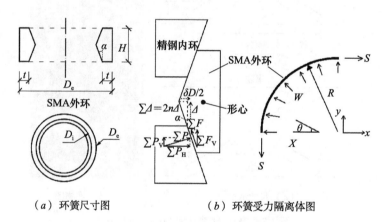

（a）环簧尺寸图　　　　　　　（b）环簧受力隔离体图

图 1.5　SMA 环簧关键尺寸与受力机理

1.1.4　SMA 构件与装置研究进展

SMA 基本元件形式的日益丰富促进了新型结构构件的开发研究。在钢结构应用领域具有代表性的高性能构件或装置，包括阻尼器、框架支撑和梁柱节点等。此外，包含 SMA 元件的自复位隔震支座研究也受到关注。

（1）阻尼器与框架支撑

SMA 阻尼器可以提供一定的刚度，因此，通常与抗侧支撑结合使用。李宏男等[23]提出了一种基于 SMA 丝的阻尼器，试验研究表明：阻尼器在循环荷载作用下具有良好的耗能能力和自复位能力，其性能可以通过调节 SMA 丝的初始应变而改变，用于满足不同工程的需要。虽然 SMA 可以在应变 8% ～ 10% 范围内表现出自复位能力，但是在大应变循环荷载下退化较明显，因此建议设计最大应变值宜控制在 6%[24]。陈云等[25]提出了一种耗能增强型 SMA 阻尼器，利用杠杆原理放大 SMA 丝的拉伸变形，并且通过预拉 SMA 丝提供饱满的滞回环。Ma 等[26]也提出了一种新型的 SMA 阻尼器，主要由预张拉的 SMA 丝材和两只预压弹簧组成。预张拉的 SMA 丝材和滚轴为阻尼器提供了耗能与变形能力，预压弹簧为阻尼器提供了预期的恢复力。另外，新型 SMA 拉压扭阻尼器[27]可以有效抵抗多维地震作用。一系列基于混合耗能机制的新型阻尼器也在研发中，SMA-摩擦阻尼是混合耗能机制的代表之一[28, 29]。

另外，与屈曲约束支撑（BRB）类似，基于 SMA 的自复位防屈曲支撑的研究也取得了很大进展。Miller 等[30]在屈曲约束支撑中使用了 SMA 大尺寸棒材，从而达到减少支撑残余变形的目的（图 1.6）。通过试验发现，该新型支撑具有良好的耗能能力和自复位能力，并且自复位能力和 SMA 棒材的预紧力密切相关。Yang 等[31]评估了混合抗震支撑的性能，其核心部分由一套 SMA 丝材和两组耗能支柱组成，其中 SMA 丝材被安装在引导用的高强度钢管内，设计最大应变在 6% 之内。通过数值分析表明，采用混合阻尼支撑的框架结构可以具有与 BRB 支撑体系相似的耗能能力，同时具有较好的自复位能力。许贤等[32]在钢结构偏心支撑耗能连梁中设置了 SMA 螺杆（图 1.7），通过偏心支撑连梁的转角变形进行耗能，并借助 SMA 螺杆提供自复位能力。

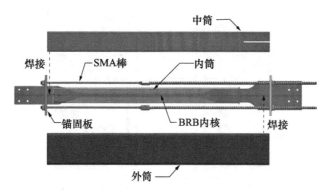

图 1.6 SMA-BRB 混合自复位支撑[30]

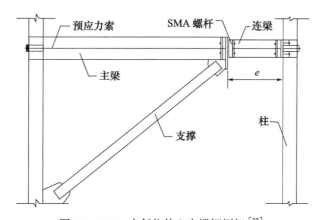

图 1.7 SMA 自复位偏心支撑钢框架[32]

（2）梁柱节点

除 SMA 支撑外，也可以在梁柱节点设置 SMA 元件，促使整体结构自复位，保证其他重要构件（例如梁、柱）在地震作用下基本保持弹性状态，使地震后的修缮工作和费用降到最低。目前，对于剪切板-SMA 螺杆节点和端板节点两类节点类型的研究较为深入。

对于剪切板-SMA 螺杆节点，主要受力机理是通过外侧 SMA 螺杆提供受弯承载力以及自复位驱动力，而剪力则由剪切板与相应的受剪螺栓提供。Sepulveda 等[33] 对采用铜基 SMA 螺杆的自复位梁柱节点进行试验，结果表明，该节点具有一定的超弹性行为和耗能能力，并且在位移角 3% 内没有出现性能退化。Speicher 等[34] 比较了多种类型的剪切板-螺杆节点的滞回性能，研究发现由马氏体 SMA 螺杆组成的节点性能退化明显，而由超弹性 SMA 螺杆或 SMA-铝组合而成的节点（图 1.8）具有良好的延性、耗能和自复位能力。在位移角 5% 下，超弹性 SMA 节点可以恢复至少 85% 的变形，并且使其他构件处于弹性状态。武振宇等[35] 对采用马氏体 SMA 螺杆的梁柱节点进行了试验研究，发现该类节点具有对结构抗震有利的后期强化效应，在螺杆加热后节点展现出一定的自复位能力，且残余变形与螺杆最大应变有关。王伟等[36-39] 提出了超弹性 SMA 螺杆-角钢混合节点形式，通过震后可更换的角钢来提供额外的耗能与节点刚度，认为通过合理的元件配比设计可以使节点拥有良好的自复位以及耗能能力。

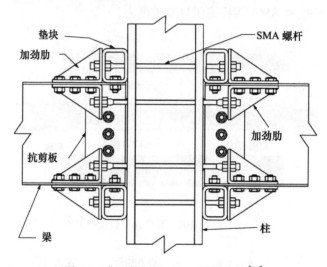

图 1.8　典型剪切板-SMA 螺杆节点[34]

对于端板形式的 SMA 节点，由于其构造简单、受力明确等优点也备受关注。该类节点最初是由马宏伟等[40] 提出，外伸端板连接节点通过 SMA 螺杆替代传统螺栓。数值分析表明，该节点所需的延性和耗能能力可以由 SMA 螺杆提供，并保持梁、柱、端板等构件处于弹性状态。Yam 等[8, 9, 41] 通过试验研究发现，该类节点等效阻尼比可达 17.5%，且 SMA 螺杆可以和 SMA 碟簧配合高强螺栓联合使用［图 1.9（a）］。然而研究中也发现，使用 SMA 螺杆的一个潜在风险，即螺纹处的断裂。经过对比分析，建议螺纹净直径与螺杆工作段直径之比应超过 1.3∶1。SMA 端板节点随后被诸多学者改进，如王伟等[42, 43] 考虑在工字钢-钢管柱节点域使用 SMA 端板节点，得到了与文献[8] 类似的结果。王伟等[44] 进一步对端板节点进行了改进，提出了基于 SMA 环簧的新型节点形式［图 1.9（b）］。试验表明，当与普通抗剪螺栓配合使用时，SMA 环簧可以具有承担弯矩、提供变形、提供自复位能力并保护螺栓的作用。

（a）SMA 碟簧节点　　　　　　　（b）SMA 环簧节点

图 1.9　装配 SMA 碟簧或环簧的自复位节点[41, 44]

（3）隔震支座

基础隔震支座可有效减轻低、多层建筑以及桥梁结构的地震响应，而采用 SMA 元件可以进一步促进隔震支座的自复位和耗能能力。基于 SMA 技术的隔震支座主要有 SMA-橡胶支座以及 SMA-摩擦支座两种类型。对于 SMA-橡胶支座，可以在上下端板间穿插紧绷的 SMA 丝（或绞线），通过上下端板的相对位移带动 SMA 丝的拉伸（图 1.10）。Dezfuli 等[45] 以及 Shinozuka 等[46] 通过数值模拟发现此类支座具有优越的自复位性能以及耗能能力。任文杰等[47] 通过建立 SMA-橡胶支座的力学模型发现，预张拉 SMA 丝可明显提高支座的耗能能力，非预张拉 SMA 丝可赋予支座很好的大变形恢复能力，合理结合二者可优化支座的力学性能。Gur 等[48] 研究了 SMA-橡胶支座在近断层地震作用下的隔震效果，认为其在加速度、结构最大位移以及残余位移三项指标上相对于普通铅-橡胶支座具有优势。

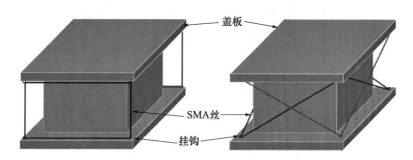

图 1.10　典型 SMA-橡胶支座形式[45]

庄鹏等[49] 开发了一种 SMA 弹簧-摩擦支座，加工并制作了支座的试验模型。研究结果表明，该支座可提供较为饱满的滞回环，且具有一定的自复位能力。通过进一步对 SMA-摩擦支座与普通摩擦支座的隔震效果进行对比发现，虽然前者相比于后者，由于刚度增加导致其在加速度方面的抑制效果略差，但是在降低峰值位移和残余位移方面效果显著。刘海卿等[50] 也得到了类似的结果，但是略有不同是，在结构加速度控制方面，

SMA-摩擦支座甚至比普通摩擦支座更加有利。这是由于地震波选取的局限性以及结构体系的不同所致。Ozbulut 等[51]考虑室外温差对 SMA-摩擦支座的影响，研究发现，若以20℃为基准温度，上下浮动20℃对支座最大位移的影响不超过13%，对加速度的影响在2% 左右，可忽略不计。这说明 SMA-摩擦支座在室外使用也可具有较为稳定和优良的性能。通过进一步比较不同类型的 SMA 支座发现[52]，与 SMA-橡胶支座相比，SMA-摩擦支座可以有效降低上部结构的耗能需求，减少 SMA 材料的使用量。除上述两种 SMA支座外，陈鑫等[53]利用 SMA 棒材开发了适用于空间网壳结构的隔震支座。毛晨曦等[54]研制了一种新型 SMA 金属橡胶隔震材料，将马氏体 SMA 丝卷成螺旋状，再经过编织、冲压等工艺使其成为具有预设形状的类橡胶制品。

1.1.5　基于 SMA 构件的结构体系研究进展

　　SMA 构件的有效性需要通过对整体结构的动力分析及试验进行验证，主要从最大层间位移角、残余位移角、峰值楼面加速度等指标评价 SMA 构件的减震效果。较为常见的钢结构体系包括 SMA 支撑钢框架和 SMA 节点钢框架，如图 1.11 所示。

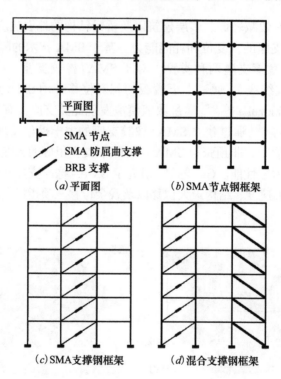

图 1.11　基于 SMA 构件的钢结构体系

（1）SMA 支撑钢框架

　　传统柔性支撑由于过早受压屈曲而影响其抗震性能，而 BRB 支撑则有可能会产生不可接受的残余变形。Moradi[55]等研究发现，采用 SMA 支撑的铰接节点钢框架与采用BRB 支撑的相同结构相比，可以有效降低最大层间位移角与残余位移角，并且 SMA 支撑由于其相变强化特性使得楼层位移分布更加均匀。Vafaei 等[56]对 SMA 巨型支撑（mega brace）在近断层地震作用下的响应进行了研究。分析结果表明，SMA 支撑在近场地震下可以表现出比 BRB 支撑更加优异的性能，但是在远场地震下，SMA 支撑会产生较大的层间位移角。Qiu 等[57]对采用 SMA 支撑的 2 层铰节点框架进行了 1/4 缩尺振动台试验，结构具有良好的自复位能力，且 SMA 支撑可以抵抗多次地震作用，且震后无需修复。

Ozbulut 等[58]开发了基于 SMA 与摩擦装置共同工作的新型阻尼器。通过对一个 20 层的典型钢框架分析表明，该阻尼器可以同时降低最大层间位移角与残余位移角，并且可以降低峰值楼面加速度。Silwal 等[59]提出了利用 SMA 钢绞线与黏弹性装置进行联合耗能的自复位阻尼器，研究表明，在设防地震作用下，该类阻尼器可以降低最大层间位移角与残余位移角，但是对峰值楼面加速度并没有明显改善。在一项由意大利多家高校联合完成的 JetPacs 项目中[60]，将 SMA - 黏滞阻尼器用于一个两层缩尺钢框架中，并对其进行了振动台测试。虽然试验仅考虑多遇地震作用下钢框架的弹性响应，但是该阻尼器呈现出可与软钢阻尼器相同的耗能效果。

为了达到最优的自复位与耗能能力，研究人员开始尝试在结构中联合使用 SMA 支撑与 BRB 支撑。Kari 等[61]研究发现，两种支撑按一定的比例合理分布，可以在不增加最大层间位移角的情况下显著降低残余位移角。李春祥等[62]提出了 SMA-BRB 串联支撑，在多遇、设防地震作用下使 SMA 耗能，在罕遇地震作用下联合耗能。Eatherton 等[63]提出了 SMA-BRB 一体化支撑，并进行了大量多高层钢结构的数值模拟。该研究发现，SMA 的相变强化特性可以有效避免"薄弱层"的产生。同时发现，虽然 SMA-BRB 支撑自身产生一定残余变形，但是整体结构的残余位移有限。

（2）SMA 节点钢框架

DesRoches 等[64]对装配有 SMA 节点的低层（3 层）与多层（9 层）钢框架的抗震性能进行了研究，并与采用普通半刚性节点的框架进行了对比。通过数值分析发现，SMA 节点可以降低 3 层钢框架的最大层间位移角，但是对于 9 层结构，SMA 节点会使结构产生更大的最大层间位移角。这说明 SMA 节点对结构最大变形的控制能力与结构的高度（即自振周期）有关。研究中还发现，SMA 节点对结构抗震性能的影响会随设防烈度而发生变化，呈现不确定性，但总体上，SMA 节点都提供了良好的自复位驱动力。Sultana 等[65]认为在结构中大量使用 SMA 节点不利于经济和结构响应，为此，以钢框架为研究对象，考虑了 6 个 SMA 节点布置方案。在不同的方案中，SMA 节点的承载力均取 80% 的梁截面塑性受弯承载力，其余节点均为刚性节点。研究表明，框架中全部采用 SMA 节点将增加结构的最大层间位移角，甚至导致结构倒塌。合理的 SMA 节点布置可以大幅改善结构的抗震特性，保证结构具有可控的最大层间位移角以及良好的自复位能力。方成等研究[66]也表明：即使在钢框架中间隔布置 SMA 节点，体系的残余变形相比于普通钢框架也大幅降低，这也为经济合理地制定节点布置方案提供了参考。

需要说明的是，结构自复位功能的实现很大程度地依赖节点在往复荷载作用下梁端与柱子之间产生的转角。这种变形模式所带来的梁膨胀（Beam-growth）效应会使整个体系的侧向变形不协调，增大结构受力。同时，梁膨胀效应会对楼面系统产生显著的破坏。方成等[67]通过试验发现（图 1.12），SMA 钢 - 混凝土组合节点在往复荷载作用下会产生截面贯通主裂缝，并且由于应力集中钢筋全部断裂；另外，混凝土楼板明显改变了节点的滞回特征。因此，对含有 SMA 节点的结构体系进行整体分析和评估时，需要考虑节点的真实变形模式以及由此所产生的结构破坏。

（a）节点变形图　　　　　　　　　（b）楼面开裂

图 1.12　SMA 组合节点破坏模式挑战与未来[67]

1.1.6　研究现状分析

从元件层面，全新 SMA 元件的研发提供了多元化的抗震减震机制，呈现较好的发展前景。SMA 绞线可以替代 SMA 丝材或棒材。由于传统钢绞线的锚固与维护技术已经相对成熟，对 SMA 绞线的实际应用起到了很好的推进作用。SMA 弹簧目前已商业化，但对于具体应用，SMA 弹簧耗能能力偏弱，且提供的承载力可能不足以用于大型结构的消能减震，因此，SMA 弹簧更加适合在低承载力、低刚度但变形需求高的结构中使用（例如隔震系统）。SMA 碟簧与环簧均属于受压功能元件，其中，SMA 碟簧可以并联或串联组合使用，且厚度较小，适用于安装空间狭小的部位；SMA 环簧负荷能力大，耗能能力强，可以作为主要受力元件用于阻尼器和节点等装置（构件）中，但是内外环之间的摩擦面处理以及润滑工艺尚需进一步完善。

从构件层面，虽然目前概念研究仍然占主导地位，但进入到实际测试阶段的产品也在逐渐增多。相比于传统的消能减震装置，SMA 构件的核心竞争力可以概括为以下几点：①材料本身提供稳定的自复位驱动力以及超弹性变形与耗能能力；② SMA 构件可实现快速现场安装，且不会对其他构件造成预压等额外承载负担；③在弹性范围内 SMA 无蠕变效应，使用期内基本不会出现材料本身自复位能力的损失；④ SMA 拥有良好的抗疲劳能力，震后一般无需更换，对抵抗长持时强震或反复余震更具现实意义；⑤ SMA 具有类似不锈钢的杰出抗腐蚀能力，维护成本低，适用于恶劣环境。SMA 丝材和棒材仍然是 SMA 构件开发中的主要对象，但是新元件的出现丰富了 SMA 构件的形式。因此，SMA 构件不管在形式上还是功能上仍有较好的研发空间。

从体系层面，研究中发现当震后的结构残余位移角超过 0.5% 时，从经济和技术角度上已经失去了修缮价值[68]。典型的钢框架与 BRB 框架在强震作用下的残余位移通常能分别达到 1.5% 与 2.0%；然而针对 SMA 结构体系的研究均表明，SMA 构件的合理使用可以使残余位移角低于 0.5%。对于最大层间位移角和峰值楼面加速度，研究结果尚未统一。这是由于不同独立研究之间所考察的体系、结构几何特性、组配、地震波等的不同，且模型简化方式存在一定的不确定性。通过总结已有结果发现，若保证 SMA 结构体系（SMA 支撑体系或 SMA 节点体系）的初始刚度与普通钢框架或 BRB 体系一致（即自振周期一致），SMA 体系不会显著增大最大层间位移角。从造价角度，完全利用 SMA 构件来提供结构抗侧刚度缺乏可行性依据，因此，可以从优化的角度考虑局部使用 SMA 构件或采用 SMA-BRB 联合的方法。虽然结构自复位特性的本质是恢复力（包括伪弹性驱动力与其他构件弹性恢复力）与阻碍力（包括构件永久变形、摩擦效应与 P-Δ 效应）的对弈，但是结构在实际动力作用下的残余变形与其"缓慢"卸载引起的残余变形却差异较大，且前者往往小于后者，呈现出"概率性自复位"（Probabilistic self-centering）特征。研究中还发现，屈服后强化效应会大幅增加结构的自复位能力，这也是 SMA 所具有的重要特性。基于已有研究结果，美国 FEMA P-58 指南[69]中给出了结构残余变形预测公式，但该公式仅适用于理想弹塑性模型，对于 SMA 体系，相关预测公式需要进一步探究。

1.1.7　研究方向展望

基于目前的研究现状，关于 SMA 材料在钢结构中的应用可从以下几方面展开：

1）SMA 元件形式较为单一，主要为单轴作用的丝材或棒材，需要对近期出现的新型 SMA 元件进行更加系统的研究。

2）对于大尺寸 SMA 元件的热力学制备工艺研究有待深入，亟须从材料科学与结构工程学两方面研究不同热力学处理过程对 SMA 微观晶体特征、相变温度、断裂破坏等关键性态的影响。

3）钢－混凝土组合结构是现代钢结构体系中的主要形式，而目前对 SMA 组合节点和体系的性能研究甚少，且需要进一步考虑结构的变形协调与混凝土楼面损伤等问题。

4）SMA 构件的温敏特性以及其对整体结构抗震响应的影响研究不足，这对制定 SMA 构件的适用条件（包括室内外工作温度范围）至关重要。相关研究也需要从可靠度的角度进行分析。

5）在体系层面，缺乏对 SMA 构件与主框架的配置关系、动力卸载特征等因素的系统性研究，缺乏合理的残余变形预测模型以及与已有钢结构抗震设计理论相兼容的设计方法。

6）从耗能角度，SMA 构件能否单独作为耗能部件有待商榷，这需要从功能性和经济性两方面加以分析；另外，SMA 与其他构件联合耗能正逐渐被认可，探寻更加有效的联合方式可能成为未来的研究重点之一。

7）由于 SMA 材料在往复循环大变形下可能会产生一定的退化效应，SMA 体系的灾后补强策略以及抵抗二次灾害（例如余震等）能力的研究尚不充分。

8）需对 SMA 体系进行优化设计，在降低 SMA 材料用量的同时达到最优的结构自复位与耗能效果。这一理念已经得到了初步的理论支持，值得进一步研究。

1.2　本书内容安排

本书按照"材料—元件—构件与节点—结构"的思路论述了 SMA 在自复位钢结构抗震中的应用。后续具体章节安排如下：

第 1 章：从 SMA 材料、基本元件、构件、结构四个层面针对最新研究进展、挑战与未来进行了分析和总结。

第 2 章：基于 SMA 棒材的循环拉伸试验，探讨了各种因素如热处理工艺、预应变、棒材尺寸、环境温度等对 SMA 材性的影响。

第 3 章：提出了两类基于 SMA 棒材的自复位钢结构梁柱节点。论述了节点试验设计概况与试验结果，同时基于试验结果建立了精细化有限元模型进行了参数分析，给出了节点设计方法。

第 4 章：创制了新型 SMA 功能元件——SMA 环簧，并阐述其构造与工作机理。对环簧组常幅及增幅循环加载试验进行了系统介绍，讨论了典型 SMA 单环滞回行为。

第 5 章：设计了基于 SMA 环簧组的自复位梁柱节点，包括对称式节点以及可实现楼板免损的非对称式梁柱节点。详细阐述了节点的拟静力试验研究、有限元建模方法及参数化分析结果，给出了节点设计方法。

第 6 章：创制了 SMA 环簧阻尼器并阐述其构造与工作机理。对阻尼器的拟静力试验研究进行了系统介绍，对影响其力学性能的相关参数进行了对比分析，构建了阻尼器的力学模型，提出了阻尼器的设计建议与方法。

第 7 章：论述了基于 SMA 碟簧节点的梁柱节点试验研究，对影响节点力学性能的相关参数进行了对比分析，提出了节点设计方法。

第 8 章：论述了基于 SMA 的钢 - 混凝土组合节点的抗震设计，提出了基于 SMA 螺杆的梁柱组合节点以及基于 SMA 环簧组可实现楼板免损的梁柱组合节点。详细介绍了节点的拟静力试验研究及有限元建模方法。

第 9 章：论述了基于 SMA 的自复位支撑钢框架抗震设计及地震损失分析。基于相同设计条件，分别设计了 9 层抗弯钢框架、屈曲约束支撑钢框架及两种变形能力不同的 SMA 自复位支撑钢框架。介绍了基于 OpenSEES 的自复位支撑及屈曲约束支撑的建模方法。通过增量动力分析，对比了四类结构的地震易损性。基于提出的经济损失金字塔，综合评价了各结构体系在降低地震经济损失方面的优缺点。

第 2 章　形状记忆合金棒材试验研究

2.1　引言

NiTi 合金是众多已发现的形状记忆合金中性能较好的一种,在工程领域和医疗领域都得到了广泛的应用。近年来,国内外研究人员正在积极探索使用 NiTi 合金来解决土木工程结构抗震的相关问题。由于土木工程具有结构尺度大,荷载大等特点,因此对构件的承载力具有一定的要求。而目前国内外对 NiTi 合金的抗震应用研究多集中于丝材,相对于棒材来说,丝材的尺寸过小,工程应用难度比较大。因此,开展大直径 NiTi 棒材的力学性能试验研究具有较为重要的工程实践意义。

本章以国产大直径 NiTi 棒材为研究对象,通过分析热处理工艺、循环次数、环境温度、预应变以及尺寸效应对棒材力学性能的影响,为大直径 SMA 棒材的工程应用提供基础性试验数据支撑。

2.2　试验方法

2.2.1　试件设计

试验采用西安赛特金属材料有限公司生产的直径为 8mm、12mm、16mm、20mm 和 30mm 的 Ti-55.8wt%Ni(Ni 的质量比为 55.8%)超弹性 SMA 棒材。所有棒材材性试件均按《金属材料室温拉伸试验办法》[70] GB/T 228—2010 的要求加工,试件命名规则如图 2.1 所示。以 D20/16-450-30-PT15 为例,表示该试件夹持段直径为 20mm,工作段直径 16mm,热处理参数 450℃ -30min,并进行 1.5% 的预拉伸循环加载。

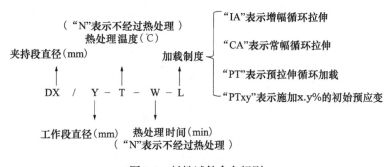

图 2.1　材性试件命名规则

表 2.1 给出材性试件汇总表。试验主要讨论退火温度和退火时间、循环次数、环境温度以及初始预应变对大直径 SMA 棒力学性能的影响以及 SMA 材料的尺寸效应。

材性试件汇总表 表 2.1

热处理试件		预拉伸试件	尺寸效应试件	环境温度试件
增幅循环拉伸	常幅循环拉伸	预拉伸循环加载	增幅循环拉伸	增幅循环拉伸
D20/16-350-45-IA	D20/16-400-45-CA	D20/16-450-30-PT00	D8/6-400-20-IA	D12/10-400-30-IA-30
D20/16-400-30-IA	D20/16-450-60-CA	D20/16-450-30-PT15	D8/6-400-30-IA	D12/10-400-30-IA-10
D20/16-400-45-IA	D20/16-450-30-CA	D20/16-450-30-PT30	D16/12-400-30-IA	D12/10-400-30-IA-3
D20/16-450-15-IA			D16/12-450-30-IA	
D20/16-450-30-IA			D20/16-400-30-IA	
D20/16-450-45-IA			D20/16-450-30-IA	
D20/16-450-60-IA			D30/25-450-40-IA	
D20/16-500-45-IA			D30/25-450-60-IA	

SMA 棒的热处理设备采用 JH-30-10 工业电阻炉。热处理前按要求设置好炉箱温度，然后按规定时间对棒材进行热处理，结束后立即放入水中冷却。

2.2.2 试验流程

采用 SHT4 系列伺服万能试验机（如图 2.2 所示）进行试件加载。图 2.3 是增幅循环拉伸试件加载制度图，以应变幅值 0.5%、1%、2%、3%、4%、5%、6%、7%、8% 各循环一圈；图 2.4 是预拉伸循环加载制度图，首先将试件拉伸至指定预应变水平，然后以该状态为加载初始状态，分别进行应变幅值为 1%、2%、3%、4%、5%、6% 的循环加载，每级加载循环 5 圈（由初始预应变点正向加载至峰值应变，再反向加载至谷值应变，最后卸载至初始预应变水平记为一次循环）。试验结束后力卸载至零点。所有循环拉伸试件加载均采用引伸计控制，应变速率为 0.0005/s，卸载采用力控制，速率为 10MPa/s。对于施加初始预应变的试件，称力卸载至零点的循环为完全循环，而力没有卸载至零点的循环为子循环。以试件 D20/16-450-30-PT15 为例，1 ～ 10 圈为子循环加载，11 ～ 30 圈为完全循环加载。

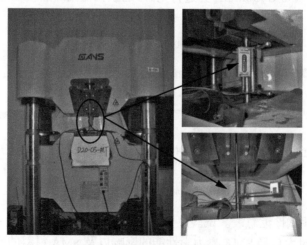

图 2.2 材性试验装置与测试

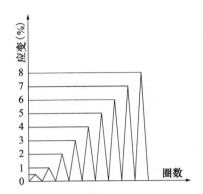

图 2.3　SMA 增幅循环拉伸加载制度

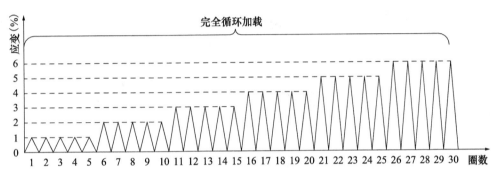

（a）D20/16-450-30-PT00

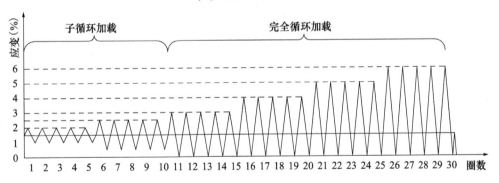

（b）D20/16-450-30-PT15

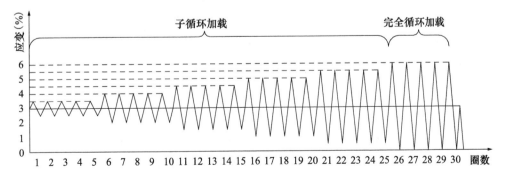

（c）D20/16-450-30-PT30

图 2.4　SMA 预拉伸循环加载制度

2.2.3 试验结果与参数分析

（1）热处理工艺的影响

SMA 因其独特的形状记忆效应和超弹性性能倍受人们关注。和普通钢材相比，使用者不仅关注 SMA 材料的弹性模量和相变应力，更关注材料的可恢复应变以及残余应变大小。增幅循环拉伸是确定 SMA 材料基本力学参数的主要加载制度。本节将通过增幅循环拉伸试验讨论热处理对 SMA 棒材力学性能的影响。

图 2.5 给出经过不同热处理后直径 20mm 的 SMA 棒增幅循环拉伸应力－应变曲线，可以看出热处理对 SMA 棒滞回行为有非常大的影响。

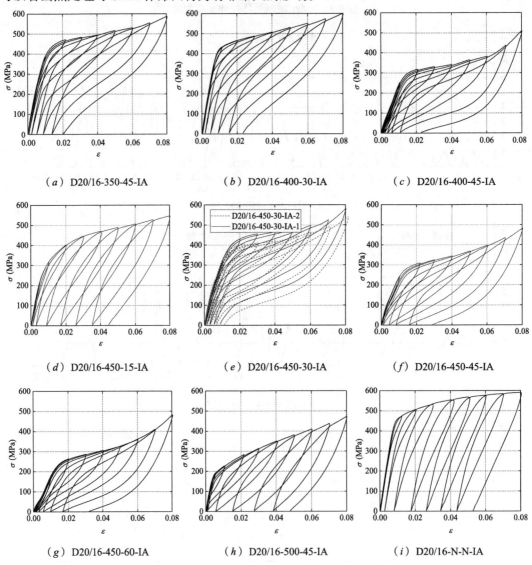

（*a*）D20/16-350-45-IA   （*b*）D20/16-400-30-IA   （*c*）D20/16-400-45-IA

（*d*）D20/16-450-15-IA   （*e*）D20/16-450-30-IA   （*f*）D20/16-450-45-IA

（*g*）D20/16-450-60-IA   （*h*）D20/16-500-45-IA   （*i*）D20/16-N-N-IA

图 2.5　SMA 增幅循环拉伸应力－应变曲线汇总

图 2.5（*a*）和（*b*）是直径为 20mm 的 SMA 棒分别经过 350℃ -45min 和 400℃ -30min 热处理后增幅循环拉伸应力－应变曲线。由图可知，两根试件的滞回曲线比较接近，相变

应力约为 450MPa，加载至 6% 卸载后残余应变不到 1.0%，加载至 8% 卸载后残余应变大于 2.0%。观察整个曲线不难发现，这两个试件加载后期没有马氏体强化效应，卸载段马氏体逆相变平台不明显，加载过程中材料强度退化比较明显。

图 2.5（c）、（f）和（g）是分别经过 400℃-45min、450℃-45min 和 450℃-60min 热处理后的 SMA 棒增幅循环拉伸应力 - 应变曲线。上述三条曲线比较接近，具有同样的特征：马氏体强化阶段明显，相变平台和逆相变平台比较清晰，但相变应力偏低（约 300MPa）。随着加载进行，曲线相变平台和逆相变平台逐渐降低，进而导致材料残余变形较大。试件 D20/16-450-45-IA 和 D20/16-450-60-IA 加载至 8% 卸载后残余应变达到 3.0%。观察图 2.5（g）发现，当热处理时间过长时，加载初期材料出现轻微的非线性行为，一般是由 R 相变引起的。

图 2.5（d）、（h）和（i）分别是经过 450℃-15min、500℃-45min 热处理和加工态（未热处理）的 SMA 棒在增幅循环拉伸下的应力 - 应变曲线。由图可知，这三个试件卸载后残余应变显著，尤其是加工态试件，加载至 6% 卸载后残余应变为 3.45%，加载至 8% 卸载后残余应变高达 5.30%。曲线跟普通钢材循环拉伸曲线形状相似，残余应变大，基本上未表现出超弹性性能。由此可以确定，加工态 SMA 棒的超弹性性能差，热处理可以激发 SMA 的超弹性性能。观察图 2.5（d）发现，该试件没有马氏体强化阶段和逆相变平台，当应变较小时材料表现出一定的超弹性性能，当应变较大时，材料超弹性性能逐渐丧失。这说明短时间的热处理不能充分激发大直径 SMA 棒的超弹性性能。结合 SMA 丝材研究成果[71, 72]可以判断，大直径 SMA 棒材需要更长的热处理时间激发其超弹性性能。观察图 2.5（h）发现，该试件没有马氏体强化阶段和逆相变平台，相变应力（195MPa）显著偏低，材料超弹性性能很差。这说明过高的热处理温度不适于材料超弹性性能的发挥[71]，同时过高的热处理温度致使材料相变应力显著降低。

图 2.5（e）给出了 2 根直径 20mm 的 SMA 棒经过 450℃-30min 热处理后增幅循环拉伸应力 - 应变曲线。这两个试件的滞回曲线比较接近，相变应力约为 410MPa，加载至 6% 卸载后残余应变约为 0.30%，加载至 8% 卸载后残余应变约 1.0%。和已有研究成果[7, 73]相比，该试件残余应变小，自恢复性能好。观察整个曲线，加载后期马氏体强化阶段明显，相变平台和逆相变平台清晰，马氏体逆相变结束应力高，属于典型的"旗帜形"滞回曲线。

表 2.2 汇总了上述不同热处理参数下各试件增幅循环拉伸曲线力学性能。未经特殊说明，本章材料的等效阻尼比和残余应变均按 6% 应变循环确定。下文将分别从弹性模量、相变应力、残余应变、等效阻尼比四个方面分析热处理对棒材力学行为的影响。

SMA 增幅循环拉伸力学性能汇总　　　　　　　　　　　　　　　　　　表 2.2

试件名称	弹性模量（GPa）	相变应力（MPa）	等效阻尼比	6% 循环残余应变	8% 循环残余应变
D20/16-350-45-IA	64	465	4.47%	0.88%	2.04%
D20/16-400-30-IA	72	440	4.70%	0.93%	2.33%
D20/16-400-45-IA	33	315	5.77%	0.60%	2.28%
D20/16-450-15-IA	69	406	6.15%	2.57%	4.47%

试件名称	弹性模量 （GPa）	相变应力 （MPa）	等效 阻尼比	6%循环 残余应变	8%循环 残余应变
D20/16-450-30-IA-1	58	400	4.65%	0.33%	1.12%
D20/16-450-30-IA-2	43	425	4.03%	0.30%	0.88%
D20/16-450-45-IA	37	300	5.78%	0.84%	2.91%
D20/16-450-60-IA	20	265	6.01%	0.98%	3.19%
D20/16-500-45-IA	58	195	6.42%	2.75%	4.79%
D20/16-N-N-IA	73	515	6.06%	3.45%	5.30%

　　增幅循环拉伸试验结果表明，热处理温度对 SMA 棒的力学性能有很大影响，合理的热处理温度可以充分激发 SMA 棒的超弹性性能。图 2.6 列出了热处理时间为 45min 时不同热处理温度下 SMA 棒弹性模量、相变应力、等效阻尼比和残余应变变化曲线。

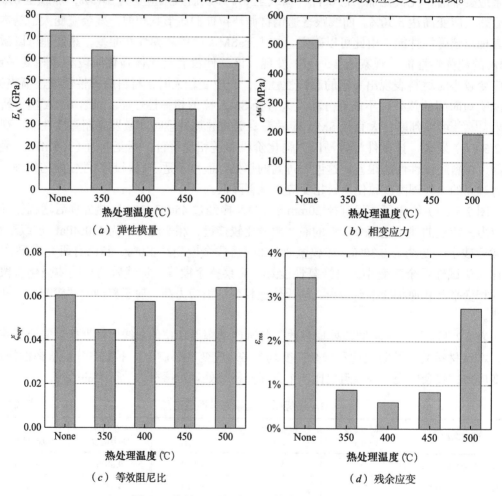

（a）弹性模量　　　　　　　　　　　（b）相变应力

（c）等效阻尼比　　　　　　　　　　（d）残余应变

图 2.6　热处理温度对 SMA 棒力学性能的影响

　　图 2.6（a）是不同热处理温度下 SMA 棒弹性模量变化曲线。由图可知，当热处理温度低于 400℃时，弹性模量随热处理温度升高而降低，之后随热处理温度升高而升高。主

要原因是当热处理温度较低时，随热处理温度升高，材料奥氏体相变结束温度逐渐上升，室温下金相组织中奥氏体含量逐渐减少，因此材料弹性模量有所降低。当热处理温度超过 400℃时，随热处理温度升高，材料奥氏体相变结束温度又开始降低，金相组织中奥氏体含量又逐渐回升。

图 2.6（b）是不同热处理温度下 SMA 棒相变应力变化曲线。相同热处理时间下，热处理温度越高，材料相变应力越低。文献[74, 75]研究表明，其可能与析出物的粒径大小和连贯程度有关，连贯的 Ti_3Ni_4 析出物所形成的内部应力场会导致相变应力降低。当相变应力较低时，同样应力水平下，SMA 材料会产生更多的残余马氏体及晶格滑移，进而引起较大的残余应变。因此，应该避免过高热处理温度导致的材料相变应力降低。

图 2.6（c）给出不同热处理温度下 SMA 棒等效阻尼比随热处理温度变化曲线。从整体来看，热处理温度对材料等效阻尼比影响较小，SMA 棒等效阻尼比基本保持在 6% 附近。图 2.6（d）给出不同热处理温度下 SMA 棒残余应变变化曲线。由图可知，没有经过热处理的 SMA 棒残余应变大，超弹性性能差，无法实现结构自回复。当热处理温度较低时，随温度升高，SMA 棒残余应变逐渐减小，400℃时棒材残余应变降至最低 0.60%，之后随温度升高棒材残余应变逐渐增大。由此可知，热处理可以激发 SMA 棒的超弹性性能，过低的热处理温度不能充分激发棒材的超弹性性能，过高的热处理温度导致棒材超弹性性能逐渐劣化。

增幅循环拉伸试验结果表明，合理的热处理时间可以充分激发 SMA 棒的超弹性性能。图 2.7 列出了热处理温度为 450℃时不同热处理时间下 SMA 棒弹性模量、相变应力、等效阻尼比以及残余应变变化曲线。

图 2.7（a）是不同热处理时间下 SMA 棒弹性模量变化曲线。由图可知，棒材弹性模量随热处理时间延长逐渐减小。过长的热处理时间导致材料在加载初期出现 R 相变，从而进一步降低材料初始弹性模量。因此，应该避免过长热处理时间导致的材料初始弹性模量降低。图 2.7（b）是不同热处理时间下 SMA 棒相变应力变化曲线。由图可知，随热处理时间延长，SMA 棒相变应力越来越小。这可能与析出物的粒径大小和连贯程度有关，连贯的 Ti_3Ni_4 析出物所形成的内部应力场会导致相变应力降低。

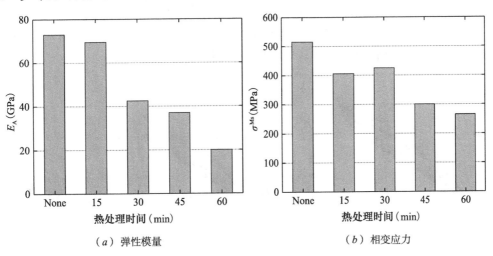

（a）弹性模量　　　　　　　　　　　（b）相变应力

图 2.7　热处理时间对 SMA 棒力学性能的影响（一）

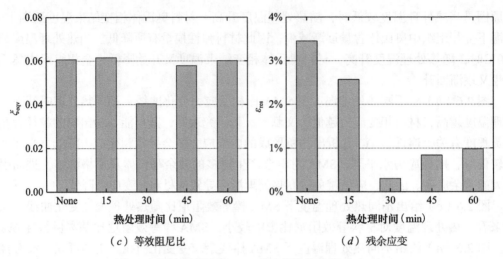

（c）等效阻尼比 　　　　　　　　　　　　　　（d）残余应变

图 2.7　热处理时间对 SMA 棒力学性能的影响（二）

图 2.7（c）给出不同热处理时间下 SMA 棒等效阻尼比随热处理时间变化曲线。跟热处理温度相似，热处理时间对 SMA 棒等效阻尼比影响不大，基本保持在 6% 附近。图 2.7（d）给出不同热处理时间下 SMA 棒残余应变变化曲线。由图可知，没有经过热处理的 SMA 棒残余应变大，超弹性性能差，基本没有表现出超弹性性能。经过 15min 热处理的 SMA 棒具有一定的超弹性性能，但残余应变仍然较大，无法用于实现结构自回复。经过 30min 热处理的 SMA 棒具有优秀的超弹性性能，加载至 6% 应变卸载后残余应变仅仅只有 0.30%。该结果表明，更大直径的 SMA 棒材需要更长的热处理时间来充分激发其良好的超弹性性能。之后随着热处理时间延长，材料超弹性性能逐渐劣化，卸载后残余应变逐渐增大。

综上所述，在热处理时间与热处理温度协同作用下，综合考虑棒材弹性模量、相变应力、等效阻尼比和残余应变等力学性能，450℃ -30min 是所研究的直径 20mm SMA 棒获得良好超弹性性能的"最佳"热处理参数。

（2）循环次数的影响

开展了不同热处理参数下 SMA 棒常幅循环拉伸试验，通过弹性模量、相变应力、等效阻尼比和残余应变等参数讨论加载循环次数对 SMA 棒力学稳定性的影响。

图 2.8 给出经过不同热处理后直径 20mm 的 SMA 棒常幅循环拉伸应力－应变曲线。可以看出，热处理及循环次数对 SMA 棒力学稳定性有很大的影响。

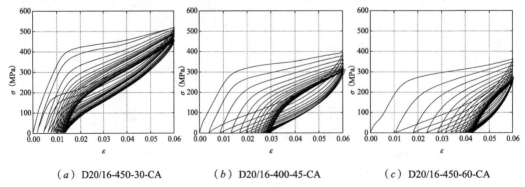

（a）D20/16-450-30-CA 　　（b）D20/16-400-45-CA 　　（c）D20/16-450-60-CA

图 2.8　SMA 常幅循环拉伸应力－应变曲线汇总

　　图 2.8（a）是试件 D20/16-450-30-CA 在 6% 应变下常幅循环拉伸应力 - 应变曲线。由图可以看出，加载初期曲线相变平台清晰，"旗帜形"特征鲜明。随循环次数增加，曲线逐渐被光滑的圆弧线代替，相变平台逐渐模糊，"旗帜形"特征越来越不明显。和 SMA 丝材常幅循环拉伸曲线[76,77]相比，大直径超弹性 SMA 棒力学性能退化比较明显。图 2.8（b）、（c）分别是试件 D20/16-400-45-CA 和 D20/16-450-60-CA 的常幅循环拉伸应力 - 应变曲线。和试件 D20/16-450-30-CA 相比较，这两个试件力学性能退化更为严重。随循环次数增加，曲线逐渐被光滑的圆弧线所代替，马氏体相变平台难以分辨。加载后期棒材相变应力显著降低，残余应变迅速增大。由此可知，有利于材料超弹性性能的热处理参数（450℃ -30min）也有利于材料的力学稳定性。

　　图 2.9 给出不同热处理参数下 SMA 棒力学性能随循环次数的变化曲线。图 2.9（a）是不同热处理参数下 SMA 棒弹性模量随循环次数变化规律。试件 D20/16-400-45-CA 和 D20/16-450-60-CA 均因为热处理时间过长而导致初始弹性模量较低，但三根试件的弹性模量均随循环次数增加基本保持不变。图 2.9（b）是不同热处理参数下 SMA 棒相变应力随循环次数的变化规律。上述曲线表明，SMA 棒相变应力随循环次数增加逐渐降低，并表现为先快后慢逐渐趋于稳定。当循环次数 $n < 5$ 时，随着循环次数增加棒材相变应力迅速降低，当 $n > 10$ 时，相变应力基本趋于稳定。对比上述三根试件，试件 D20/16-450-30-CA 具有较高的相变应力，试件 D20/16-400-45-CA 和 D20/16-450-60-CA 因为热处理时间过长相变应力较低。

　　图 2.9（c）是不同热处理参数的 SMA 棒残余应变随循环次数的变化规律。试验结果表明，棒材残余应变随循环次数增加而逐渐增大，并且表现为先快后慢，逐渐趋于稳定。当 $n > 10$ 时，棒材残余应变基本保持不变。对比上述三个试件发现，经过 450℃ -30min 热处理的 SMA 棒 21 圈循环后残余应变为 1.36%，经过 450℃ -60min 热处理的 SMA 棒 21 圈循环后残余应变高达 4.34%。由此可知，热处理参数对 SMA 棒超弹性性能和力学稳定性影响非常大。所以，要想获得力学性能稳定的大直径超弹性 SMA 棒，应该在合理的热处理后对棒材进行适当的拉伸"训练"。

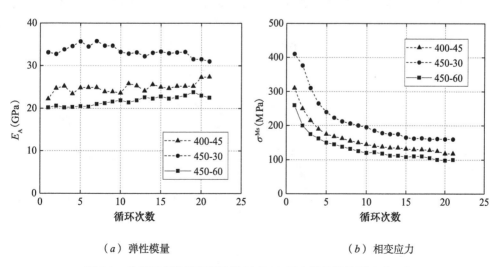

（a）弹性模量　　　　　　　　　　（b）相变应力

图 2.9　热处理参数和循环次数对 SMA 棒力学性能的影响（一）

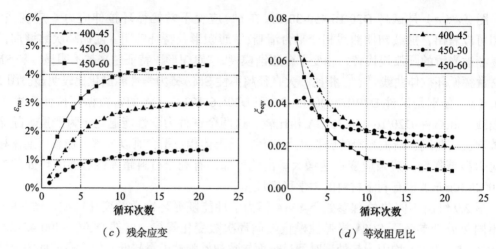

（c）残余应变　　　　　　　　　　　（d）等效阻尼比

图 2.9　热处理参数和循环次数对 SMA 棒力学性能的影响（二）

图 2.9（d）给出不同热处理参数下 SMA 棒等效阻尼比随循环次数的变化规律。曲线表明，SMA 棒等效阻尼比随循环次数增加逐渐减小，并且表现为先快后慢，逐渐趋于稳定。对比上述三条曲线，试件 D20/16-450-30-CA 初始几圈等效阻尼比约为 4.0%，经过数圈"训练"后逐渐趋于稳定，约为 2.5%。试件 D20/16-400-45-CA 和 D20/16-450-60-CA 因力学性能严重退化，滞回曲线所围面积更小，耗能能力更差。和一般耗能材料相比，超弹性 SMA 棒的等效阻尼比较小，若需要利用超弹性 SMA 棒耗散能量有待进一步探讨。

（3）初始预应变的影响

2008 年李艳锋等[78]研究发现，预应变水平对材料恢复应变大小有较大的影响。2015 年王伟等[43]采用数值模拟的方法讨论了螺杆预应变对 SMA 节点滞回性能的影响，并建议 SMA 节点宜施加适当的初始预应变以保证节点具有足够的初始刚度。基于上述探索，本小节开展了 SMA 棒预拉伸循环加载试验，旨在讨论预应变对棒材力学性能的影响。

图 2.10 给出三种不同预应变水平试件的循环拉伸应力–应变曲线。可以看出，试件 D20/16-450-30-PT00 加载初期处于奥氏体弹性加卸载阶段，循环过程中并不产生滞回耗能。相比之下，试件 D20/16-450-30-PT15 和试件 D20/16-450-30-PT30 加载初期会出现子循环滞回圈，因此会产生一定的滞回耗能。

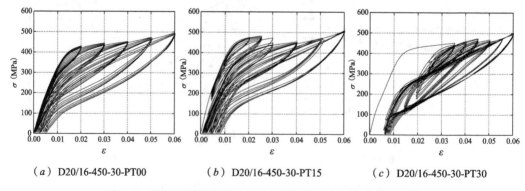

（a）D20/16-450-30-PT00　　　（b）D20/16-450-30-PT15　　　（c）D20/16-450-30-PT30

图 2.10　施加不同预应变的试件循环拉伸应力–应变曲线汇总

图 2.11 给出三种不同预应变水平试件的力学性能对比曲线。为了更好地进行试件强

度比较，取每一圈加载至 3% 时的应力大小作为试件强度代表值，后文简称为中点应力。下文将分别从中点应力、残余应变、滞回耗能以及等效阻尼比四个方面分析预应变对棒材力学性能的影响。

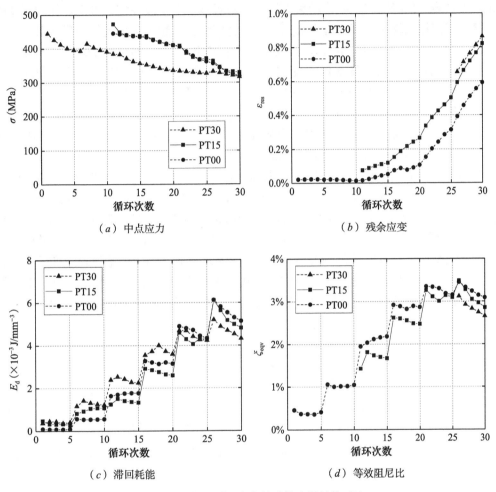

（a）中点应力　　　　　　　　　　　　（b）残余应变

（c）滞回耗能　　　　　　　　　　　　（d）等效阻尼比

图 2.11　施加不同预应变的试件力学性能对比

图 2.11（a）给出了三个试件中间点应力随循环次数的变化规律。可以看出，试件 D20/16-450-30-PT00 和 D20/16-450-30-PT15 中间点应力变化曲线完全重合，主要是因为这两个试件在 3% 应变以后（包含 3%）加载制度相同，均属于完全循环加载。同样地，试件 D20/16-450-30-PT30 在子循环加载时（应变幅值小于 6%）中点应力明显小于试件 D20/16-450-30-PT00，但完全循环加载时（应变幅值等于 6%）两试件中间应力基本相等。由此可知，施加预应变会降低棒材子循环加载时的相变应力，但对完全循环加载影响很小。

图 2.11（b）是各试件残余应变随循环次数变化曲线。棒材残余应变随循环次数增加而增大，并表现为小应变循环累积较慢，大应变循环累积较快。对比三个试件不难发现，试件 D20/16-450-30-PT30 在 1% ～ 5% 应变循环时没有残余应变，D20/16-450-30-PT15 试件在 1% ～ 2% 应变循环时没有残余应变，即施加预应变的 SMA 棒在子循环加载时没有残余应变。对比完全循环加载时残余应变，相同应变幅值下施加预应变的试件残余应变明显大于没有施

加预应变的试件，并且预应变越大棒材卸载后残余应变越大。由此可知，施加预应变可以保证 SMA 棒子循环加载时没有残余应变，但完全循环加载时预应变越大棒材残余应变越大。

图 2.11（c）给出上述三个试件单位体积滞回耗能随循环圈数变化曲线。观察图（c）曲线，棒材滞回耗能随应变幅值增大而增大，两者基本上呈线性增长关系。相同应变幅值下，棒材滞回耗能随循环圈数增大而减小，并且应变幅值越大时表现越明显。对比三个试件发现，试件 D20/16-450-30-PT30 加载初期滞回耗能较大，而试件 D20/16-450-30-PT00 加载后期滞回耗能较大。图 2.12 给出各试件每级加载第一圈循环应力 - 应变曲线。比较试件 D20/16-450-30-PT00 与 D20/16-450-30-PT15，子循环加载时试件 D20/16-450-30-PT15 因为有子循环滞回圈耗能 [如图 2.12（a）所示]，其滞回耗能较大。完全循环加载时，试件 D20/16-450-30-PT15 因为施加预应变从而力学性能退化较快，所以其滞回面积反而偏小 [如图 2.12（c）所示]。比较试件 D20/16-450-30-PT00 与 D20/16-450-30-PT30，可以得到类似的结论。但当应变幅值达到 5% 时，因为残余应变存在，试件 D20/16-450-30-PT30 的子循环滞回曲线提前包含了奥氏体线弹性加卸载阶段（此时施加预应变的耗能优势不存在），同时施加预应变会加快棒材力学性能退化，所以 5% 循环时试件 D20/16-450-30-PT30 滞回曲线所围面积偏小 [如图 2.12（e）所示]。图 2.11（d）给出棒材等效阻尼比变化曲线。完全循环加载时施加预应变的 SMA 棒等效阻尼比小于不施加预应变的棒材，并且预应变越大，棒材耗能效率越低。综上所述，施加预应变的 SMA 棒子循环加载时滞回耗能能力较强，当进行完全循环加载时，其耗能能力劣于没有施加预应变的 SMA 棒。

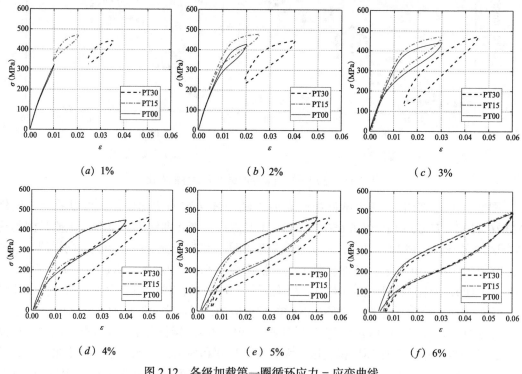

（a）1% （b）2% （c）3%

（d）4% （e）5% （f）6%

图 2.12　各级加载第一圈循环应力 - 应变曲线

（4）SMA 棒材尺寸效应的影响

关于 SMA 丝材力学性能的研究已有较多的文献，但工程领域用到的 SMA 材料一般都有较大的尺寸需求。因此，很有必要讨论尺寸对 SMA 元件力学性能的影响，以更好地将大尺度 SMA 元件应用到工程领域中。本小节将开展不同直径 SMA 棒增幅循环拉伸试验，旨在讨论棒材直径对 SMA 材料力学行为的影响。

图 2.13 汇总了不同直径 SMA 棒增幅循环拉伸应力－应变曲线，表 2.3 汇总了各试件的力学性能参数。对比图 2.13（a）和（b）发现，试件 D8/6-400-20-IA 经过 6% 应变循环后残余应变为 0.84%，试件 D8/6-400-30-IA 经过 6% 应变循环后残余应变为 0.09%，即使经过 8% 应变循环，其残余应变仅有 0.26%。观察图 2.13（b）滞回曲线，该试件力学性能比较稳定，强度退化以及残余变形累积较小，具有较好的超弹性性能。和试件 D8/6-400-20-IA 相比，试件 D8/6-400-30-IA 加载初期存在显著的 R 相变。该试件初始弹性模量为 43.4GPa，R 相变后材料弹性模量显著降低，因此应用于工程中的 SMA 材料应避免加载初期出现 R 相变。综合上述结果，本文认为直径 8mm 的 SMA 棒材较为合理的热处理工艺为 400℃退火 25 ～ 30min。

不同直径 SMA 棒材性试验结果汇总　　　　表 2.3

试件名称	弹性模量（GPa）	相变应力（MPa）	残余应变	滞回耗能（×10⁻³ J/mm³）	等效阻尼比
D8/6-400-20-IA	37.1	390	0.84%	11.68	5.8%
D8/6-400-30-IA	43.4	463	0.09%	9.14	4.6%
D16/12-400-30-IA	26.5	396	0.35%	8.60	5.5%
D16/12-450-30-IA	20.4	345	1.04%	8.60	6.2%
D20/16-400-30-IA	50.6	440	0.93%	8.98	4.7%
D20/16-450-30-IA	31.3	425	0.30%	7.38	4.0%
D30/25-450-40-IA	23.2	268	0.24%	6.67	5.1%
D30/25-450-60-IA	24.5	292	0.66%	7.76	5.8%

图 2.13（c）和（d）分别是试件 D16/12-400-30-IA 和 D16/12-450-30-IA 增幅循环拉伸应力－应变曲线。试件 D16/12-450-30-IA 经过 6% 应变循环后残余应变为 1.04%，该试件加载初期具有非常明显的 R 相变。试件 D16/12-400-30-IA 经过 6% 应变循环后残余应变为 0.35%，即使经过 8% 应变循环，其残余应变仅有 0.76%。并且该试件具有较高的相变应力、较大的弹性模量以及较稳定的滞回曲线，其强度退化以及残余变形累积较小，具有良好的超弹性性能。因此，认为直径 16mm 的 SMA 棒材较为合理的热处理工艺为 400℃退火 30min。

图 2.13（e）和（f）分别是试件 D20/16-400-30-IA 和 D20/16-450-30-IA 增幅循环拉伸应力－应变曲线。试件 D20/16-400-30-IA 经过 6% 应变循环后残余应变为 0.93%，该试件马氏体逆相变平台不明显，加载后期几乎没有马氏体强化效应，曲线形状与没有经过热处理的 SMA 棒循环拉伸曲线［如图 2.5（i）所示］比较相似。由此可以判断，400℃ -30min 的热处理无法充分激发直径 20mm 的 SMA 棒超弹性性能。相比之下，试件 D20/16-450-30-IA 经过 6% 应变循环后残余应变为 0.30%，即使经过 8% 应变循环，其残余应变也只有 0.88%。该试件具有明显的相变阶段、马氏体强化阶段以及马氏体逆相变阶段，曲线具有鲜明的"旗帜形"特征。由此可知，直径 20mm 的 SMA 棒材最佳热处理工艺为 450℃退火 30min。

图 2.13（g）和（h）分别给出试件 D30/25-450-40-IA 和 D30/25-450-60-IA 增幅循环拉

伸应力－应变曲线。对比两曲线发现，试件 D30/25-450-60-IA 加载前期具有轻微的 R 相变，加载后期具有明显的强度退化，该试件马氏体逆相变平台较低，进而导致卸载后残余应变较大。试件 D30/25-450-60-IA 经过 6% 应变循环后残余应变为 0.66%。相比之下，试件 D20/16-450-30-IA 经过 6% 应变循环后残余应变为 0.24%，即使经过 8% 应变循环，其残余应变也只有 0.77%。该试件具有比较稳定的滞回性能，马氏体逆相变平台较高，曲线"旗帜形"特征鲜明。由此可知，直径 30mm 的 SMA 棒较为合理的热处理工艺为 450℃退火 40min。

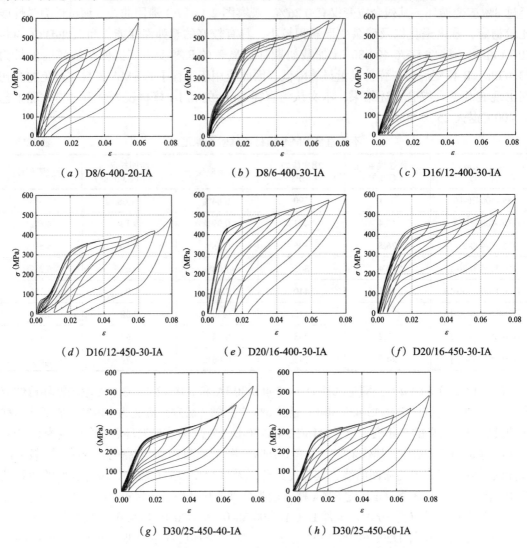

图 2.13　不同直径 SMA 棒增幅循环拉伸应力－应变曲线汇总

　　上述试验结果表明，不同直径 SMA 棒需要不同的热处理参数充分激发其良好的超弹性性能，并且不同直径 SMA 棒的滞回曲线也有较大的差异。为了进一步讨论棒材直径对 SMA 材料力学行为的影响，图 2.14 分别取各直径 SMA 棒超弹性性能较好者进行对比分析。

　　图 2.14（a）给出四种不同直径 SMA 棒相变应力随应变幅值变化曲线。随着循环加载进行，材料表现出一定程度的力学性能退化。当应变小于 5% 时，相变应力基本不变，材料性能稳定，当应变大于 6% 时，相变应力下降较快，材料力学性能退化比较明显。因此，

本文建议应用于工程领域的 SMA 棒最大应变不宜超过 6%。对比不同直径的四个试件发现,相同应变幅值下,试件 D8/6-400-30-IA 的相变应力最大,试件 D30/25-450-40-IA 的相变应力最小,但试件 D8/6-400-30-IA 和 D30/25-450-40-IA 的力学性能均比较稳定。由此可知,经过合理热处理的大直径 SMA 棒也具有比较稳定的力学性能。

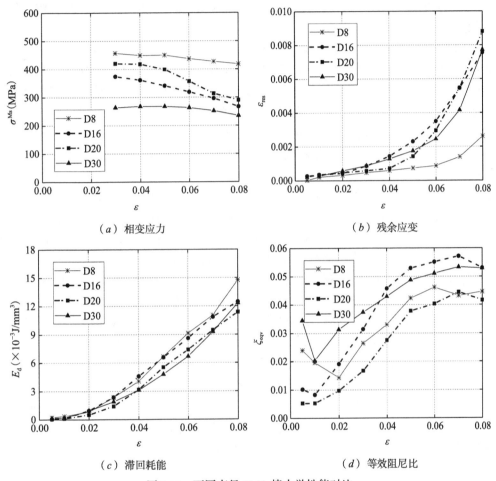

（a）相变应力　　　　　　　　　　　　（b）残余应变

（c）滞回耗能　　　　　　　　　　　　（d）等效阻尼比

图 2.14　不同直径 SMA 棒力学性能对比

图 2.14（b）给出上述四种不同直径 SMA 棒的残余应变随应变幅值变化曲线。当应变小于 5% 时,SMA 棒残余应变增长缓慢,并且很小。当应变大于 6% 时,材料残余应变逐渐累积,并且随应变幅值增大迅速增大。该特性保证 SMA 棒在 5% 应变范围内基本上处于超弹性状态(残余应变小于 0.2%)。因此,如果想利用 SMA 材料实现结构自回复,SMA 的设计应变幅值不宜超过 6%。比较不同直径棒材曲线发现,试件 D8/6-400-30-IA 的残余应变最小,其他三个试件残余应变比较接近,加载至 6% 卸载后残余应变约为 0.3%,基本达到 SMA 丝材的超弹性水平。由此可知,经过合理热处理的大直径 SMA 棒也可具有优秀的超弹性性能。该结果进一步验证了大直径 SMA 棒在工程应用中的可行性。

图 2.14（c）给出四种不同直径 SMA 棒单位体积滞回耗能随应变幅值变化曲线。当应变小于 3% 时,SMA 棒单位体积滞回耗能很小,可以认为没有滞回耗能能力。当应变幅值大于 3% 时,材料单位体积滞回耗能随应变幅值增大逐渐增大,近似表现为线性增长关

系。因此，如果想利用 SMA 材料的滞回耗能性能或者利用 SMA 材料制作耗能元件，必须保证材料应变幅值大于 3%，并且在满足其他条件的前提下，循环应变幅值应尽可能大。对比不同直径 SMA 棒滞回耗能曲线发现，四个试件单位体积滞回耗能水平相近，试件 D8/6-400-30-IA 和 D16/12-400-30-IA 因为滞回曲线相对比较饱满单位体积滞回耗能稍微偏大。需要说明的是，当棒材长度相同时，大直径 SMA 棒因为体积较大而具有较大的滞回耗能总量。

图 2.14（d）给出上述四种不同直径 SMA 棒等效阻尼比随应变幅值变化曲线。当应变较小时，SMA 棒等效阻尼比较小（试件 D8/6-400-30-IA 和 D30/25-450-40-IA 因为加载初期出现 R 相变，等效阻尼比稍微偏大），随后等效阻尼比随应变幅值增大逐渐增大。当应变达到 7% 时，等效阻尼比达到最大值，之后随应变幅值增大有降低的趋势。主要是因为当应变大于 7% 时，材料出现不同程度的马氏体强化现象，强度迅速提升。当应变在 5% ～ 8% 范围内，SMA 棒具有相对较大的等效阻尼比（约 4% ～ 6%）。由此可知，如果采用 SMA 材料作为耗能元件，保证应变幅值在 4% ～ 6% 范围内可以获得相对较好的耗能效果。对比不同直径四条曲线发现，等效阻尼比与 SMA 棒直径没有明确的关联，试件 D8/6-400-30-IA 和 D20/16-450-30-IA 因为材料相变应力高，其等效阻尼比偏小。

图 2.15 给出上述四个试件在 6% 应变循环时的力学参数对比情况。观察图 2.15（a）不难发现，直径为 8mm 的 SMA 棒相变应力最高（463MPa），其他三个试件依次是 396MPa、425MPa、258MPa。观察图 2.15（b）可知，试件 D8/6-400-30-IA 的弹性模量最大（43GPa），其他三个试件依次是 26GPa、31GPa、23GPa。整体趋势为，SMA 材料相变应力和弹性模量随棒材直径增大逐渐降低。图 2.15（c）给出 SMA 棒残余应变对比情况。直径 8mm 的 SMA 棒经过 6% 应变循环后残余应变为 0.15%，试件 D16/12-400-30-IA、D20/16-450-30-IA 和 D30/25-450-40-IA 的残余应变分别为 0.35%、0.30% 和 0.24%。可以看出，直径 30mm 的 SMA 棒经过 6% 循环后残余应变仅有 0.24%，其超弹性性能优于文献[79]中直径 25.4mm 的 SMA 棒。由此可知，经过合理热处理后，大直径 SMA 棒也可以具有很好的超弹性性能。图 2.15（d）是不同直径 SMA 棒等效阻尼比对比图。可以看出，SMA 材料等效阻尼比与棒材直径之间没有明确的关联。

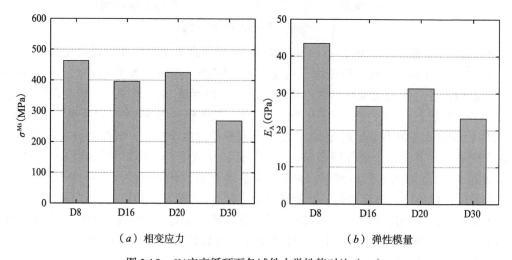

（a）相变应力　　　　　　　　　（b）弹性模量

图 2.15　6% 应变循环下各试件力学性能对比（一）

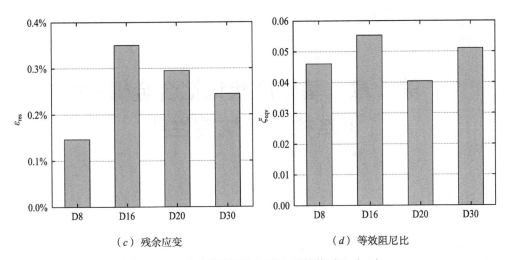

（c）残余应变　　　　　（d）等效阻尼比

图 2.15　6%应变循环下各试件力学性能对比（二）

综上所述，棒材直径对 SMA 材料超弹性性能和滞回耗能影响不大。经过合理热处理的大直径 SMA 棒具有优秀的超弹性性能，并且具有和小直径棒材同水平的等效阻尼比。

第3章 基于形状记忆合金棒材的
钢结构节点抗震性能

3.1 引言

SMA 棒材试验研究表明：形状记忆合金可具有良好的超弹性，具有一定的抗震应用前景。本章将 SMA 螺杆集成到节点中，这种新型钢框架梁柱节点的设计思路是：1）利用形状记忆合金螺杆的超弹性性能来使节点获得自回复能力；2）将可更换耗能构件集成到节点上，使节点获得良好的耗能能力；3）节点的主要部件（梁、柱和端板等）在地震中始终保持弹性；4）角钢和钢螺杆等耗能构件易于安装和更换，节点修复成本小。

基于以上设计思路，本章提出两类节点：集成 SMA 螺杆的圆钢管柱-H 型钢梁节点和 SMA 螺杆 H 型梁柱节点。其中，前者既可全部利用螺杆来实现自回复和耗能（简称螺杆类节点），也可利用 SMA 螺杆来促进自回复，另外利用角钢来耗能（简称角钢类节点）；后者梁柱之间通过 SMA 螺杆、角钢或抗剪板连接。通过对上述节点开展拟静力试验研究，本章对节点的受力机理、变形模式、破坏模式、刚度、承载力、延性性能、自回复能力以及耗能能力等进行分析，同时探讨了不同参数对节点性能的影响。

3.2 SMA 棒材节点试验研究

3.2.1 试件设计

（1）SMA 螺杆圆钢管柱-H 型钢梁节点

设计了八个 SMA 螺杆钢管柱-H 型钢梁节点试件，均采用 SMA 螺杆来实现节点的自回复。梁柱截面均设计成较大截面，以保证梁柱在加载过程中始终保持弹性。表 3.1 和图 3.1 分别给出了节点试件的设计参数和构造详图。根据使用耗能材料的不同，节点可分为两大类：螺杆类节点［如图 3.1（a）、（b）所示］和角钢类节点［如图 3.1（c）所示］。其中螺杆类节点使用了八根螺杆（SMA 棒材或钢螺杆）来耗能。角钢类试件集成了角钢和SMA 螺杆，角钢是主要耗能构件。螺杆类节点的命名形式是"SMA-B-C"。其中，"B"是指 SMA 螺杆的位置，若位于钢梁翼缘的内侧，则用"IN"表示；若位于钢梁翼缘的外侧，则用"OUT"表示。此外，对于全部使用 SMA 螺杆的节点，则用"ALL"表示。对于角钢类节点，使用形如"ANGLE-OUT-B"来命名，"B"指的是角钢的厚度，若采用6mm 厚角钢，则"B"为"6"，若角钢厚度为 8mm，则"B"为"8"。

图 3.1（d）绘制出了螺杆类试件的螺杆布置类型图。螺杆类试件根据螺杆材料和位置的不同分为两组试件：第一组试件称为 SMA 组，螺杆的布置类型为 A 类，包括试件 SMA-ALL-450 和 SMA-ALL-160。第二组试件使用的是 SMA 螺杆加钢螺杆组合，称为 SMA 与钢混合组，简称混合组。螺杆的布置类型包括 B 类和 C 类，包括试件 SMA-OUT-450、SMA-OUT-160、SMA-IN-450 和 SMA-IN-160。

角钢类试件根据角钢厚度的不同分为两个试件，即采用 6mm 厚角钢的 ANGLE-OUT-6 试件和采用 8mm 厚角钢的 ANGLE-OUT-8 试件。角钢作为主要耗能构件，布置在梁翼缘外侧。

节点试件设计参数　　　　表 3.1

类型	组别	节点编号	螺杆布置类型	角钢厚度（mm）	螺杆有效长度（mm）	螺杆预应力值（MPa）
螺杆类	SMA 组	SMA-ALL-450	A 类	—	378	150
		SMA-ALL-160	A 类	—	98	150
	SMA 与钢混合组	SMA-OUT-450	B 类	—	378	150
		SMA-OUT-160	B 类	—	98	150
		SMA-IN-450	C 类	—	378	150
		SMA-IN-160	C 类	—	98	150
角钢类	—	ANGLE-OUT-6	—	6	378	250
		ANGLE-OUT-8	—	8	378	250

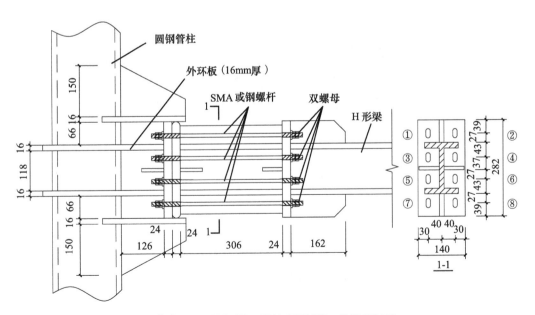

（a）SMA-ALL-450，SMA-OUT-450，SMA-IN-450

图 3.1　试件构造详图（一）

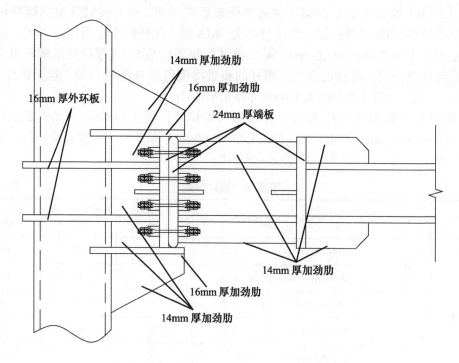

（b）SMA-ALL-160，SMA-OUT-160，SMA-IN-160

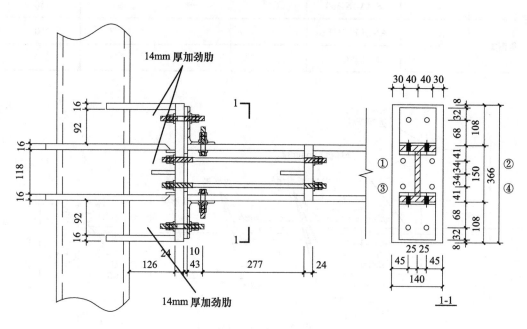

（c）ANGLE-OUT-6，ANGLE-OUT-8

图 3.1　试件构造详图（二）

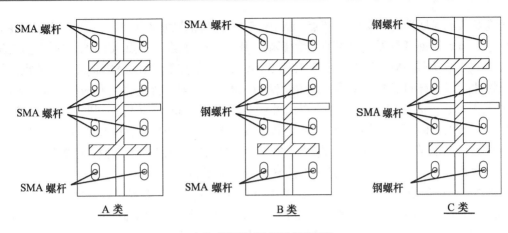

（d）螺杆类试件螺杆布置类型

图 3.1　试件构造详图（三）

（2）SMA 螺杆 H 型钢梁柱节点

SMA 螺杆 H 型钢梁柱节点共包括 8 个节点，各试件参数见表 3.2。

节点试件汇总　　　　　　　　　　　　　　　　　　　　表 3.2

节点类型	试件命名	SMA 棒			角钢型号（mm）	抗剪板（mm）
		位置	预应变	总长度（mm）		
SMA-Out	Out-P060-T6	外侧	0.60%	425	∟100×6-60	无
	Out-P125-T6	外侧	1.25%	425	∟100×6-60	无
	Out-P250-T6	外侧	2.50%	425	∟100×6-60	无
	Out-P125-T6S	外侧	1.25%	345	∟100×6-60	无
	Out-P125-T8	外侧	1.25%	425	∟100×8-60	无
SMA-All	All-P125	外侧	1.25%	425	∟100×6-60	−115×96×8
		内侧	2.50%			
SMA-Out（H）	Out-P125-T6H	外侧	1.25%	510	∟100×6-60	−115×96×8
SMA-In（H）	In-P125-T6H	内侧	1.25%	395	∟100×6-60	−115×96×8

以节点 Out-P125-T6S 为例，表示 SMA 螺杆位于梁翼缘外侧，螺杆长度较短，施加 1.25% 初始预应变，角钢厚度为 6mm 的节点。上述 8 个试件主要分为两类：纯 SMA 节点（下文简称 SMA-All 节点）和 SMA- 角钢节点（下文简称 SMA-Angle 节点）。SMA-Angle 节点分为螺杆位于梁翼缘外侧（记为 SMA-Out）和螺杆位于梁翼缘内侧（记为 SMA-In）两种情况，当采用梁高较高的框架梁时，分别记为 SMA-In（H）节点和 SMA-Out（H）节点。图 3.2 是 SMA 节点构造详图，以及各螺杆的编号。以节点 Out-P125-T6 为基准节点，螺杆长度为 425mm，施加 1.25% 初始预应变，0.04rad 层间位移角对应螺杆 6% 应变，角钢尺寸为 L100×6-60。节点 Out-P000-T6 和节点 Out-P300-T6 分别为不施加初始预应变和施加 3.0% 初始预应变两种情况，用于讨论螺杆预应变对节点自回复性能的影响。节点 Out-P125-T6S 的螺杆长度为 345mm，0.03rad 层间位移角对应螺杆 6% 应变，用于讨论螺

杆长度对节点滞回性能的影响。节点 Out-P125-T8 的角钢尺寸为 L100×8-60，用于讨论角钢尺寸对节点滞回耗能及自回复性能的影响。图 3.2（b）给出节点 All-P125 的构造详图，节点 All-P125 为纯 SMA 节点，用于对比 SMA-Angle 节点和 SMA-All 节点两类节点的滞回耗能性能以及自回复能力差异，评价角钢和 SMA 螺杆对节点自回复和滞回耗能的贡献。需要说明的是，为了使 SMA-All 节点内外侧螺杆在 0.04rad 位移角时同时达到 6% 应变，SMA-All 节点内侧螺杆施加 2.5% 的初始预应变。节点 Out-P125-T6H 和节点 In-P125-T6H 均是梁高较高的节点，每个节点设置 8 根 SMA 螺杆，两节点 SMA 螺杆位置不同，但螺杆长度均是按照 0.04rad 层间位移角对应螺杆 6% 应变确定。上述参数用于探究 SMA-Out 节点和 SMA-In 节点的工作机理，对比两类节点的自回复性能差异，并考察梁高对 SMA-Angle 节点滞回性能带来的影响。图 3.2（c）和（d）分别给出 Out-P125-T6H 节点和 In-P125-T6H 节点的构造详图。为了避免梁高较大时可能出现的角钢提前断裂，两节点均设置了专门抵抗剪切作用的抗剪件。抗剪件设置的原则是，可以抵抗节点剪切作用但不能阻碍节点自回复性能。基于上述原则，Out-P125-T6H 和 In-P125-T6H 中抗剪件均采用开有长螺栓孔的双面抗剪板，抗剪螺栓无需施加预拉力，人工拧紧即可。

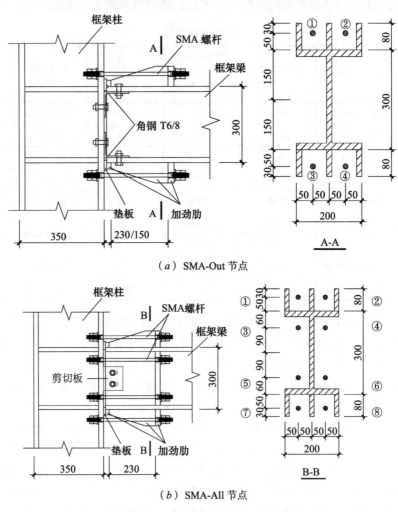

（a）SMA-Out 节点

（b）SMA-All 节点

图 3.2　SMA 节点构造详图（一）

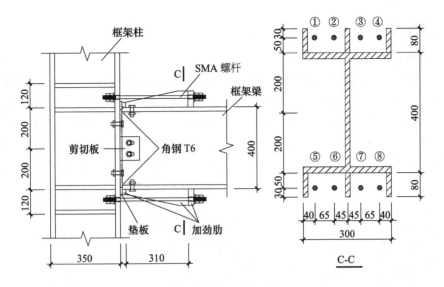

（c）SMA-Out（H）节点

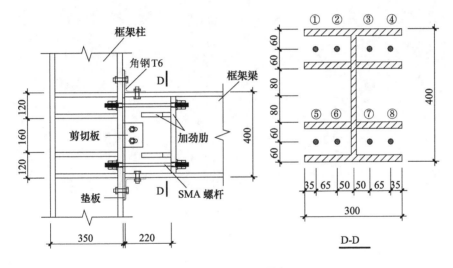

（d）SMA-In（H）节点

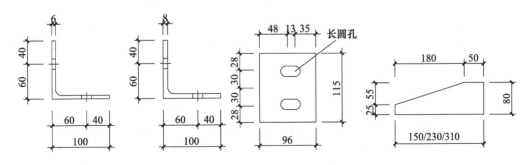

（e）角钢、抗剪板、加劲肋详图

图 3.2　SMA 节点构造详图（二）

3.2.2　试验流程

（1）试验装置

在本试验中，钢柱卧倒在台座地槽上，柱端通过压梁锚固在地面上，并通过拉杆固定在三角反力架上。图3.3给出SMA-Angle节点现场实况。图3.4是节点试验加载装置图，以SMA H型钢节点中的SMA-Angle节点为例。试验过程中梁端采用伺服作动器水平往复加载，为了防止钢梁发生平面外失稳，在钢梁两侧设置门式侧向支撑。作动器加载头与钢梁通过销轴连接，底座通过销轴支座连接到三角反力架上，保证钢梁不产生轴向作用力。

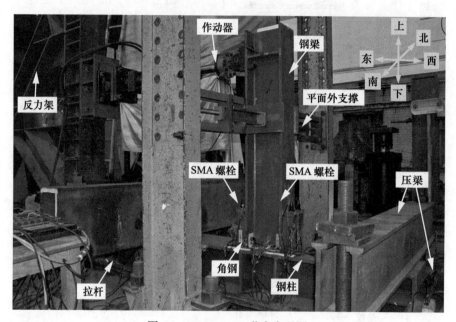

图3.3　SMA-Angle节点实况图

（2）加载制度

为了保证节点具有较大的初始刚度和良好的自回复能力，本试验在加载之前先对螺杆施加预应力。螺杆预应变通过大量程应变片控制。需要注意的是，更大的预紧力将很难施加到SMA螺杆上去，这是由于SMA螺杆除了轴向超弹性，还有扭转方向的超弹性[80]（Torsional superelasticity），SMA螺杆在受较大扭矩后形成的扭转变形将会在超弹性作用下恢复原来形状，从而导致超过一定范围的螺杆预应力难以施加上去。试验中要尽量避免此问题。

本试验通过在梁端施加水平往复荷载研究地震作用下SMA节点的自回复性能和滞回耗能能力。试验所采用的加载制度是基于美国SAC[84]钢结构节点加载制度设计的，图3.5绘制了节点试验的加载制度。加载时以梁端位移作为控制参数，分级施加往复水平荷载，其加载顺序依次为:0.375%（3圈）、0.5%（3圈）、0.75%（3圈）、1%（4圈）、1.5%（2圈）、2%（2圈）、3%（2圈）、4%（2圈），以此类推。对于不同节点，加载的最大转角有所区别。

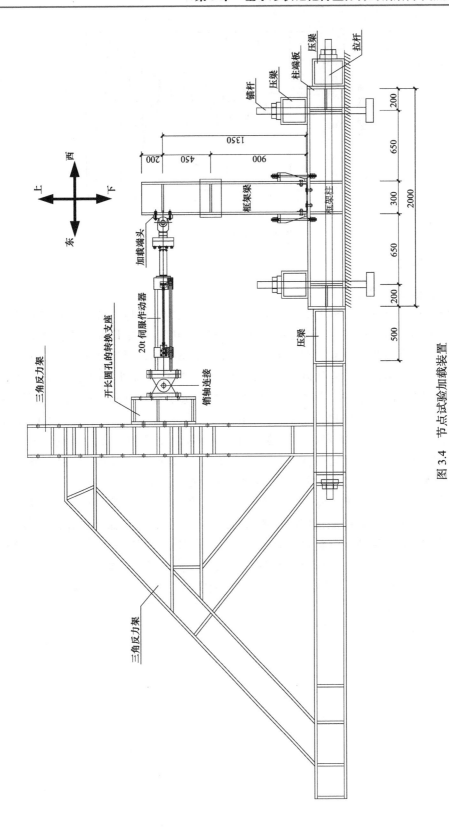

图 3.4　节点试验加载装置

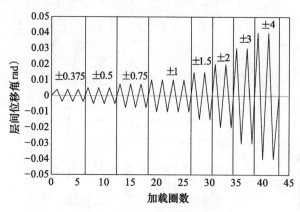

图 3.5　节点试验加载制度

3.2.3　试验结果

（1）性能指标定义

传统梁柱节点性能指标主要包括节点刚度、承载力、延性、破坏模式和耗能能力五个方面。对于半刚性梁柱节点，连接具有有限的转动刚度，弯矩作用下节点产生梁柱交角变化，因此通常采用节点弯矩－转角关系来描述其节点性能。骨架曲线可以反映节点的综合性能，本章采用节点骨架曲线确定节点的力学性能参数，如图 3.6 所示。节点刚度包括初始刚度 K_i 和屈服后刚度 K_t。其中初始刚度 K_i 取骨架曲线在 0.00375rad 时的割线刚度，屈服后刚度 K_t 取骨架曲线相变阶段的切线刚度。节点承载力，反映了节点抵抗外弯矩的能力，通常考查屈服强度 M_y 和极限强度 M_u 两个指标。屈服弯矩 M_y 取节点骨架曲线初始刚度切线与屈服后刚度切线交点所对应的弯矩值。因为部分节点没有发生螺杆断裂，采用峰值弯矩作为节点加载后期强度代表值，峰值弯矩 M_{peak} 取骨架曲线在 0.05rad 所对应的弯矩，对于 0.05rad 加载发生螺杆断裂的节点取骨架曲线的最大弯矩。节点延性，反映了节点的转动能力，是评价其抗震性能优劣的重要特性之一，可采用节点最大转角衡量节点的延性。节点滞回耗能 E_d，反映了节点的能量耗散能力。采用节点弯矩－转角曲线所包围的面积衡量节点的能量耗散能力，采用等效阻尼比 ξ_{eqv} 衡量节点的滞回耗能效率，等效阻尼比 ξ_{eqv} 按图 3.6 计算。对于自复位节点来说，节点自回复能力是设计人员更为关注的性能指标。对于有残余变形的节点，采用卸载后的残余层间位移角 θ_{res} 衡量节点自回复性能，如图 3.6 所示。相同层间位移角下，节点卸载后残余层间位移角越小节点的自回复性能越好。

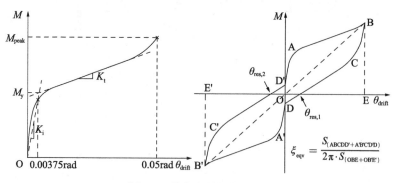

$$\xi_{eqv} = \frac{S_{(ABCDD' + A'B'C'D'D)}}{2\pi \cdot S_{(OBE + OB'E')}}$$

图 3.6　节点力学性能指标

（2）试验现象

SMA 螺杆圆钢管柱-H 型梁螺杆类节点的试验现象以图 3.7 所示的 SMA-ALL-450 试件为例，可以发现，在循环加载过程中，SMA 螺杆的变形明显，梁柱端板之间出现了"V"字形间隙。节点在卸载后，梁柱端板之间的"V"字形间隙消失，螺杆也恢复到初始状态。根据观察，节点转动中心随荷载作用方向的变化而在梁端板两端之间变化。在峰值荷载时刻，可以认为转动中心位于梁端板的端部。在试验过程中没有发现梁端板与柱端板间发生相对滑移。且螺杆只发生轴向变形和细微的弯曲变形，螺杆与孔壁之间没有发生接触，螺杆也没有发生剪切变形。对于 SMA 与钢混合组螺杆类节点试件，在加载过程中，四根钢螺杆阶段性地与端板发生接触。且在卸载后，钢螺杆有非常明显的残余变形，如图 3.8 所示。

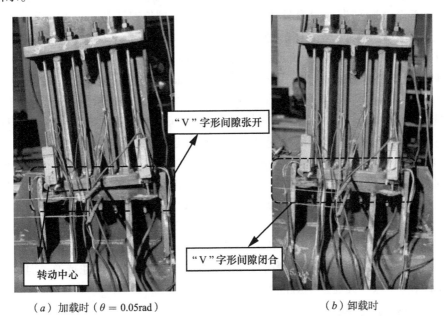

（a）加载时（θ = 0.05rad）　　　　（b）卸载时

图 3.7　SMA-ALL-450 试件加载和卸载时的变形图

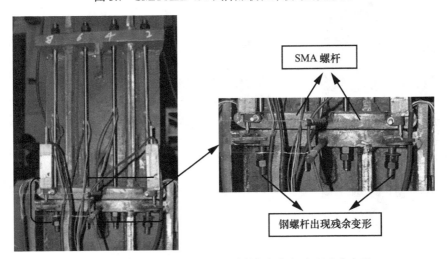

图 3.8　SMA-IN-450 试件梁翼缘外侧钢螺杆出现残余变形

角钢类试件在循环加载过程中，受拉角钢的长肢发生明显的塑性变形，受拉侧梁翼缘脱离柱端板表面，当经历一个循环后梁端水平位移恢复至平衡位置（零点位移）时，梁端板与柱端板之间仍然存在一定间隙，且间隙随着加载位移幅值的增大而增大。这说明节点的自回复能力有限，节点在卸载后出现了一定的残余变形，如图 3.9 所示。

对于 SMA 螺杆 H 型钢梁柱节点，图 3.10 分别给出节点 Out-P060-T6 试验结束后平衡位置处变形图、节点 Out-P125-T6 峰值处变形图和节点 Out-P250-T6 的破坏模式图。试验过程中 Out-P060-T6 在 0.03rad 转角时出现螺杆松弛，0.03rad 正向峰值处螺杆 2 松弛，负向峰值处螺杆 3、4 稍微松弛，0.04rad 正向峰值处螺杆 1、2 松弛，负向峰值处螺杆 3、4 松弛，平衡位置螺杆 2 松弛，并且具有较大的残余变形，如图 3.11（a）所示（螺杆位置见前述节点构件设计图）。0.05rad 转角时 SMA 螺杆的松弛更加明显，平衡位置处螺杆 2、4 松弛，但直至试验结束并没有发生 SMA 螺杆断裂或角钢开裂。上述过程中，SMA 螺杆残余变形随层间位移增大逐渐增大，当螺杆残余应变大于初始预应变时，螺杆开始松弛，进而导致平衡位置附近节点回复力逐渐减小直至消失。Out-P125-T6 在 0.03rad 和 0.04rad 加载过程中所有螺杆均处于绷紧状态，0.05rad 正向峰值处螺杆 1、2 松弛，负向峰值处螺杆 3、4 松弛，平衡位置处所有螺杆均处于绷紧状态，试验过程中并没有发生 SMA 螺杆断裂或角钢开裂。和 Out-P060-T6 相比，节点 Out-P125-T6 的螺杆松弛得到明显的延迟。上述结果表明，增大初始预应变可以有效地延迟 SMA 螺杆松弛。和 Out-P125-T6 类似，Out-P250-T6 在 0.05rad 加载时出现螺杆松弛，0.03rad 和 0.04rad 加载过程中所有螺杆均处于绷紧状态，但该加载过程中一直伴有轻微声响。0.05rad 第一圈加载正向峰值处螺杆 1 稍微松弛、螺杆 2 松弛，负向峰值螺杆 3 稍微松弛，螺杆 4 松弛。0.05rad 第二圈加载接近负向峰值处螺杆 1 突然断裂（断裂应变为 8.5%）。图 3.10（c）是节点 Out-P250-T6 的破坏模式，该节点发生螺杆断裂破坏。图 3.11（b）给出 Out-P250-T6 试验结束后螺杆的残余变形及断裂形态。上述结果表明，初始预应变越大，螺杆松弛越晚，但过大的初始预应变导致 SMA 螺杆提前发生脆性断裂。

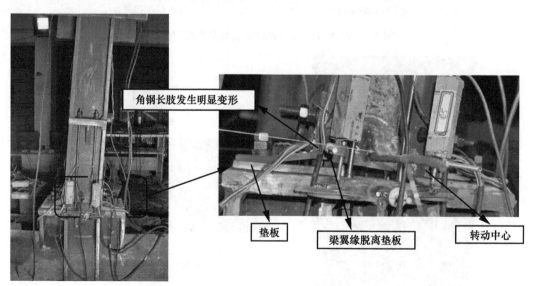

图 3.9 ANGLE-OUT-6 试件加载时的变形图

（a）Out-P060-T6 梁柱间隙　　　（b）Out-P125-T6 峰值处变形　　　（c）Out-P250-T6 破坏模式

图 3.10　节点 Out-P060/125/250-T6 变形及破坏模式

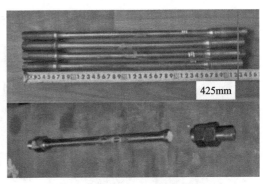

（a）Out-P060-T6 平衡位置处　　　　（b）Out-P250-T6 试验结束后

图 3.11　节点 Out- P060/125/250-T6 螺杆残余变形及断裂图

　　整个加载过程中，梁柱之间的"V"形夹角随梁端位移增大逐渐增大。加载前期螺杆残余变形和角钢塑性变形均较小，平衡位置附近 SMA 螺杆拉力较大，平衡位置处梁端面与柱翼缘紧密接触。随着层间位移角增大，0.03rad 以后螺杆残余变形和角钢塑性变形逐渐明显，位移峰值处角钢出现明显的塑性铰［如图 3.10（b）所示］，平衡位置附近 SMA 螺杆拉力很小甚至出现螺杆松弛。此时卸载至平衡位置，SMA 螺杆不能使角钢恢复至初始位形，节点梁端面与柱翼缘脱离，如图 3.10（a）所示。试验发现，3 个节点在试验结束后均出现不同程度的梁端面与柱翼缘脱离，其中 Out-P060-T6 节点梁柱间隙最大。图 3.12 分别给出加载峰值处角钢变形模式和试验结束后角钢残余变形。可以看出，角钢在柱肢高强螺栓附近以及圆弧倒角处均出现塑性铰，试验过程中可以明显看到上述三处均有白色油漆脱落。

　　图 3.13 给出节点 Out-P125-T6S 的破坏模式。试验加载过程中，Out-P125-T6S 在 0.03rad 负向峰值处螺杆 4 松弛，0.04rad 负向峰值处螺杆 3、4 松弛。其主要原因在于，螺杆长度越小相同转角下螺杆应变幅值越大，因此 Out-P125-T6S 中 SMA 螺杆提前松弛。正向加载至 0.048rad 时，Out-P125-T6S 中螺杆 3 突然断裂（断裂应变为 8.9%），螺杆 1、2 松弛，反向加载至 0.046rad 时螺杆 1 断裂（断裂应变为 8.6%），螺杆 3、4 松弛。图 3.13（a）是 Out-P125-T6S 的整体破坏模式，该节点发生螺杆断裂破坏。图 3.13（b）是螺杆断裂模式，可以看出螺杆 1、3 均在螺纹段发生脆性断裂。上述结果表明，减小螺杆长度导致螺杆提前断裂，节点延性降低。

（a）Out-P125-T6 峰值处　　　　　　　（b）Out-P125-T6 试验结束后

图 3.12　节点 Out- P060/125/250-T6 角钢变形图

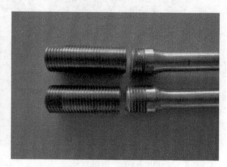

（a）整体破坏模式　　　　　　　（b）螺杆断裂模式

图 3.13　节点 Out-P125-T6S 破坏模式

节点 Out-P125-T8 加载过程中，0.04rad 正向峰值处螺杆 1、2 松弛，负向峰值处螺杆 3、4 松弛，0.05rad 加载时螺杆残余变形更大，试验结束后螺杆 1、3 仍然松弛 ［如图 3.14（b）所示］，但并没有发生螺杆断裂或角钢开裂。由此可知，循环荷载作用下，SMA 螺杆具有明显的残余变形累积，尤其是当材料超弹性性能较差时。同时，Out-P125-T8 选用较大尺寸的角钢也会增大对节点自回复的阻碍。因此，试验结束后 Out-P125-T8 节点梁柱间隙明显比其他几个节点大 ［如图 3.14（a）所示］。节点 Out-P125-T6S 和 Out-P125-T8 的"V"形夹角闭合过程和角钢变形过程与 Out-P060-T6、Out-P125-T6 和 Out-P250-T6 比较相似，此处不再赘述。

（a）平衡位置梁柱间隙　　　　　　　（b）平衡位置螺杆残余变形

图 3.14　节点 Out-P125-T8 变形图

图 3.15 是节点 Out-All 变形及破坏模式图。All-P125 在 0.03rad 正向峰值和负向峰值处所有螺杆均处于绷紧状态。0.04rad 负向峰值处螺杆 7、8 松弛，平衡位置处螺杆 4、5、6 松弛。0.05rad 第一圈正向峰值处螺杆 7 突然断裂（断裂应变为 7.2%），螺杆 2 松弛，负向峰值处螺杆 5、6、8 松弛，平衡位置处螺杆 4、5、6、8 松弛。需要特殊说明的是，螺杆 7 提前断裂是因为其螺纹段加工异常。图 3.15（a）给出 All-P125 的破坏模式，该节点发生螺杆断裂破坏。0.05rad 第二圈正向峰值处螺杆 1、2、4 松弛，负向峰值处螺杆 5、6、8 松弛，试验结束后除螺杆 3 外其余螺杆均已松弛。但需要注意的是，All-P125 在试验结束后，框架梁端面与柱翼缘依然紧密接触［如图 3.15（b）所示］，节点梁柱间隙几乎为零，该结果进一步验证了角钢的存在导致试验过程中梁柱之间逐渐脱离。整个加载过程中，随着梁柱间 "V" 形夹角反复张开闭合，抗剪螺栓在抗剪板长圆孔内滑动［如图 3.15（c）所示］，但钢梁与钢柱之间并没有相对滑动，抗剪板可以抵抗节点的剪切作用。

（a）破坏模式　　　　　　　　（b）梁柱间隙　　　　　　　　（c）抗剪螺栓滑动

图 3.15　节点 Out-All 变形及破坏模式

图 3.16（a）是 Out-P125-T6H 在 0.05rad 转角下的变形图。0.03rad 正向峰值处螺杆 2、3 稍微松弛，负向峰值处螺杆 7 松弛。0.04rad 正向峰值处螺杆 1、2、3 松弛，负向峰值处螺杆 7、8 松弛，平衡位置螺杆 2、7 松弛。0.05rad 加载时节点受压侧螺杆全部松弛，平衡位置处只有螺杆 4、5 绷紧，其余螺杆全部松弛。试验结束后 Out-P125-T6H 的螺杆均有较大的伸长，节点梁端面与柱翼缘依然脱离。试验过程中角钢的变形模式与上述 3 个节点相似。当梁高增大后，相同层间位移角下角钢塑性变形更加明显。试验结束后发现，角钢背部螺栓孔附近以及圆弧倒角处出现塑性变形 "褶皱"，并且有微裂纹出现。由此可知，Out-P125-T6H 的破坏模式是角钢开裂。观察节点抗剪性能，随层间位移角增大，框架梁与抗剪板之间的相对位移逐渐增大，试验过程中明显可以看出抗剪螺栓在长圆孔内滑动

（a）峰值处变形　　　　　　　　（b）抗剪螺栓滑动

图 3.16　节点 Out-P125-T6H 变形图

［如图 3.16（b）所示］，但框架梁与抗剪板之间没有相对滑动，抗剪板可以抵抗节点的剪切作用。

图 3.17（a）是 In-P125-T6H 的破坏模式。试验过程中，In-P125-T6H 在 0.03rad 加载过程中所有螺杆均处于绷紧状态，0.04rad 正向峰值处螺杆 5 从螺纹段根部突然断裂（断裂应变为 6.0%），平衡位置处螺杆 2、3、4 稍微松弛（与 SMA-Out 不同，SMA-In 节点在平衡位置处所有螺杆处于应变最小状态）。需要说明的是，螺杆 5 因为螺纹段有效直径只有 12mm 而提前断裂。0.05rad 第一圈加载平衡位置处螺杆 2、6、8 松弛，第二圈加载正向峰值处螺杆 8 断裂（断裂应变为 7.2%），平衡位置处螺杆 2、3、4、6 松弛。In-P125-T6H 在试验结束后梁端面与柱翼缘基本上接触。图 3.17（b）是试验结束后 SMA 螺杆残余变形图，各螺杆均有不同程度的伸长。由于角钢位于梁翼缘外侧，相同层间位移角下 In-P125-T6H 的角钢塑性变形更大。图 3.17（c）是 In-P125-T6H 角钢开裂图，试验加载至 0.04rad 时部分角钢圆弧倒角处开始出现微裂纹，随节点层间位移角逐渐变大，角钢塑性变形越来越明显，微裂纹也逐渐扩展变大。试验结束后角钢背部圆弧倒角处出现很多微裂纹和塑性变形"褶皱"。该节点的破坏模式是同时发生螺杆断裂和角钢开裂。上述过程中 In-P125-T6H 的抗剪性能与 Out-P125-T6H 比较相似，此处不再赘述。

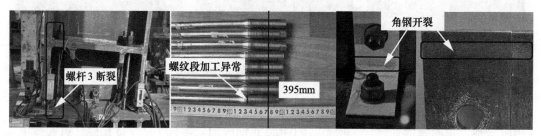

（a）整体破坏模式　　　（b）螺杆残余变形及断裂　　　（c）角钢开裂

图 3.17　节点 In-P125-T6H 破坏模式

（3）弯矩转角曲线

对于 SMA 螺杆钢管柱 -H 型钢梁节点，图 3.18 绘制出了螺杆类试件的弯矩 - 转角关系曲线，并在发生破坏的试件的弯矩－转角关系曲线中标出了断裂 SMA 螺杆的编号。

螺杆类试件的弯矩－转角关系曲线呈现的是典型的"双旗帜"形。这是集成 SMA 螺杆的自回复节点的典型特征。同时，随着螺杆长度和布置的变化，其弯矩－转角关系曲线也会出现差异。

总体来说，在层间位移角达到 0.00375rad 之前，节点保持弹性。在层间位移角达到 0.005rad 时，开始出现较小的滞回环。这之后，节点每一级耗散的能量随着加载级数的增加而增加。

采用 450mm 长度螺杆的试件的延性要优于 160mm 螺杆试件。而 160mm 螺杆试件的承载力要高于 450mm 螺杆试件。对于混合组节点来说，将 SMA 螺杆布置在梁翼缘内侧的节点要比相同螺杆长度情况下，将 SMA 螺杆布置在梁翼缘外侧的节点的延性要好，并且承载力也更高。

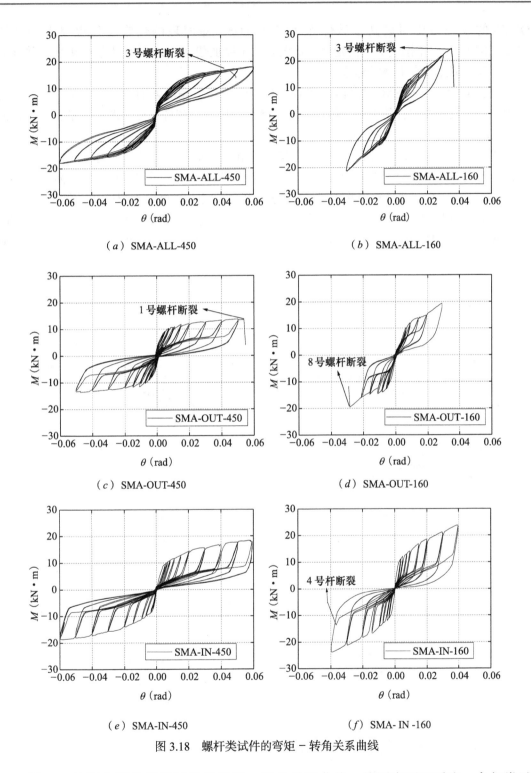

（a）SMA-ALL-450　　　　　　　　　　（b）SMA-ALL-160

（c）SMA-OUT-450　　　　　　　　　　（d）SMA-OUT-160

（e）SMA-IN-450　　　　　　　　　　（f）SMA-IN-160

图 3.18　螺杆类试件的弯矩-转角关系曲线

图 3.19 绘制出了角钢类试件的弯矩-转角关系曲线。从图中可以看出，角钢类试件在卸载后均出现非常明显的残余变形，说明这一类节点的自回复性能比较差。具体来说，试件 ANGLE-OUT-8 要比试件 ANGLE-OUT-6 的自回复能力差，此外，试件 ANGLE-

OUT-8 的承载力要明显高于试件 ANGLE-OUT-6，滞回环的包络面积也要大于试件 ANGLE-OUT-6。角钢类节点的延性均比较好，可以加载到 0.07rad 而不发生破坏，并且节点的承载力依然没有下降的趋势。

图 3.20 给出所有 SMA 螺杆 - H 型钢试件的弯矩－转角滞回曲线。图中标识了螺杆断裂的位置以及断裂螺杆的编号。可以看出，螺杆预应变、螺杆长度、螺杆数量、螺杆布置以及角钢尺寸对节点弯矩－转角曲线均有一定的影响。

就 SMA-Angle 节点来讲，小层间位移角下节点基本上都可以实现自回复，随着层间位移角增大，角钢残余塑性变形逐渐增大，平衡位置附近角钢对节点自回复的阻碍作用逐渐增强，同时 SMA 螺杆在平衡位置附近的拉力逐渐减小甚至出现螺杆提前松弛。因此，大层间位移角下 SMA-Angle 都会出现一定程度的残余层间位移角。就 SMA-All 节点来讲，该节点不仅在小层间位移角下具有很好的自回复能力，大层间位移角下依然可以实现完全自回复。

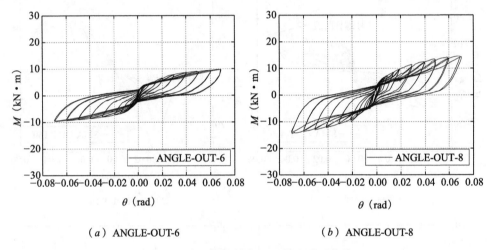

（a）ANGLE-OUT-6 　　　　　　　　　（b）ANGLE-OUT-8

图 3.19　角钢类试件弯矩－转角关系曲线

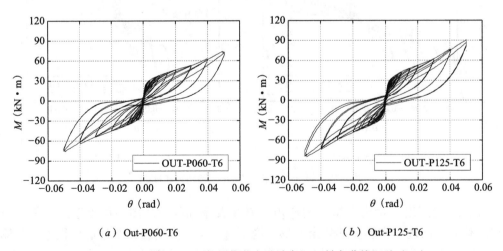

（a）Out-P060-T6 　　　　　　　　　（b）Out-P125-T6

图 3.20　SMA 螺杆 -H 型钢梁柱节点试验弯矩－转角曲线汇总（一）

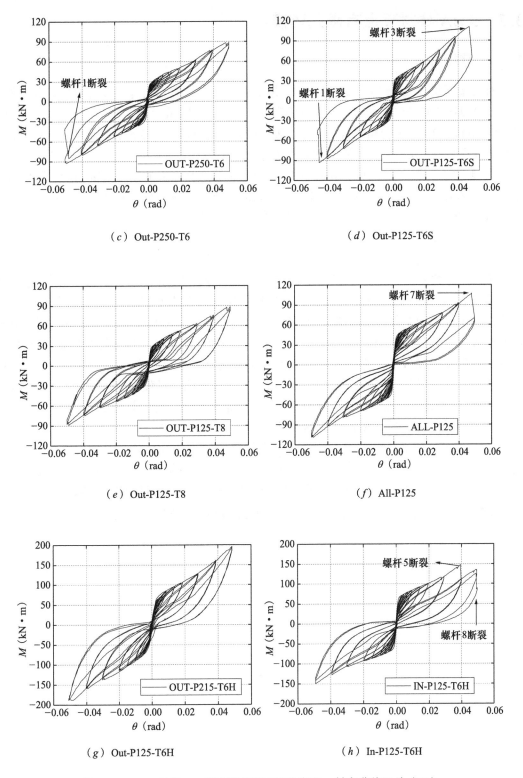

图 3.20 SMA 螺杆－H 型钢梁柱节点试验弯矩－转角曲线汇总（二）

3.3 SMA 棒材节点有限元建模

3.3.1 建模方法

有限单元法（Finite Element Method）是工程领域广泛应用的有效分析方法。有限单元法不仅可以用于验证试验结果，重现试验现象，还可以反映试验过程无法观测到或者很难观测到的局部问题，深入分析试件的工作机理。该方法可以对各个变量展开参数化分析以弥补试验数据有限的不足，发挥其独特的成本优势。

大型通用有限元软件例如 ABAQUS、ANSYS 等拥有强大的结构分析功能，可以开展结构静力和动力分析、线性和非线性分析、屈曲分析、可靠性分析和结构优化设计等。这里以 ANSYS 为例对上述节点试验展开精细化有限元模拟。

（1）材料模型

1）形状记忆合金

常幅循环拉伸试验表明，往复荷载作用下 SMA 螺杆表现出一定程度的力学性能退化。为了稳定 SMA 螺杆力学性能，减小试验过程中螺杆残余应变累积，试验前所有 SMA 螺杆均进行了 3 圈 5% 应变"训练"。"训练"结果发现，SMA 螺杆应力 - 应变曲线存在较大的离散性，部分螺杆相变应力较高，部分螺杆相变应力较低，部分螺杆残余应变较大，部分螺杆残余应变较小。为了让有限元模型尽可能真实地反映实际节点情况，本章以螺杆"训练"后的应力 - 应变曲线为依据，适当考虑螺杆循环过程中的强度退化，采用文献［80］中提出的等效模拟法模拟实际节点在往复荷载作用下的滞回性能。

图 3.21 绘制了 ANSYS 软件内嵌的形状记忆合金材料的超弹性本构模型。软件通过定义六个参数来模拟其超弹性特性，分别是应力诱发马氏体相变开始应力 σ_s^{AM}、应力诱发马氏体相变结束应力 σ_f^{AM}、逆相变开始应力 σ_s^{MA}、逆相变结束应力 σ_f^{MA}、最大可回复应变 ε_L、奥氏体弹性模量 E^A 和马氏体弹性模量 E^M。本试验中以上参数的取值分别为：$E^A = E^M = 24\text{GPa}$，$\sigma_s^{AM} = 222\text{MPa}$，$\sigma_f^{AM} = 593\text{MPa}$，$\sigma_s^{MA} = 272\text{MPa}$，$\sigma_f^{MA} = 50\text{MPa}$，$\varepsilon_L' = 0.036$。

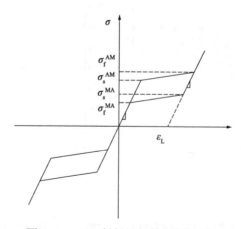

图 3.21　SMA 材料的超弹性本构模型

2）普通钢材

对钢材的模拟一般基于钢材单调拉伸试验获得的真实应力－应变关系数据，可选取双线性随动强化本构模型或多线性随动强化本构模型，考虑 Von Mises 屈服准则。图 3.22 给出了钢材的两种本构模型。双线性本构模型可以近似考虑钢材的强化过程，可用于模拟试验中基本保持弹性的结构构件，如刚梁、钢柱、抗剪板、加劲肋以及高强螺栓等。多线性本构模型可以更准确地模拟钢材的强化过程，取钢材材性曲线具有代表性的若干数据点，可用于模拟节点试验中的角钢。

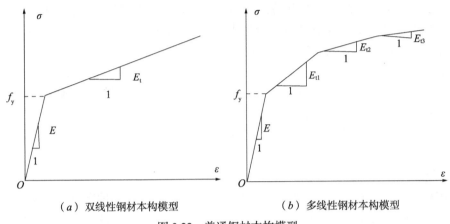

（a）双线性钢材本构模型　　　　（b）多线性钢材本构模型

图 3.22　普通钢材本构模型

（2）单元选择及网格划分

梁柱节点的组成部分均为三维匀质连续体，因此建议采用三维实体单元来模拟。一般钢材部件采用 SOLID45 单元模拟，该单元为 8 结点低阶单元，每个结点有 3 个平动自由度，可以考虑塑性、蠕变、膨胀、应力刚化、大变形以及大应变等非线性行为。另外，可采用 SOLID185 单元模拟节点中 SMA 螺杆。

图 3.23 是以 H 型钢节点为例，根据梁柱节点实际尺寸建立的节点有限元模型，考虑

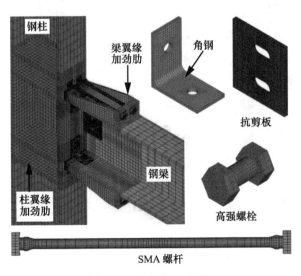

图 3.23　节点有限元模型

到几何模型以及边界条件的对称性，一般可建立半边模型进行分析，以节约有限元计算成本。实体单元网格划分时，尽量采用六面体单元。对关键部位（如角钢、螺栓孔周边以及螺杆变截面处等应力集中的部位）采用较小的网格尺寸，以确保求解精度。具有不同网格密度的两组件之间通过多点约束算法（MPC）建立连接。SMA 螺杆螺纹段可按有效直径简化建模。

（3）定义接触单元

如图 3.24 所示，节点域内钢梁和钢柱通过 SMA 螺杆、角钢和抗剪板相连接，各组件之间通过接触关系相互约束、相互传力以形成一个整体。ANSYS 通过面面接触对（由接触单元 CONTA173 和目标单元 TARGE170 构成）模拟各组件之间的相互作用，并采用库仑摩擦模型模拟两接触面之间的相互滑移。

图 3.24 给出了试验节点的接触对示意图。为了充分体现受力特性，该节点至少有五处需要定义接触，分别是：SMA 螺杆接触对、角钢接触对、高强螺栓接触对、抗剪板接触对以及梁柱间接触对。需要注意的是，试验加载后期 SMA 螺杆会出现松动，为了防止有限元模拟过程中 SMA 螺杆出现刚体位移，螺杆与框架柱接触面定义为绑定接触对，其余接触对均为标准接触对。

（4）施加螺杆预应变

一般来说，可以通过两种方式施加预紧力：1）预拉单元法，即在杆件的某一位置插入预拉截面，然后在预拉截面上施加指定的预紧力即可。需要说明的是，大变形分析过程中预拉单元法施加的预紧力方向固定不变，不随杆件转动而更新。因此，采用预拉单元法时预拉截面尽量选择在没有转动变形或者转动变形很小的位置。2）温度作用法，即给杆件施加一定的温度作用，温度作用下杆件将会产生膨胀或收缩变形，如果杆件的变形受到约束，杆件内部就会产生与约束反力相平衡的内力。该方法通过调整温度作用大小控制杆件预紧力大小。出于简单、直观考虑，这里采用预拉单元法给高强螺栓和 SMA 螺杆施加初始预紧力。

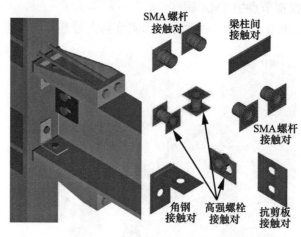

图 3.24　有限元模型接触对示意图

（5）边界条件、加载方式及求解

图 3.25 同样以 H 型钢节点为例，给出 SMA 节点有限元模型的边界条件示意图。如图 3.25 所示，钢柱端采用固定铰约束其三个方向的平动位移，钢梁端仅约束其平面外的平动位

移，平面内施加位移控制荷载。除此之外，整个模型在中轴面上施加对称约束（UZ）。需要说明的是，为了实现梁端、柱端的单点加载，这里采用 MPC184 刚性杆单元将梁端或柱端部分与加载点连接，然后在加载点上施加约束或荷载，达到与试验边界条件相一致的目的。使用 MPC184 刚性杆单元的另外一个作用是方便提取支座反力，用以校核有限元模型。

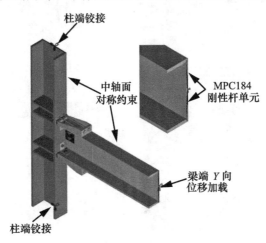

图 3.25　有限元模型边界条件

参照节点试验加载方案，SMA 节点数值模拟根据试验加载制度施加梁端位移荷载。非线性方程组求解采用程序自动选择算法，采用力控制收敛，并以 L2 范数为收敛标准，允许误差为 0.5%。求解时打开几何非线性、自动时间步长、线性搜索和非线性预测以提高接触非线性分析的收敛能力。

3.3.2　建模结果验证

图 3.26（a）是 H 型钢节点中 SMA-Out 节点的有限元预测变形与试验变形对比图。可以看出，有限元变形模式与试验变形模式基本吻合。有限元模型可以模拟 SMA 螺杆的残余变形以及因为螺杆松弛而引起的梁柱接触面脱开行为。图 3.26（b）是钢管柱 - H 型梁节点中 SMA-Out 节点的有限元预测变形与试验变形对比图。总体来说，有限元分析结果与试验结果较为吻合。

（a）SMA-Out 节点

图 3.26　试验与有限元变形模式对比（一）

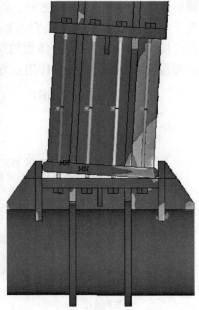

（b）SMA-ALL-450 节点

图 3.26　试验与有限元变形模式对比（二）

　　图 3.27 给出部分节点有限元弯矩－转角曲线与试验弯矩－转角曲线对比图，"TEST"为试验曲线，"FEM"为有限元曲线。有限元滞回曲线和试验滞回曲线比较吻合，有限元模型可以较准确地模拟 SMA 节点在往复荷载作用下的滞回行为。

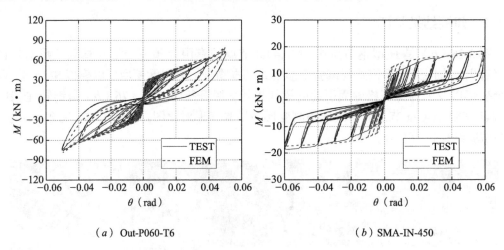

（a）Out-P060-T6　　　　　　　　　　　　　　（b）SMA-IN-450

图 3.27　试验与有限元弯矩－转角曲线对比

3.4　基于 SMA 棒材的节点性能影响参数分析

　　试验研究表明采用形状记忆合金螺杆的钢框架梁柱节点具有良好的自回复能力，但是不同预应力、螺杆长度、螺杆个数和角钢厚度等参数对节点关键性能的影响则需要进一步探讨。本节结合试验及有限元模拟结果进行分析。

3.4.1　螺杆预应变的影响

表 3.3 表明，螺杆预应变对节点屈服弯矩没有影响，与理论分析（节点屈服弯矩取决于螺杆相变应力、螺杆截面积以及螺杆位置）相吻合。对比 3 个节点峰值弯矩可知，初始预应变越大，相同层间位移角下螺杆拉力越大，所以节点 Out-P125-T6 和 Out-P250-T6 弯矩较 Out-P060-T6 大。但要注意当预应变较大时，施加预应变对节点承载力提升非常有限，过大的预应变反而会导致 SMA 螺杆提前断裂，降低节点延性。

不同预应变节点试验结果对比　　　　　　　　　　　表 3.3

试件编号	屈服弯矩 （kN·m）	峰值弯矩 （kN·m）	初始刚度 （kN·m/rad）	屈服后刚度 （kN·m/rad）	0.04rad 滞回耗能（kJ）	0.04rad 残余变形（rad）
Out-P060-T6	30	75	7779	885	1.75	0.81%
Out-P125-T6	31	88	8371	1077	2.12	0.76%
Out-P250-T6	31	90	8577	1182	1.93	0.78%

进一步对比节点刚度，表 3.3 显示节点初始刚度随螺杆预应变增大有所增大，但变化不明显。在节点 SMA-ALL-450 的基础上建立了螺杆未施加预应力以及施加 300MPa 预应力的有限元模型（分别命名为 SMA-ALL-P150、SMA-ALL-P0 以及 SMA-ALL-P300）。有限元模拟结果表明，施加初始预应变可以显著改善 SMA 节点的初始刚度。那么可以推断，当螺杆预应变达到一定值后，初始预应变对节点"消压"前的刚度影响不那么明显，该结果也与有限元分析相吻合。比较节点屈服后刚度不难发现，Out-P250-T6 的屈服后刚度最大，主要是因为 Out-P250-T6 中 SMA 螺杆提前进入应变强化阶段。

图 3.28 分别给出两种节点在不同初始预应变下的耗能情况。由图可知，节点滞回耗能能力随层间位移角增大而增大，当层间位移角大于 0.02rad 时，节点具有明显的滞回耗能能力。施加螺杆初始应变的节点滞回耗能略大于未施加预紧力的节点及初始预应力较小的节点。其主要原因在于初始预应变小，SMA 螺杆提前松弛。同时初始预应力的施加可以让节点在较小的相对位移转角下提前进入相变平台，从而开始参与耗能。

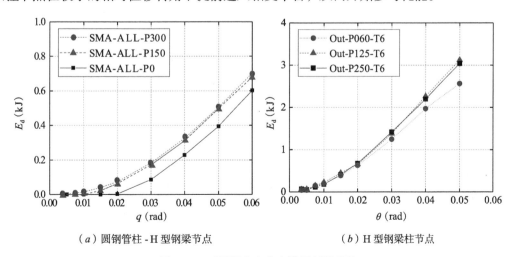

（a）圆钢管柱-H型钢梁节点　　　　　　（b）H型钢梁柱节点

图 3.28　不同预应变节点滞回耗能比较

自回复能力方面，当螺杆预应变较小时，加载后期螺杆因为残余变形而松弛，即在平衡位置附近 SMA 螺杆退出工作，无法提供充足的回复力。

3.4.2 螺杆长度的影响

表 3.4 显示，Out-P125-T6 和 Out-P125-T6S 的屈服弯矩基本相同，即 SMA 螺杆长度对节点屈服弯矩没有影响，与理论分析相吻合。对比峰值弯矩发现，Out-P125-T6S 的峰值弯矩明显大于 Out-P125-T6。主要原因在于，当螺杆长度较短时，相同层间位移角下短螺杆产生更大的应变，从而使节点具有更大的承载力。因此减小螺杆长度可以提升节点承载力，与之相对应，节点将提前进入马氏体强化阶段，节点延性降低。进一步对比节点刚度，Out-P125-T6S 的初始刚度和屈服后刚度均比 Out-P125-T6 大，其原因与承载力相同。由此可知，减小螺杆长度可以提升节点刚度和承载力，并且层间位移角越大螺杆长度的影响越大。但减小螺杆长度会导致螺杆提前发生脆性断裂，进而影响节点延性，即螺杆长度对节点延性起决定性作用。

不同螺杆长度节点试验结果对比   表 3.4

试件编号	屈服弯矩 （kN·m）	峰值弯矩 （kN·m）	初始刚度 （kN·m/rad）	屈服后刚度 （kN·m/rad）	0.04rad 滞回耗能（kJ）	0.04rad 残余变形（rad）
Out-P125-T6	31	88	8371	1077	2.12	0.76%
Out-P125-T6S	32	102	9266	1421	2.06	1.03%

同样，对于 SMA 螺杆圆钢管柱 -H 型钢梁节点，在基础节点 SMA-ALL-450 的基础上增设螺杆有效长度分别为 200mm 及 100mm 的节点进行参数分析（分别命名为 SMA-ALL-378、SMA-ALL-200 以及 SMA-ALL-100）。图 3.29 给出上述两种节点每级加载第一圈的滞回耗能变化曲线。节点滞回耗能随层间位移角增大而增大，相同层间位移角下短螺杆节点的滞回耗能稍微较长螺杆节点大。主要原因在于，当螺杆长度较短时，相同层间位移角下短螺杆具有更显著的马氏体相变。

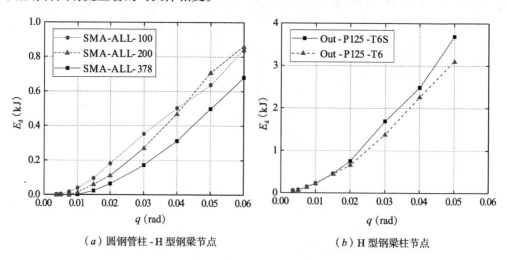

（a）圆钢管柱 -H 型钢梁节点   （b）H 型钢梁柱节点

图 3.29 不同螺杆长度节点滞回耗能比较

自回复性能方面，相同层间位移角下短螺杆节点由于力学性能退化相对较快，其残余变形大于长螺杆节点。

3.4.3　角钢厚度的影响

为了研究角钢厚度对节点性能的影响，在圆钢管柱 - H 型钢梁角钢类节点的基础上增设角钢厚度为 4mm 的有限元模型 ANGLE-OUT-4。图 3.30 绘制了角钢厚度的不同对 SMA 螺杆圆钢管 - H 型梁节点 ANGLE-OUT-4、ANGLE-OUT-6 和 ANGLE-OUT-8 的弯矩 - 转角关系曲线的影响对比图。从中可以看出，角钢厚度的不同导致了节点承载力、自回复能力和耗能能力的不同。表 3.5 给出了角钢厚度对节点初始刚度的影响结果。从中可以看出，随着角钢厚度的增加，节点的初始刚度也会随之上升。此外，角钢厚度的增加也会导致节点最大弯矩的上升。从图 3.30 可以看出，三模型的最大弯矩分别为 6.19kN•m、9.13kN•m 和 13.21kN•m。当角钢厚度从 4mm 增大到 6mm 时，节点的最大弯矩增加了 47%，当进一步从 6mm 增大到 8mm 时，节点的最大弯矩增加了 45%。

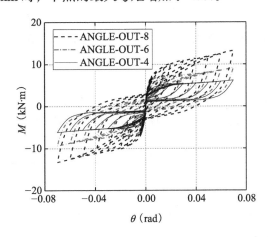

图 3.30　角钢厚度对节点弯矩 - 转角关系曲线的影响

角钢厚度对节点刚度的影响　　　　　　　　　　　　　　　　　　　表 3.5

节点编号	角钢厚度（mm）	K_i（kJ）	$K_i/(EI_b/L_b)$	分类
ANGLE-OUT-4	4	1040.2	1.05	半刚性
ANGLE-OUT-6	6	1543.7	1.56	半刚性
ANGLE-OUT-8	8	1754.6	1.77	半刚性

图 3.31 给出了三个节点每一级卸载后的残余变形。从中可以看出，使用 4mm 角钢的模型 ANGLE-OUT-4 试件自回复性能很好，几乎没有残余变形。而使用 6mm 角钢的模型 ANGLE-OUT-6 在每一级卸载后的残余变形也明显小于使用 8mm 角钢的模型 ANGLE-OUT-8。这说明角钢厚度的增大会降低节点的自回复能力。

图 3.32 给出了三个模型的单圈能量耗散值随节点层间位移角的变化曲线。从图中可以看出，三个节点模型的单圈耗能能力依次为 ANGLE-OUT-4 ＜ ANGLE-OUT-6 ＜ ANGLE-OUT-8。这说明角钢厚度的增大会使得节点耗散更多的能量。

综上所述，角钢厚度的增加虽然可以提高节点的耗能能力和峰值弯矩，但是代价是节点的自回复能力变差。所以在此类节点的设计过程中，需要选择合适的角钢厚度，这样既可以实现节点的自回复，又可以提供额外的耗能能力。

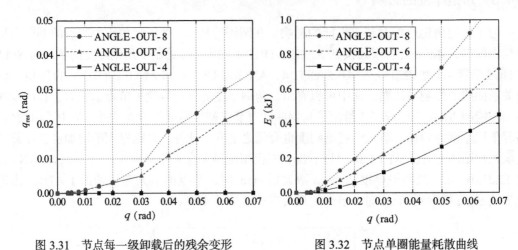

图 3.31　节点每一级卸载后的残余变形　　　　图 3.32　节点单圈能量耗散曲线

3.4.4　节点构造形式的影响

为了探究 SMA 螺杆与角钢配置方案对节点性能的影响，表 3.6 对比了 Out-P125-T6H 节点（角钢在内螺杆在外）和 In-P125-T6H 节点（角钢在外螺杆在内）的试验结果。

不同构造形式节点试验结果对比　　　　　　　　　　　　　表 3.6

试件编号	屈服弯矩 （kN·m）	峰值弯矩 （kN·m）	初始刚度 （kN·m/rad）	屈服后刚度 （kN·m/rad）	0.04rad 滞回耗能 （kJ）	0.04rad 残余变形 （rad）
Out-P125-T6H	69	192	17518	2472	4.03	0.55%
In-P125-T6H	67	146	18568	1718	3.89	0.81%

Out-P125-T6H 的屈服弯矩和峰值弯矩均较 In-P125-T6H 大。如图 3.33 所示，在不考虑靠近转动中心的角钢和 SMA 螺杆作用情况下，SMA-Out 节点的螺杆力臂明显大于 SMA-In 节点，因此 Out-P125-T6H 的屈服弯矩和峰值弯矩较大。比较两节点刚度发现，

（a）Out-P125-T6H　　　　　　　　　　　　　（b）In-P125-T6H

图 3.33　SMA-Out 节点与 SMA-In 节点变形机制分析

Out-P125-T6H 的屈服后刚度大于 In-P125-T6H，但初始刚度小于 In-P125-T6H。出现上述结果可能是因为 Out-P125-T6H 框架梁端面不平整，进而导致钢梁与钢柱没有紧密接触。所以 Out-P125-T6H 的初始刚度反而小于 In-P125-T6H。

图 3.34 给出了 Out-P125-T6H 和 In-P125-T6H 的滞回耗能和等效阻尼比随层间位移角变化曲线。可以看出，这两种类型节点的滞回耗能以及等效阻尼比比较接近。当层间位移角大于 0.02rad 时，节点具有明显的滞回耗能能力，此时等效阻尼比保持在 12% 左右。

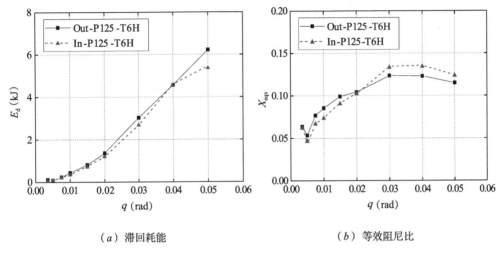

（a）滞回耗能　　　　　　　　　（b）等效阻尼比

图 3.34　不同构造形式节点滞回耗能对比

图 3.35 给出了 Out-P125-T6H 和 In-P125-T6H 的残余层间位移角变化曲线，图中虚线表示 0.002rad。由图可以看出，0.03rad 层间位移角范围内两节点残余变形均不到 0.002rad，并且 In-P125-T6H 的残余变形明显低于 Out-P125-T6H。分析发现存在如下两点原因：1）SMA 螺杆自回复机理不同；如图 3.33 所示，In-P125-T6H 中 SMA 螺杆位于梁翼缘内侧，平衡位置附近节点转动中心处于梁翼缘处，梁上下侧 SMA 螺杆均有利于节点自回复。与之相反，Out-P125-T6H 中螺杆位于梁翼缘外侧，平衡位置附近梁上下侧 SMA 螺杆位于节点转动中心两侧，远离转动中心的螺杆有利于节点自回复，而靠近转动中心的螺杆由于此时并未松弛，所提供的弯矩阻碍节点自回复。2）角钢变形机制不同；如图 3.33 所示，节点 In-P125-T6H 中角钢位于梁翼缘外侧，循环加载过程中角钢既会受拉也会受压，所以平衡位置附近角钢残余变形相对较小。与之相反，Out-P125-T6H 中角钢位于梁翼缘内侧，循环加载过程中角钢一直处于受拉状态，所以平衡位置附近角钢残余变形相对较大。因此平衡位置附近角钢的残余变形会明显大于 In-P125-T6H。所以，加载前期 In-P125-T6H 的残余变形小于 Out-P125-T6H。当层间位移角大于等于 0.04rad 时，In-P125-T6H 的残余层间位移角急剧增大，并远大于 Out-P125-T6H。其原因有两方面：1）In-P125-T6H 相继出现螺杆 3 和螺杆 4 断裂，导致平衡位置附近 In-P125-T6H 的回复力急剧降低；2）随着 SMA 螺杆残余变形逐渐增大，平衡位置附近节点 Out-P125-T6H 中靠近转动中心的螺杆对节点自回复的阻碍作用逐渐减小甚至消失，而 In-P125-T6H 中靠近转动中心的螺杆有利作用逐渐减小甚至消失。因此，加载后期 In-P125-T6H 的残余变形又大于 Out-P125-T6H。

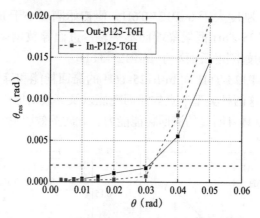

图 3.35　不同构造形式节点残余层间位移角对比

综上所述，SMA-Out 节点和 SMA-In 节点具有不同的自回复机制和角钢变形机制。相同设计目标下，SMA-Out 节点具有更大的刚度和更高的承载力，SMA-In 节点在一定变形范围内具有更好的自回复性能。随着梁高逐渐增大，节点破坏模式由螺杆断裂逐渐演变为角钢断裂。

3.5　设计建议与方法

3.5.1　纯 SMA 螺杆节点设计流程

节点设计可以考虑以下关键设计步骤。

（1）确定节点设计目标

欧洲抗震规范 EC8 [82] 将结构体系区分为低延性型（DCL）、中等延性型（DCM）和高延性型（DCH）。若利用梁柱节点进行耗能，则要求 DCM 和 DCH 结构的非线性层间位移角分别不低于 0.025rad 和 0.035rad。美国钢结构抗震规范 [83]（AMSI/AISC341-10）将框架结构分为普通抗弯框架（OMF）、中等抗弯框架（IMF）、特殊抗弯框架（SMF）三种。其中中等抗弯框架（IMF）和特殊抗弯框架（SMF）的梁柱节点应该能够分别承受不低于 0.02rad 和 0.04rad 的层间侧移角。本文提出的新型 SMA 节点不仅应该具有足够的强度、刚度和延性以抵抗地震作用，同时还应具备震后自回复的能力，从而达到震后可以继续使用的目的。不同建筑具有不同的自回复性能需求，设计者应该根据建筑物的功能需求并结合上述规范所规定的延性要求提出所建建筑物的目标层间位移角 θ_{obj}。对于 SMA-All 节点来讲，设计人员还可以进一步提出节点自回复弯矩 $M_{rec, obj}$ 大小需求，即要求 SMA-All 节点在目标位移角 θ_{obj} 下可以实现震后完全自回复，且具有 $M_{rec, obj}$ 大小的自回复安全储备。

（2）确定螺杆力学性能

SMA 螺杆是 SMA 节点的关键组成部分，因此在进行节点设计之前需要对 SMA 螺杆的力学性能有较好的把握。1）在材料供应商没有进行热处理的情况下需要对螺杆进行热处理。可根据第 2 章的材性试验结果对 SMA 螺杆进行相应的热处理，以充分激发超弹性。2）确定螺杆力学性能。考虑到实际 SMA 螺杆具有力学性能退化和残余变形累积等特性，本文建议采用增幅循环拉伸制度确定 SMA 螺杆的本构参数。首先设计人员应该根据螺杆材性试验结果确定 SMA 螺杆的设计应变 $\varepsilon_{\text{design}}$ 以及与之相对应的残余应变 ε_{res}，如图 3.36（a）所示。设计应变的取值应该保证螺杆在设计应变范围内具有比较稳定的力学性能以及较小的残余应变累积。基于上述原则，建议取螺杆马氏体相变结束点所对应应变作为 SMA 螺杆的设计应变。然后根据设计应变所对应的循环曲线确定所用螺杆的本构参数，包含奥氏体弹性模量 E^{A}、马氏体相变应力 $\sigma_{\text{s}}^{\text{AM}}$ 和 $\sigma_{\text{f}}^{\text{AM}}$、马氏体逆相变应力 $\sigma_{\text{s}}^{\text{MA}}$ 和 $\sigma_{\text{F}}^{\text{MA}}$ 以及可恢复应变 ε_{L}。3）根据需求对 SMA 螺杆进行适当的"训练"，以稳定 SMA 螺杆的力学性能（此为可选项）。当螺杆超弹性较差时，建议试验前进行 1～5 圈幅值为 $\varepsilon_{\text{design}}$ 的常幅"训练"。

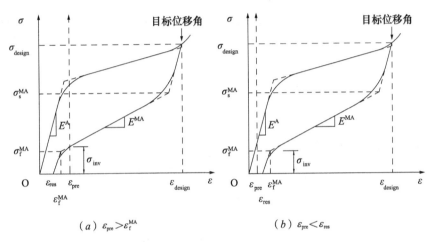

图 3.36　实际 SMA 材料力学参数

（3）确定螺杆预应变

试验研究发现，初始预应变对 SMA 节点力学性能有很大的影响。与不施加初始预应变的情况相比施加合理的初始预应变可明显改善节点初始刚度，同时还可以推迟 SMA 螺杆松弛，减小节点残余变形。关于初始预应变的确定应该满足如下几个条件：1）初始预应变不应小于螺杆可能的残余应变。2）初始预应变大小应该保证节点在正常使用工况下不能消压。因为 SMA 节点一旦消压，其刚度明显降低，即使再次回到初始状态，螺杆的预拉力也会有所降低。3）初始预应变大小应该保证 SMA 螺杆在目标位移角范围内没有明显的力学性能退化。综合考虑上述条件，可采用 SMA 螺杆预应变 $\varepsilon_{\text{pre}} = \max(\varepsilon_{\text{s}}^{\text{AM}}, \varepsilon_{\text{f}}^{\text{MA}})$，$\varepsilon_{\text{s}}^{\text{AM}}$ 为螺杆马氏体相变起始点所对应应变，$\varepsilon_{\text{f}}^{\text{AM}}$ 为马氏体逆相变结束点对应的应变。当螺杆残余应变较大时，可以适当提升螺杆预应变水平，但不宜大于 $\varepsilon_{\text{s}}^{\text{AM}} + \varepsilon_{\text{res}}$。对于 SMA-All 节点来讲，为了保证梁翼缘内外侧 SMA 螺杆在目标位移下同时达到设计应变大小，梁翼缘内侧 SMA 螺杆的预应变大小应做相应地调整。

（4）确定螺杆长度

SMA 螺杆长度对节点延性和自回复性能有很大的影响，应该根据节点设计目标确定螺杆长度。可采用以下公式：

$$\frac{\theta_{\text{obj}} d}{l_{\text{SMA}}} + \varepsilon_{\text{pre}} = \varepsilon_{\text{desgin}} \tag{3.1}$$

或
$$l_{\text{SMA}} = \frac{\theta_{\text{obj}} d}{\varepsilon_{\text{desgin}} - \varepsilon_{\text{pre}}} \tag{3.2}$$

式中 d 为该排 SMA 螺杆对应的力臂。

（5）确定螺杆直径及数量

SMA 节点的设计理念是，设计地震作用下，与节点相连的钢梁和钢柱均保持在弹性范围内，节点将所有塑性变形全部集中在连接框架梁柱的 SMA 螺杆上，荷载卸去后节点因为 SMA 螺杆的超弹性性能回复至初始位置而没有残余变形。根据上述设计理念可知，该节点属于部分强度节点，节点承载力小于框架梁柱承载力以保证框架梁柱不发生塑性变形。即

$$M_{\text{SMA}} = \sum F_{\text{SMA}} d = \sum \sigma_{\text{design}} Ad \leqslant \min(M_{\text{yb}}, M_{\text{yc}}) \tag{3.3}$$

式中 M_{SMA} 指 SMA 螺杆提供的弯矩，F_{SMA} 指 SMA 螺杆的拉力，σ_{design} 指与设计应变 $\varepsilon_{\text{design}}$ 相对应的应力水平［如图 3.36（a）所示］，M_{yb}、M_{yc} 分别指框架梁、柱截面边缘屈服弯矩。

当设计者对 SMA-All 节点的回复弯矩 M_{rec} 提出要求时，SMA 螺杆的配置还应满足下式要求：

$$M_{\text{rec}} = M_{\text{inv}} = \sum \sigma_{\text{inv}} Ad' \geqslant M_{\text{rec,obj}} \tag{3.4}$$

其中自回复弯矩一般认为即 SMA 逆相变结束时对应的弯矩 M_{inv}，σ_{inv} 为 SMA 逆相变结束应力。除此之外，SMA 螺杆的配置还应满足节点承载力需求，即

$$M_{\text{SMA}} = \sum F_{\text{SMA}} d = \sum \sigma_{\text{design}} Ad \geqslant M_{\text{design}} \tag{3.5}$$

式中 M_{design} 指节点承载力设计值。

对于 SMA 节点来说，大多数情况下 SMA 螺杆的配置都受到节点构造要求限制。因此一般只需按照节点构造要求配置 SMA 螺杆，然后按照式（3.3）～式（3.5）验算即可。需要特别注意的是，为了防止 SMA 螺杆提前发生断裂破坏，螺杆直径比（螺纹段有效直径与工作段直径比）不宜小于 1.30。图 3.37 给出 SMA-All 节点的设计流程图。

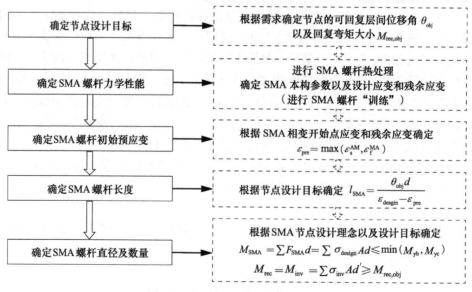

图 3.37　SMA-All 节点设计流程图

3.5.2 带角钢 SMA 螺杆节点设计流程

SMA-Angle 节点可以有效减小残余层间位移角，但要想达到大层间位移角下完全自回复相对比较困难。如果要求 SMA-Angle 节点在目标位移角下完全自回复，组成节点的角钢元件可能会非常小，这样导致 SMA-Angle 节点并没有耗能优势。基于上述考虑，工程应用时可能要降低对 SMA-Angle 节点的自回复要求，比如说要求小层间位移角下实现完全自回复，大层间位移角下有效控制结构残余变形。SMA-Angle 节点中 SMA 螺杆的设计与 SMA-All 节点中螺杆设计比较接近，下文主要阐述 SMA-Angle 节点的角钢设计过程。

（1）确定节点设计目标

假定 SMA-Angle 节点在目标层间位移角 θ_{obj} 下的残余层间位移角为 $\theta_{res,obj}$，$\theta_{res,obj} > 0$ 表示要求实现部分自回复；$\theta_{res,obj} < 0$（假设为卸载段反向延长线与横坐标的交点）表示要求实现完全自回复，并具有一定的自回复安全储备。

（2）确定螺杆力学性能

（3）确定螺杆预应变

（4）确定螺杆长度

第（2）～（4）步参照 SMA-All 节点设计流程，此处不再赘述。

（5）确定螺杆直径及数量

和 SMA-All 节点一样，SMA-Angle 节点也属于部分强度节点，节点承载力应该小于框架梁柱承载力保证框架梁柱不发生塑性变形。因为角钢规格未知，SMA-Angle 节点的承载力现阶段无法准确确定。但 SMA-Angle 节点的抗弯承载力主要由 SMA 螺杆提供，角钢仅仅承担其中一小部分。因此这里采用螺杆提供的抗弯承载力近似节点的抗弯承载力进行螺杆直径和数量验算。则：

$$M_{SMA} = \sum F_{SMA} d = \sum \sigma_{design} Ad \leqslant \min(M_{yb}, M_{yc}) \tag{3.6}$$

除此之外，SMA 螺杆的配置还应满足节点承载力需求，即

$$M_{SMA} = \sum F_{SMA} d = \sum \sigma_{design} Ad \geqslant M_{design} \tag{3.7}$$

对于 SMA 节点来说，大多数情况下 SMA 螺杆的配置都受到节点构造要求限制。因此一般只需按照节点构造要求配置 SMA 螺杆，然后按照式（3.6）和式（3.7）验算即可。为了防止 SMA 螺杆提前发生断裂破坏，螺杆直径比（螺纹段有效直径与工作段直径比）不宜小于 1.30。

（6）确定角钢规格及数量

确定角钢规格及数量是 SMA-Angle 节点设计的关键点，不同的角钢、SMA 螺杆配比可以达到不同的自回复目标。下文将详细阐述 SMA-Angle 节点中角钢尺寸及数量的确定过程。

根据步骤（3）确定的螺杆预应变自然满足 $\varepsilon_{pre} > \varepsilon_{MA}^f$ 的要求，所以 SMA-Angle 节点的残余层间位移角

$$\theta_{res} = \frac{M_{imp} - M_{inv}}{K_{r\text{-}rot}} \tag{3.8}$$

式中 M_{imp} 为角钢的阻碍弯矩，$K_{r\text{-}rot}$ 为节点在平衡位置附近的卸载刚度，具体可参考文

献［80］。依据节点设计目标，角钢阻碍弯矩应满足

$$M_{\mathrm{imp}} \leqslant K_{\mathrm{r\text{-}rot}}\theta_{\mathrm{res,obj}} + M_{\mathrm{inv}} \tag{3.9}$$

接下来根据设计经验选定角钢尺寸，由参考文献［80］确定角钢的阻碍弯矩大小，然后按照式（3.9）验算即可。图 3.38 给出 SMA-Angle 节点的设计流程图

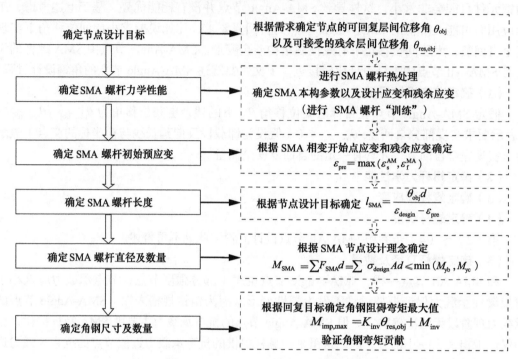

图 3.38　SMA-Angle 节点设计流程图

第 4 章　形状记忆合金环簧试验研究

4.1　引言

针对 SMA 棒材以及基于 SMA 螺杆的梁柱节点试验研究表明，SMA 元件可为结构提供优良的自复位性能和稳定的耗能能力。但 SMA 螺杆在大变形下易发生在螺纹附近的断裂，且这种断裂具有很显著的脆性特征。为了更加充分利用结构空间、契合结构尺寸设计要求，同时提高结构的可靠性，本章讨论一种大承载力且具有自我防断机制的 SMA 环簧元件，并通过一系列增幅、常幅循环压缩试验探究了 SMA 环簧的滞回力学性能及相关因素对其性能的影响，为后续基于 SMA 环簧元件的构件设计及试验提供参考。

4.2　构造与机理

如图 4.1 所示，SMA 环簧组由多个 SMA 外环和 HSS（高强钢）内环通过楔形面契合而成。图中 α 表示 SMA 环的坡口角，H 表示单个 SMA 环的总高度，T 表示 SMA 环最小壁厚，D_e 表示 SMA 环的最外缘直径，D_s 表示最内缘直径。

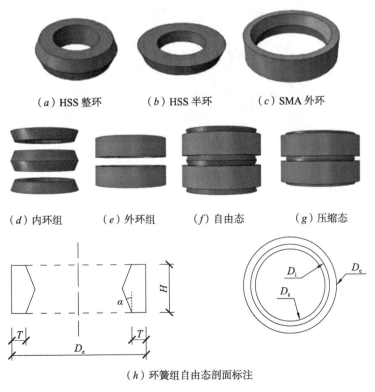

　　　（a）HSS 整环　　　（b）HSS 半环　　　（c）SMA 外环

　　（d）内环组　　　（e）外环组　　　（f）自由态　　　（g）压缩态

（h）环簧组自由态剖面标注

图 4.1　SMA 环簧组构造图

SMA 环簧组是一类可提供轴向恢复力的高性能元件。如图 4.1 所示，SMA 环簧组由精钢内环和 SMA 外环相互扣搭而成。当受到轴向压缩荷载时，经由内外环接触坡面传力，SMA 外环在精钢内环的挤压下沿径向向外膨胀，此时接触面上的法向压力及切向摩擦力可为环簧组提供必要的抗力；当外荷载逐渐撤去时，接触面摩擦力反向，而 SMA 材料独特的超弹性性能将克服摩擦力带来的阻碍作用，实现整个元件的形变恢复，同时提供恢复力。鉴于环簧组内外环材料变形模量相差较大，工作过程中可认为精钢内环为无限刚性，不发生形变，变形全部集中于向外膨胀的 SMA 外环。通过增加或减少串联在一起的 SMA 外环数量，可对环簧组的变形能力大小进行调节。环簧组承载力的大小则可通过改变 SMA 外环截面尺寸得以实现。

4.3 试验方法

4.3.1 试件设计

SMA 外环所用材料为西安赛特金属材料开发有限公司生产的 Ti-55.8at%Ni，精钢内柱所用材料为 38CrMoAl，该种材料具有较高的强度。SMA 外环及精钢内柱如图 4.2 所示，图右侧为试验测试的 SMA 环簧组。

图 4.2 SMA 环簧构造元件

SMA 外环的几何尺寸如表 4.1 所示。

SMA 外环几何尺寸 表 4.1

参数	尺寸（mm）	参数	尺寸（mm）
H	10	T	3/5
θ	21.8°	D_i	34
D_e	40/44	D_s	30

试验分为常幅循环加载及增幅循环加载。其中常幅循环加载试件厚度均为 3mm，试验包括两个部分，前一部分主要探究热处理条件对 SMA 外环的力学性能的影响，试验中共设置了 5 种热处理参数；第二部分主要探究接触表面润滑情况以及无热处理状态对

SMA 外环力学性能的影响。

　　试件命名形式为"XXX-XX-X"，其中第一组和第二组参数表示试件的热处理参数，试件 00-00 代表试件不经过热处理便直接加载，第三组参数代表附加信息，F 代表试件接触表面没有进行润滑处理。试件试验参数如表 4.2 所示。

SMA 外环常幅循环试验参数　　　　　　　　　　　　　表 4.2

编号	热处理温度（℃）	热处理时间（min）	附加信息
400-15	400	15	—
400-30	400	30	—
450-15	450	15	—
450-30	450	30	—
480-10	480	10	—
400-30-P15	400	30	1.5mm 预应变
00-00	—	—	—
400-30-F	400	30	无润滑

　　SMA 环簧变幅压缩试验共包括 7 个试件，3 个厚度为 3mm 的 SMA 外环和 4 个厚度为 5mm 的 SMA 外环。试件命名形式为"TX-XXX-XX"，其中"TX"代表 SMA 外环厚度，第二组和第三组参数表示试件的热处理参数，如"T3-400-15"代表 SMA 外环厚度为3mm，热处理条件为 400℃ -15min。SMA 环簧的试件统计如表 4.3 所示。

SMA 外环增幅循环试验参数　　　　　　　　　　　　表 4.3

试件编号	热处理温度（℃）	热处理时间（min）
T3-400-15	400	15
T3-400-30	400	30
T3-450-15	450	15
T5-400-15	400	15
T5-400-30	400	30
T5-450-15	450	15
T5-450-30	450	30

4.3.2　试验流程

　　试验加载如图 4.3 所示，SMA 外环与两端的加载头通过高强度的精钢内柱传力，精钢内柱的斜面锥度角与 SMA 外环的锥度角一致，本文将这种由上下两片精钢内柱与 SMA 外环组成的整体合称为 SMA 环簧组，简称 SMA 环簧。

　　常幅循环试验加载对 SMA 环簧的压缩采用位移控制，最大压缩位移为 5mm，加载速率为 5mm/min，加载至峰值位移后再卸载至零，卸载速率仍为 5mm/min，循环加卸载 30 圈。

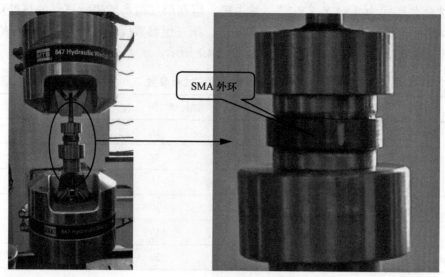

图 4.3　SMA 环簧加载装置

增幅循环试验加载采用位移控制，加载速率为 5mm/min，目标位移值依次为 1mm、2mm、3mm、4mm、5mm，加载圈数依次为 2、2、2、2、20 圈。加载至峰值位移后卸载，卸载速率为 5mm/min，卸载至零值。试验的加载制度如图 4.4 所示。

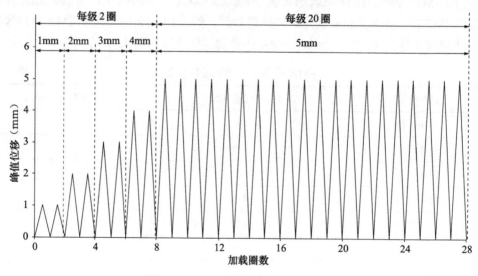

图 4.4　SMA 环簧增幅循环加载制度

加载前，在精钢内柱与 SMA 外环的接触表面涂上润滑油，编号为 400-30-F 的试件除外。

4.4　试验结果与分析

4.4.1　常幅循环加载试验

试验结束后，观察 SMA 外环与复合精钢内柱的接触表面，发现接触表面呈现出一定程度的磨损，具体现象如图 4.5 所示。同时在试件"00-00"的加载过程中出现了精钢内柱与 SMA 外环啮合在一起的现象，具体如图 4.6 所示。

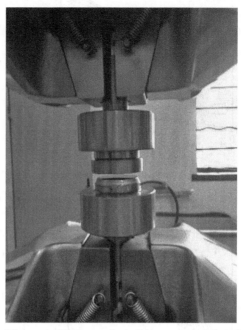

图 4.5　SMA 环簧接触面的刮痕　　　图 4.6　试件"00-00"出现的 SMA 环啮合现象

（1）热处理工艺对环簧性能的影响

图 4.7 绘制了热处理工艺对 SMA 外环的超弹性性能的影响曲线。图 4.7（a）代表未经热处理的 SMA 环簧的滞回曲线，该曲线与其他热处理条件下的滞回曲线差别较大，说明热处理条件对 SMA 环簧性能的发挥具有重大意义。经过热处理的 SMA 环簧的荷载位移曲线基本上都呈现出"旗帜形"的滞回环。对比发现，试件"400-30"的曲线更紧凑，SMA 环簧的压缩性能稳定，同时试件的残余变形也最小，经过 30 圈的循环加卸载后，试件的残余变形约为 0.5mm，而试件"480-10"的残余变形达到了 2mm。

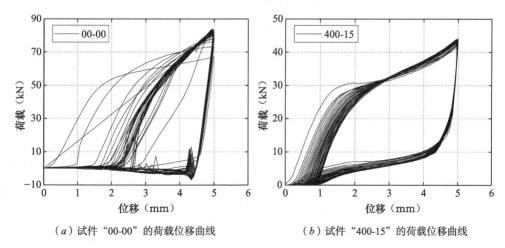

（a）试件"00-00"的荷载位移曲线　　　（b）试件"400-15"的荷载位移曲线

图 4.7　不同热处理条件试件的荷载位移曲线（一）

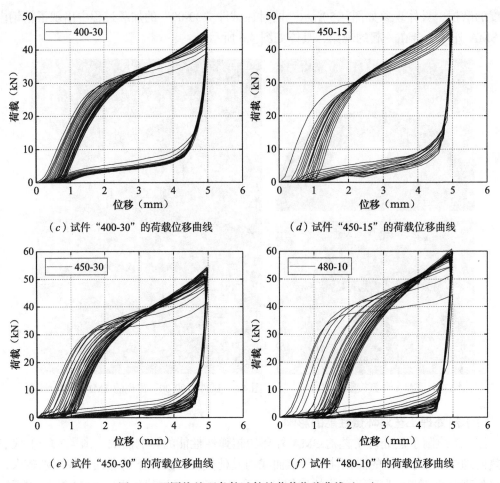

（c）试件"400-30"的荷载位移曲线   （d）试件"450-15"的荷载位移曲线

（e）试件"450-30"的荷载位移曲线   （f）试件"480-10"的荷载位移曲线

图 4.7   不同热处理条件试件的荷载位移曲线（二）

SMA 环簧在压缩荷载作用下的耗能能力可以通过一个加卸载循环曲线对应的能量耗散值和等效阻尼比这两个参数反映。如图 4.8 所示，S_{OABC} 为滞回曲线所包围的面积，即 SMA 环簧在一个加卸载循环内的能量耗散值。S_{OBD} 为三角形所包围的面积，即具有同样最大荷载与位移的线弹性体系在一个加卸载循环内的总应变能，等效阻尼比用符号 ξ_{eq} 表示，计算如公式（4.1）所示。

$$\xi_{eq} = \frac{S_{OABC}}{4\pi S_{OBD}} \tag{4.1}$$

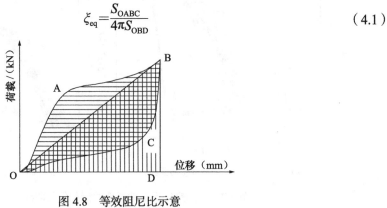

图 4.8   等效阻尼比示意

考虑 SMA 环簧的耗能能力时，对试验中间第 15 圈的滞回曲线进行分析。能量耗散值和等效阻尼比随热处理条件的变化情况如表 4.4 所示。由表可知，大部分试件的能量耗散值分布在 100 ～ 120J 之间，等效阻尼比在 6.5% ～ 7.5% 之间。试件"480-10"的能量耗散值最大，达到了 120.0J。

试件能量耗散值与阻尼比　　　　　　　　　　表 4.4

试件编号	400-15	400-30	450-15	450-30	480-10
耗散能量（J）	93.9	101.4	110.9	116.6	120.0
等效阻尼比（%）	6.82	7.25	7.32	7.52	6.57

在一个加卸载循环内，SMA 环簧典型滞回曲线表现为一条上升段、一条下降段以及两个应力平台。两个应力平台即加载平台和卸载平台，卸载平台的终点所对应的荷载大小反映了 SMA 环簧的回复能力水平，因此可以将此终点对应的荷载定义为自回复力。同样分析滞回曲线的第 15 圈，不同热处理条件下的 SMA 环簧的自回复力大小如表 4.5 所示。随着热处理温度的升高和热处理时间的延长，SMA 环簧的自回复力不断减小，从试件"400-15"的 3.42kN 减小到试件"480-10"的 0.29kN。

试件的自回复力　　　　　　　　　　　　　　表 4.5

试件编号	400-15	400-30	450-15	450-30	480-10
自回复力（kN）	3.42	2.38	1.73	0.76	0.29

综合考虑热处理条件对 3mm 厚的 SMA 外环的承载能力、残余应变、耗能能力以及自回复力的影响，所考虑环簧的推荐热处理条件为 400℃ -30min。

（2）循环次数对 SMA 外环超弹性的影响

对 SMA 环簧滞回曲线的第 1 圈、第 15 圈和第 30 圈进行比较分析。随着循环次数的增加，SMA 环簧的承载力呈现出增大的趋势。其中，试件"400-15"的承载力基本不变，与第 1 圈滞回曲线的承载力相比，第 30 圈的承载力仅增大 2.9%；试件"480-10"的承载力增大趋势最明显，第 30 圈滞回曲线的承载力比第 1 圈增加了 36.6%。

循环次数对 SMA 环簧的残余变形影响比较明显。第 1 圈结束后残余变形比较小，基本小于 0.1mm，但第 30 圈后的残余变形在 0.7mm 左右。其中，试件"480-10"的第 30 圈残余变形达到了 1.58mm。SMA 环簧的自回复能力随着循环次数的增加被削弱。加载至第 30 圈时，试件"400-15"与"400-30"的自回复力保持在 2.4kN 左右，而试件"480-10"早已丧失了自回复能力。

图 4.9 反映了 SMA 环簧单圈滞回曲线的能量耗散随循环次数的变化规律。SMA 环簧单圈滞回曲线的能量耗散值基本保持不变，主要分布在 90 ～ 120J 之间。

（3）接触表面粗糙程度的影响

试件"400-30-F"的荷载位移曲线如图 4.10 所示。对比图 4.10 与图 4.7（c），可以发现如果不采用润滑措施，SMA 环簧的承载力有了大幅度的提高，从接近 50kN 提升到

70kN，但 SMA 环簧的残余变形急剧增大，自回复能力丧失。

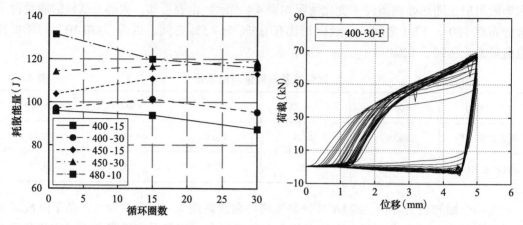

图 4.9　SMA 环簧耗散能量与循环次数的关系　　图 4.10　试件"400-30-F"的荷载位移曲线

4.4.2　增幅循环加载试验

　　增幅循环下 SMA 环簧的力学行为与上述结果类似。值得注意的是，试件"T5-400-30"在加载后期 SMA 外环出现断裂，如图 4.11 所示；试件"T5-450-15"在加载后期，SMA 环簧紧密贴在一起，以至于荷载卸去后，SMA 环簧组的变形没有发生变化，导致 SMA 环簧组实际的荷载位移曲线如图 4.12 所示。

图 4.11　SMA 外环试验现象

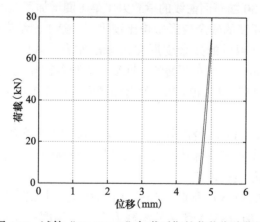

图 4.12　试件"T5-450-15"加载后期的荷载位移曲线

不同热处理条件下 SMA 环簧的变幅压缩加卸载曲线如图 4.13 所示,各曲线均呈现出明显的旗帜形滞回环。图 4.13 (a) 的压缩曲线中出现了一段刚度极大的上升段荷载位移路径,这是因为该试件的实际可压缩空间不足 5mm,而实际加载制度是按 5mm 加载的,因此 SMA 环簧后期的刚度是通过上下两片传力内柱顶紧所提供的。

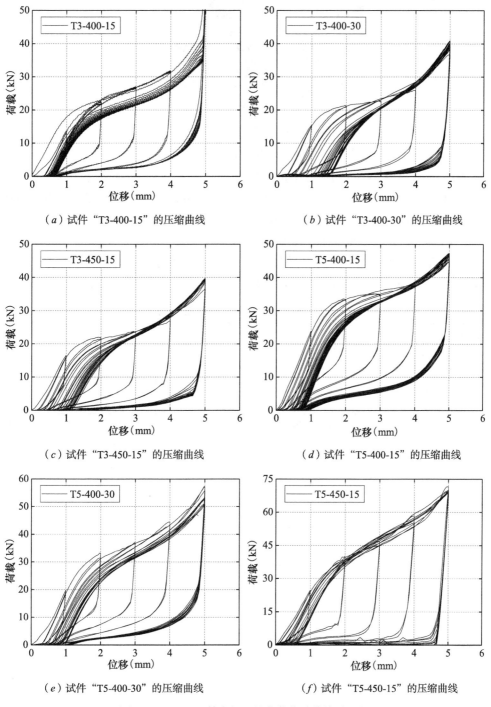

（a）试件 "T3-400-15" 的压缩曲线　　　　（b）试件 "T3-400-30" 的压缩曲线

（c）试件 "T3-450-15" 的压缩曲线　　　　（d）试件 "T5-400-15" 的压缩曲线

（e）试件 "T5-400-30" 的压缩曲线　　　　（f）试件 "T5-450-15" 的压缩曲线

图 4.13　SMA 环簧变幅压缩荷载位移曲线（一）

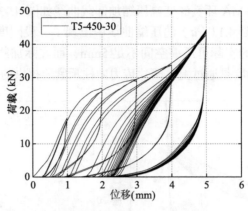

（g）试件"T5-450-30"的压缩曲线

图 4.13　SMA 环簧变幅压缩荷载位移曲线（二）

　　随着压缩位移峰值的增加，SMA 环簧的峰值荷载及残余变形也开始增大，试件的残余变形主要来自于初始的几圈加载循环。3mm 厚度的 SMA 环的屈服荷载均处于 20 ～ 25kN 之间，最大承载力约为 40kN。5mm 厚度的 SMA 环的屈服荷载处于 30 ～ 40kN 之间，最大承载力约为 50 ～ 60kN。

　　SMA 环簧试件的典型阻尼比结果如表 4.6 和表 4.7 所示。由表可知，SMA 环簧试件每一圈的耗能值随着位移幅值的增加而增加，等效阻尼比约为 6% ～ 8%。

SMA 环簧试件的能量耗散值（J）　　　　表 4.6

试件编号	第 2 圈	第 3 圈	第 5 圈	第 7 圈	第 9 圈
T3-400-15	2.23	16.42	34.56	59.83	98.60
T3-400-30	3.07	18.55	33.07	51.13	78.65
T3-450-15	3.39	19.17	34.77	54.91	81.63
T5-400-15	4.68	24.61	47.96	73.69	102.64
T5-400-30	3.15	21.90	43.59	72.18	112.34
T5-450-15	5.75	31.08	68.66	118.75	175.97
T5-450-30	2.66	20.09	38.02	58.45	80.13

SMA 环簧试件的等效阻尼比（%）　　　　表 4.7

试件编号	第 2 圈	第 3 圈	第 5 圈	第 7 圈	第 9 圈
T3-400-15	2.67	5.93	6.86	7.55	7.88
T3-400-30	3.22	6.88	7.71	7.83	6.77
T3-450-15	3.38	6.88	7.74	8.10	7.04
T5-400-15	3.22	5.79	7.24	7.79	7.31
T5-400-30	2.67	5.23	6.24	6.60	6.40
T5-450-15	3.78	6.41	8.09	8.55	8.06
T5-450-30	2.49	5.93	6.84	6.86	5.96

表 4.8 给出了 SMA 环簧的各位移加载级的第一圈（不包括 1mm）以及 5mm 位移加载级的最后一圈的自回复力。

SMA 环簧试件的自回复力（kN）   表 4.8

试件编号	第 3 圈	第 5 圈	第 7 圈	第 9 圈	第 28 圈
T3-400-15	5.43	2.82	1.61	0.99	—
T3-400-30	4.77	1.99	1.04	0.30	0.36
T3-450-15	5.14	2.31	1.19	0.50	0.07
T5-400-15	11.82	7.47	5.36	3.90	2.42
T5-400-30	9.32	5.34	3.22	1.80	1.23
T5-450-15	7.86	3.65	1.82	1.26	0.54
T5-450-30	7.22	2.36	0.20	—	—

由表 4.8 可知，3mm 厚的 SMA 外环中，试件 "T3-400-15" 的自回复力最优，在 9 圈加载路径后，自回复力为 0.99kN。而对 5mm 厚的 SMA 外环而言，试件 "T5-400-15" 与试件 "T5-450-30" 均具有良好的自回复表现，最后一圈加载路径结束时，前者的自回复力为 2.42kN，后者为 1.23kN。

将压缩曲线中荷载卸至零时的位移记作残余变形，表 4.9 给出了 SMA 环簧试件第 1、3、5、7、9、28 圈的残余变形。

各试件的残余变形大体上随着循环加载次数的增加而增大，有些试件也出现了相反的变化规律。实际参考 SMA 环簧试件的残余变形时，可取表 4.9 中相应试件的最大残余变形值。厚度为 3mm 的 SMA 环簧试件中，试件 "T3-400-15" 的残余变形最小，其值为 0.58mm，试件 "T3-450-15" 的残余变形最大，其值为 1.58mm。厚度为 5mm 的 SMA 环簧试件中，试件 "T5-400-15" 与试件 "T5-450-15" 的残余变形均较小，其值分别为 0.85mm 和 0.62mm，试件 "T5-450-30" 的残余变形最大，其值为 2.38mm。

SMA 环簧试件的残余变形（mm）   表 4.9

试件编号	第 1 圈	第 3 圈	第 5 圈	第 7 圈	第 9 圈	第 28 圈
T3-400-15	0.30	0.48	0.58	0.50	0.55	—
T3-400-30	0.23	0.45	0.66	0.86	1.23	0.33
T3-450-15	0.15	0.35	0.49	0.70	1.00	1.58
T5-400-15	0.02	0.14	0.29	0.45	0.51	0.85
T5-400-30	0.24	0.37	0.57	0.70	0.29	1.03
T5-450-15	0.04	0.20	0.13	0	0.09	0.62
T5-450-30	0.27	0.52	0.88	1.28	2.04	2.38

综合上述分析，对于 3mm 厚度的 SMA 外环而言，"400℃ -15min" 的热处理条件效果最好，耗能最优，自回复力最大，残余变形最小。对于 5mm 厚度的 SMA 外环而言，试件 "T5-400-15" 与试件 "T5-400-30" 的自回复力，耗能能力均比较大，残余变形较小。

第 5 章　基于形状记忆合金环簧的钢结构节点抗震性能与设计方法

5.1　引言

在第 4 章的基础上，本章进一步探讨了 SMA 环簧组梁柱节点的设计方案与力学行为。所涉及节点包括两种：一种为环簧组于梁上下两侧对称布置的形式；另一种考虑到对称式节点可能带来的梁膨胀效应，设计出一种梁上翼缘固定下翼缘采用环簧组连接的可实现楼板免损的非对称式节点，如图 5.1 所示。两种节点均利用拟静力试验及有限元模拟的方式进行了可行性验证，并结合理论推导给出了设计方法。

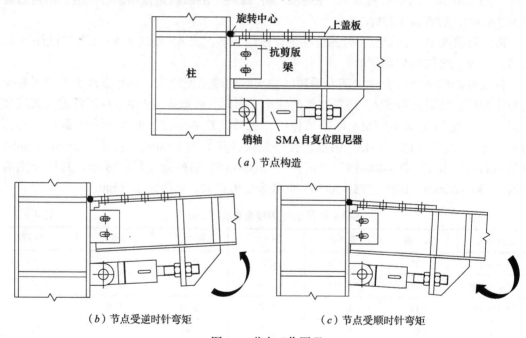

（a）节点构造

（b）节点受逆时针弯矩　　　　　　　　（c）节点受顺时针弯矩

图 5.1　节点工作原理

5.2　SMA 环簧节点试验研究

5.2.1　试件设计

（1）对称式 SMA 环簧组节点

对称式 SMA 环簧组节点试验包括 4 个节点试件，各试件参数见表 5.1。环簧组尺寸与第 4 章中的环簧尺寸一致。试件命名形式为"N×P××T×",其中第一组参数中的"×"代表节点处外排螺栓所套的 SMA 外环个数,如 N3 代表外排螺栓上套有 3 个 SMA 外环;第二组参数中的"××"代表 SMA 外环的预压变形,如 P15 代表 SMA 外环预压 1.5mm;第三组参数中的"×"表示 SMA 外环厚度,单位是 mm,如 T5 表示 SMA 外环厚度为 5mm。以节点 N3P15T3 为例,表示外排螺栓套有 3 个 SMA 外环,每个 SMA 外环预压 1.5mm,SMA 外环厚度为 3mm。上述 4 个节点试件主要分为两类: SMA 环簧组节点(下文简称为环簧组节点)与 SMA 环簧组－抗剪板混合节点(下文简称为环簧组混合节点)。

对称式 SMA 环簧组节点试件汇总　　　　　　　　　表 5.1

节点类型	试件命名	预压变形(mm)	SMA 外环厚度(mm)	外排 SMA 外环个数
环簧组节点	N3P15T3	1.5	3	3
	N3P20T3	2	3	3
	N3P15T5	1.5	5	3
环簧组混合节点	N4P15T5H	1.5	5	4

图 5.2 是 SMA 环簧组节点构造详图,可考虑节点 N3P15T3 为基准试件,外排螺栓套有 3 个 SMA 外环,每个外环施加 1.5mm 的预压变形,4% 层间位移角对应 SMA 外环 5.0mm 的理论压缩位移(总压缩空间 5mm)。节点 N3P20T3 对每个 SMA 外环施加 2mm 的预压变形,3% 层间位移角对应 SMA 外环 4.6mm 的理论压缩位移,该试件和基准试件对比,用来讨论预应变对节点性能的影响。节点 N3P15T5 的 SMA 外环厚度为 5mm,和基准试件的对比可以反映 SMA 外环厚度对节点性能的影响。

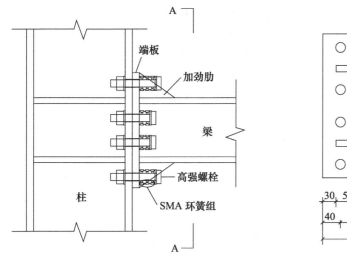

(a)环簧组节点

图 5.2　SMA 环簧组节点构造(一)

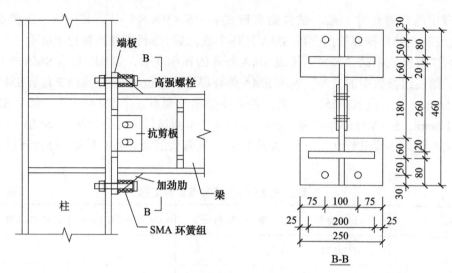

（b）环簧组混合节点

图 5.2　SMA 环簧组节点构造（二）

　　节点试验所用 SMA 环簧组中的精钢内环尺寸均一致，SMA 外环分为厚度为 3mm 和 5mm 的两种。厚度为 3mm 的 SMA 外环按 "400℃ -20min" 的条件进行热处理，厚度为 5mm 的 SMA 外环按 "400℃ -25min" 的条件进行热处理，结束后立即放入水中冷却至室温。为了稳定 SMA 外环的力学性能，减小试验过程中的残余应变，在正式试验开始前，对所有 SMA 外环均进行了 1 圈 4mm 的压缩加卸载循环的预训练。这种预训练还可以找出荷载位移曲线表现相近的 SMA 外环组，节点试验时，将性能相近的 SMA 外环布置在同一根螺栓上。

　　（2）可实现楼板免损的非对称式 SMA 环簧组节点

　　本组试验共设计了 4 个试件，各试件参数见表 5.2。试件命名形式为：

B-N3/O4-FP/NP

其中，"B" 表示纯钢节点（Bare steel connection），"N3/O4" 表示自复位阻尼器中装配有 3 个未经训练过的新 SMA 外环（New SMA outer rings）或 4 个已经经过一轮试验的旧 SMA 外环（Old SMA outer rings），"FP/NP" 表示腹板螺栓按照规范加满预紧力（Full preload）或未施加预紧力（No preload）。例如 B-N3-NP 表示阻尼器中装配有 3 个 SMA 新环、腹板螺栓未施加预紧力的纯钢节点。

节点试件汇总　　　　　　　　　　　　　　　　　　　　　　表 5.2

节点名称	节点类型	SMA 外环状态	腹板螺栓预紧力
B-N3-NP		3 个新环	无预紧力
B-O4-NP	纯钢节点	4 个旧环	无预紧力
B-N3-FP		3 个新环	有预紧力
B-O4-FP		4 个旧环	有预紧力

　　节点构造详图如图 5.3 所示，所有试件梁下方均并排布置两个自复位阻尼器，其合力中心到节点旋转中心的距离（力臂）为 280mm。腹板螺栓施加预紧力后，由其在腹板产

生的摩擦力将会对节点的承载力、刚度及耗能能力产生显著影响，同时该摩擦力对节点自复位性能的实现产生不利作用。纯钢节点设置"NP/FP"对照组即为探究这一因素对节点性能的影响。其中，NP 节点仅用手将腹板螺栓初步拧紧，FP 节点则按照《钢结构设计标准》GB 50017—2017，利用扭矩扳手对其施加 100kN 的预紧力。"N3/O4"对照组则探究了 SMA 外环经过"训练"与否对其力学性能稳定性的影响。SMA 外环尺寸如表 5.3 所示，每个 SMA 外环被施加以 1.5mm 的预压变形；O4 节点每个 SMA 外环被施加以 2.5mm 的预压变形。在 3% 节点转角下环簧组的理论压缩位移为 8.4mm。

SMA 外环几何参数取值　　　　　　　　　　表 5.3

参数	H（mm）	T（mm）	α（°）	D_e（mm）	D_i（mm）	D_s（mm）
取值	10	8	21.8	51	35	31

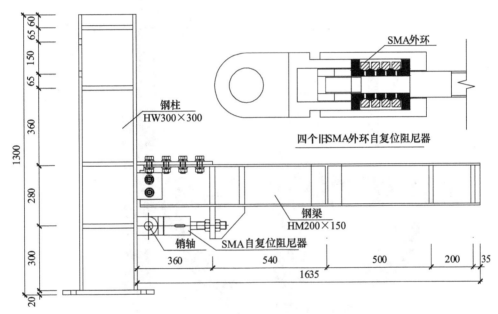

图 5.3　节点构造详图

5.2.2　试验流程

（1）试验装置

对称式节点采用钢柱横卧，梁竖直放置的方案，钢柱通过压梁固定在地面上。图 5.4 是该节点试验加载装置图，试验过程采用 200kN 的伺服作动器对梁端进行水平往复加载，同时在钢梁两侧设置侧向支撑，防止平面外失稳。非对称式节点加载装置如图 5.5 所示，使用倒挂在反力框上的 200kN 伺服作动器在距柱中心线 1.65 m 处的梁端施加低周往复荷载。柱上端通过支撑与三角形反力架连接，柱下端通过螺栓固定于地梁上，约束方式均为固接。这里柱的刚度及约束设计得较强，不考虑节点域的变形，近似将柱视为无限刚性。地梁梁端用 M60 地锚锚固，限制地梁的移动。为了防止试验过程中节点发生整体平面外失稳，在钢梁两侧增加侧向支撑装置使钢梁只发生平面内位移。

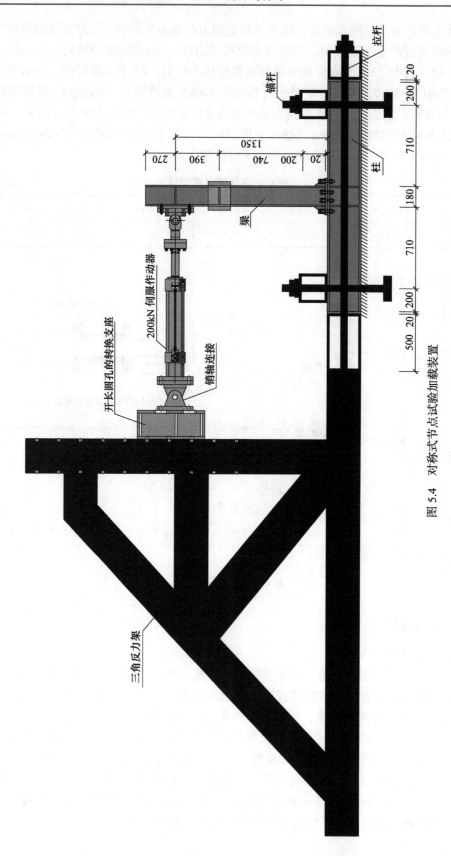

图 5.4 对称式节点试验加载装置

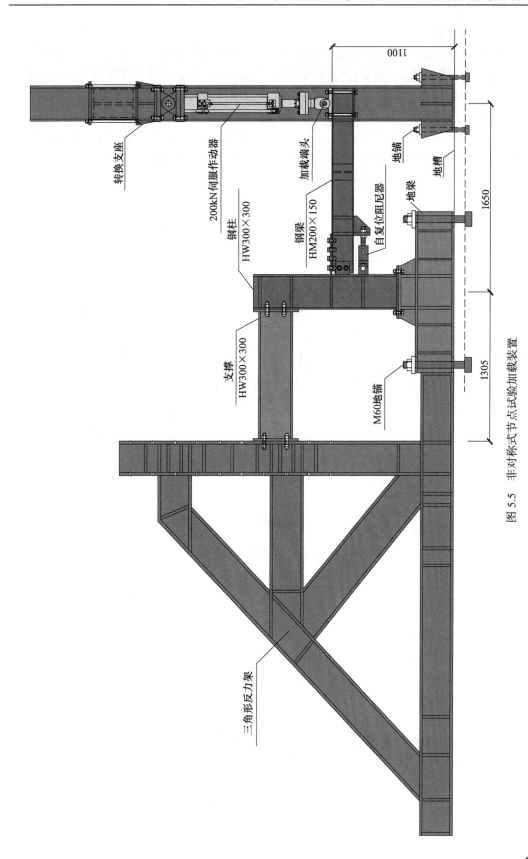

图 5.5　非对称式节点试验加载装置

（2）加载制度

通过在梁端施加水平往复荷载的拟静力试验，可以探讨 SMA 环簧组节点在低周往复荷载作用下的力学性能，包括自回复性能和滞回耗能性能等。梁端加载规则基于美国 SAC 钢结构节点加载制度，如图 5.6 所示。加载时在梁端分级施加水平往复荷载，加载次序依次为：0.375%（3圈）、0.5%（3圈）、0.75%（3圈）、1%（4圈）、1.5%（2圈）、2%（2圈）、3%（2圈）、4%（2圈）。需要说明的是，为了模拟环簧组节点经历主震后在余震工况下的性能，试件 N3P15T3 和试件 N3P20T3 在加载完 4% 的层间位移角加载级后，继续重复上述加载制度加载至 4%，每级荷载只加载两圈。

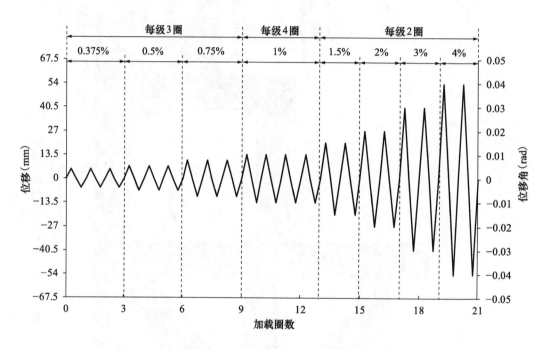

图 5.6　SMA 环簧组节点加载制度

5.2.3　试验结果与分析

（1）性能指标定义

梁柱节点关键性能指标分为刚度、承载力、延性、破坏模式和耗能能力五个方面。节点弯矩 - 转角关系可以方便地描述节点的力学性能，而骨架曲线能够较好地体现节点的延性和其他综合性能。

（2）试验现象

对于对称式 SMA 环簧组节点，图 5.7 描述了节点 N3P15T3 试验过程中的一些细节，随着梁端往复荷载的施加，端板与柱翼缘之间出现左右交替变化的间隙，一端张开出现间隙，另一端的间隙闭合。在大变形下，钢梁整体呈现较大的倾斜，具体如图 5.7（c）所示。

（a）SMA 环簧组附近温度　　　　　　　　（b）端板张开间隙

（c）大位移下钢梁的倾斜

图 5.7　节点 N3P15T3 的试验现象

　　如图 5.8 所示，试验结束后，部分 SMA 外环与精钢内环的接触面上均留下了不同程度的摩擦痕迹。同时，某些外环与内环之间出现了"自锁"锁紧甚至断裂的现象。

（a）SMA 环簧组压紧

图 5.8　SMA 外环部分破坏现象（一）

（b）SMA 外环擦痕　　　　　　　　　　（c）精钢内环擦痕

（d）SMA 环簧组锁死现象

（e）SMA 环簧组断裂

图 5.8　SMA 外环部分破坏现象（二）

对于非对称式环簧组节点，典型的试验现象是试验在加载位移相对较小时无明显局部变形现象，当转角超过 ±1% 时，柱翼缘处梁端面的转动逐渐明显，与此同时伴随的现象是：当正向加载时，自复位阻尼器中的 SMA 环簧组被内杆向销轴一侧压紧，同时，腹板螺栓滑向长圆孔靠近柱一侧；当负向加载时，SMA 环簧组则被内杆向远离销轴一侧压紧，腹板螺栓滑向长圆孔远离柱一侧，如图 5.9 所示。

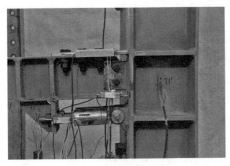

（a）节点受正向荷载　　　　　　　　　　　（b）节点受负向荷载

（c）正常态环簧组　　　　　　　　　　　（d）压紧态环簧组

图 5.9　非对称式环簧组纯钢节点试验现象

同对称式节点一样，在节点大变形下环簧组同样会出现一些压紧、磨损及"自锁"等现象，但并未出现断裂，如图 5.10 所示。

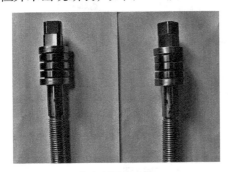

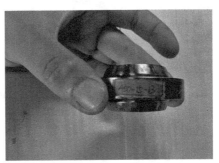

（a）环簧组歪斜　　　　　　　　　　　（b）环簧自锁

（c）内环磨痕　　　　　　　　　　　（d）外环磨痕

图 5.10　SMA 外环部分试验现象

（3）弯矩转角曲线

图 5.11 给出了对称式 SMA 环簧节点所有试件的弯矩－转角滞回曲线，其中在节点编号后加 "-a" 的试验代表模拟余震工况试验。节点弯矩 M 为梁端反力 F 与加载点到柱表面距离 l 的乘积。节点层间位移角 θ 为梁端侧移 Δ 与加载头到柱表面距离 l 的比值，本文节点弯矩－转角关系曲线中的节点转角用层间位移角 θ 表示。由于节点梁柱等主要构件均处在弹性范围内，加载过程中梁柱之间的滑移以及支座位移几乎为零。

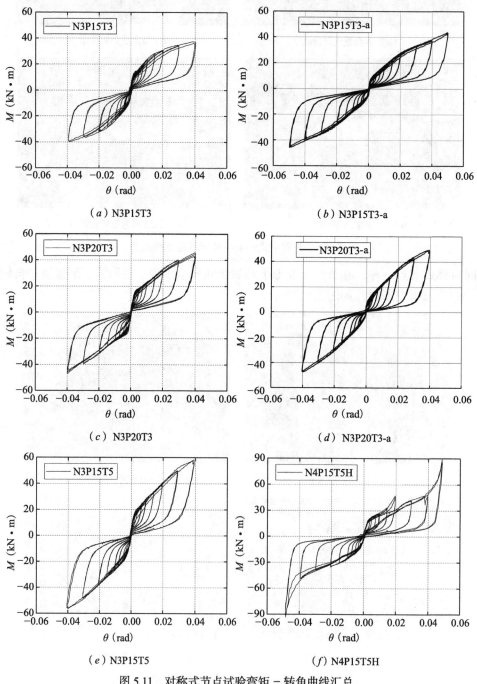

（a）N3P15T3

（b）N3P15T3-a

（c）N3P20T3

（d）N3P20T3-a

（e）N3P15T5

（f）N4P15T5H

图 5.11　对称式节点试验弯矩－转角曲线汇总

　　由图可知，所有节点加载至 4% 层间位移角后的残余变形基本可以忽略，节点均能自复位。同时这种 SMA 环簧组节点的性能也比较稳定，模拟余震工况的试验结果基本没有退化，节点在 4% 位移角的残余变形仍然很小。

　　非对称式 SMA 环簧节点的弯矩－转角曲线整理如图 5.12 所示。对于纯钢节点，节点的滞回曲线呈典型的"双旗帜"形，基本关于原点中心对称，但转角绝对值相等的情况下负向弯矩略大于正向，而正向残余变形大于负向，这主要是由于加载时首先进行负向加载，同一级中正向加载圈相当于负向加载的后一圈，因此由 SMA 材料退化导致其承载力比负向减小、残余变形变大。此外，图中显示节点的集中转角占据了层间位移角的主要部分，符合节点变形集中于环簧组部分的设计假定。而由于剔除了梁的弹性弯曲变形，由集中转角曲线得到的初始刚度明显大于总转角曲线。同时，与环簧组未"训练"过的节点相比，环簧"训练"过的节点退化现象明显得到改善。同时施加腹板螺栓预紧力后，节点的承载力、耗能能力、残余变形均有所增加。

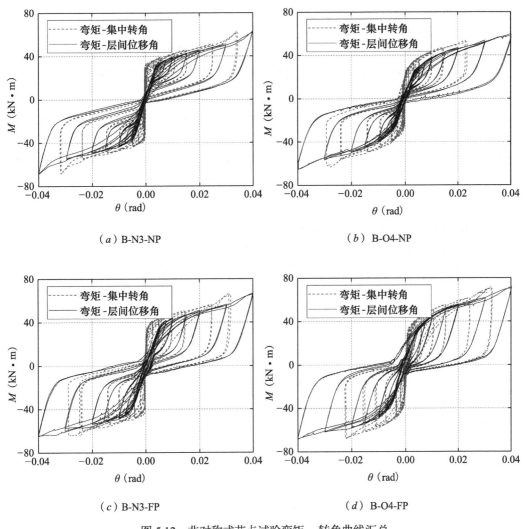

（ *a* ）B-N3-NP　　　　　　　　　　　　　（ *b* ）B-O4-NP

（ *c* ）B-N3-FP　　　　　　　　　　　　　（ *d* ）B-O4-FP

图 5.12　非对称式节点试验弯矩－转角曲线汇总

5.3 SMA 环簧节点有限元建模

5.3.1 建模方法

基于 ABAQUS 通用有限元分析软件建立了节点试验的精细化有限元模型，依照试验加载制度对该模型进行了增幅循环往复荷载下的拟静力分析。下文分别对建模过程中的材料本构模型、单元的选取、接触设置、边界条件及加载方式进行详细说明。

（1）材料模型

a. 钢材本构模型

在节点的实际变形过程中，除了与孔壁的局部承压接触，高强螺栓的整体应力水平远不及其屈服强度，为了简便考虑，有限元模型中考虑高强螺栓为理想弹性。对于其他钢材，考虑弹塑性效应，采用 Mises 屈服准则，考虑各向同性强化。所有钢材的弹性模量取为 210GPa，而泊松比取为 0.3。

b. SMA 本构模型

采用 ABAQUS 内嵌 Auricchio 模型模拟 SMA 材料在等温条件下的超弹性性能，如图3.21 所示。SMA 外环所用的本构模型参数取值可根据与外环等面积的棒材拉伸试验所得，如表 5.4 所示。

ABAQUS 中的 SMA 材料参数									表 5.4
σ_s^{AM}（MPa）	σ_f^{AM}（MPa）	σ_s^{MA}（MPa）	σ_f^{MA}（MPa）	E^A（GPa）	E^M（GPa）	ε_L	ν^A	ν^M	σ^P（MPa）
400	600	150	50	40	30	4.5%	0.33	0.33	750

值得注意的是，该本构模型无法考虑 SMA 材料本身的相变诱发疲劳效应（TIF），反映在环簧层次即不能考虑循环加卸载情况下屈服平台的下降及残余变形的累积。为了准确模拟 SMA 这一特性，可采用 SMA- 钢材"混合"模拟，即沿 SMA 外环周长方向嵌入数层"钢圈"，赋予其钢材材性，如图 5.13 环形中两条深色部分所示。"钢圈"采用双折线模型，基本材性取值与 SMA 相同，如弹性模量与 SMA 奥氏体弹模相同，屈服强度与SMA 正相变开始应力相同等。"钢圈"的厚度根据经验可取外环厚度的 20% 左右。

图 5.13　引入钢圈的 SMA 外环模型

采用以上模拟方法得到的 SMA 单环循环压缩试验对比结果如图 5.14 所示，内外环之间的摩擦系数取为 0.08。由图可知，该模拟方式能够有效模拟 SMA 外环的屈服平台、极限承载力及残余变形，退化效应也得到一定程度的反映。

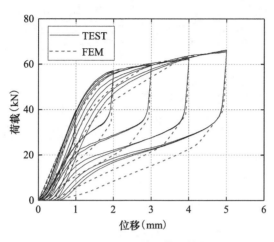

图 5.14　SMA 单环模拟结果

（2）单元选择及网格划分

为了得到较为精确的有限元分析结果，有限元模拟时建立了 SMA 环簧组节点的三维实体化模型，该模型包括钢梁、钢柱、端板、梁柱加劲肋、高强螺栓、SMA 外环及精钢内环等部件。针对除 SMA 外环的钢构件，有限元模型中采用了 8 节点六面体线性减缩积分单元 C3D8R。由于 SMA 材料的特殊性，SMA 外环均采用 8 节点六面体线性单元 C3D8。网格划分如图 5.15 所示。

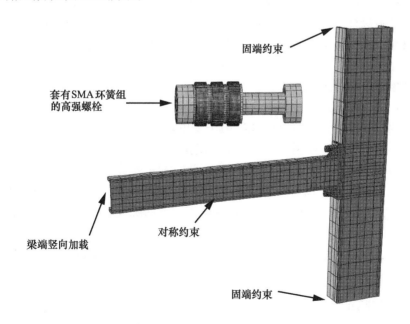

（a）对称式 SMA 节点

图 5.15　节点模型网格划分（一）

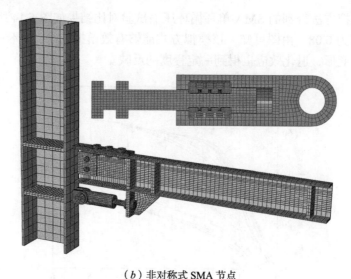

（b）非对称式 SMA 节点

图 5.15　节点模型网格划分（二）

（3）接触设置

柱加劲肋（连接板）与柱内壁之间、梁加劲肋与梁上下翼缘之间、梁及加劲肋与端板之间均为焊接连接，有限元模型中均采用"Tie"约束。考虑到模型的收敛性，对精钢内环与高强螺栓的接触部位也建立了"Tie"约束。

对于有限元模型中的其他接触部位则按间隙接触来考虑，间隙接触包括接触面上的切向和法向两部分属性。法向属性设置为"硬接触"，即接触面之间只能传递压力不能传递拉力。切向属性通过库仑摩擦来设置，采用"罚函数"形式，在高强螺栓与柱翼缘内表面的接触部位、柱翼缘外表面与端板的接触部位、精钢内环与端板的接触部位均按 0.3 的摩擦系数建立接触；在梁翼缘外部的精钢内环与 SMA 外环的接触部位按 0.1 的摩擦系数建立接触。

（4）边界条件及加载方式

根据试验情况，可确定梁柱节点的边界条件：柱上下端采用固端约束，约束所有自由度，由于建立的是半模型，模型的对称面上施加相应的对称边界条件。

模型加载通过梁端位移控制，加载制度与试验一致，但每级仅加载一圈。对称式节点荷载施加分为 3 个分析步：SMA 环簧组的预训练、SMA 环簧组的预紧力和梁端位移控制荷载。为了模型的收敛性，在前两个分析步忽略了 SMA 环簧组内部的摩擦，预训练对每个 SMA 外环施加 4mm 的压缩位移然后卸载至零。预训练及预紧力施加均通过 bolt load 施加。

对于非对称式节点，腹板螺栓预紧力通过 Bolt load 施加，环簧组预紧量则通过过盈接触的方式进行模拟。

5.3.2　建模结果验证

如图 5.16 所示，对于对称式 SMA 环簧组节点，环簧组节点的试验与有限元结果的变形模式基本一致，节点转动中心位于最下排螺栓中心线附近，端板与柱壁呈"V"形夹角张开。值得注意的是，在节点中，SMA 环簧组并不是均匀受压的，如图 5.16（c）所示，SMA 环簧组的相邻 SMA 外环的间隙呈现出上端窄下端宽的效果，这与试验结果吻合。同时，如图 5.17 所示，节点 N3P15T5 的塑性变形主要集中于 SMA 外环与加劲肋处，钢梁、钢柱及端板等主要构件均处于弹性状态，这与节点设计的初衷相符。

（a）试验变形模式

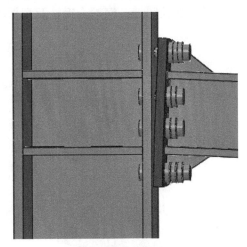
（b）有限元变形模式

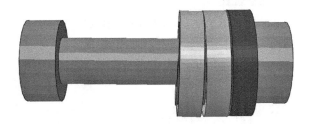
（c）SMA 环簧组的变形

图 5.16　环簧组节点的试验与有限元变形模式对比

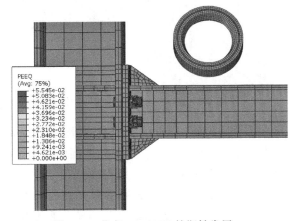

图 5.17　节点 N3P15T5 的塑性发展

图 5.18 表示节点 N4P15T5H 在 5% 转角时的变形图，与试验结果一致，节点转动中

心位于上下排螺栓中心线附近，端板与柱壁呈"V"形夹角张开。与环簧组节点一样，在节点的变形过程中，SMA 环簧组并不是均匀受压的。而在 5% 大转角下，所有 SMA 的变形能力基本被消耗，即发生 SMA 环簧组的顶紧现象，这是导致节点 N4P15T5H 刚度发生转变，承载力迅速上升的主要原因。如图 5.19 所示，节点 N4P15T5H 的塑性变形主要集中于 SMA 外环与加劲肋处，钢梁、钢柱及端板等主要构件均处于弹性状态，这与节点设计的初衷相符。

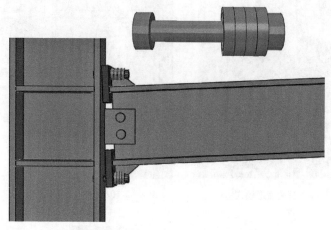

图 5.18　节点 N4P15T5H 变形

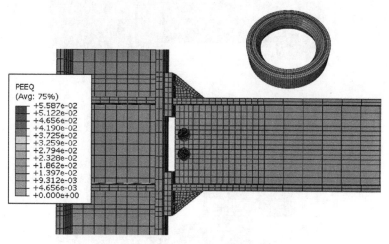

图 5.19　节点 N4P15T5H 的塑性发展

　　环簧组节点的试验与有限元弯矩–转角曲线对比如图 5.20 所示，其中"TEST"为试验曲线，"FEM"为有限元曲线。可以看出，有限元滞回曲线与试验曲线较为吻合，大变形下节点曲线的卸载平台基本可以准确模拟，所有模型在 4% 转角下均未出现残余变形。在大转角下，节点 N3P20T3 与节点 N3P15T5 的有限元曲线的最大弯矩值略小于试验结果，这主要有两方面的原因：1）SMA 环簧压缩试验的最大承载力高于有限元模拟的结果；2）由试验现象可知，随着节点变形的增加，SMA 环簧组的内外环接触表面均出现一定的擦痕，导致接触面的摩擦系数发生改变，从而影响整个节点的承载力。对于带抗剪板的节点，从图可以看出，在 4% 转角前，有限元滞回曲线与试验曲线较为吻合，同时有限元模型在加载完 5% 转角后也没有残余变形，与试验结果相符。

总体而言，有限元模型能有效模拟节点的试验结果，同时也可以反映 SMA 环簧组顶紧后的刚度变化效应。

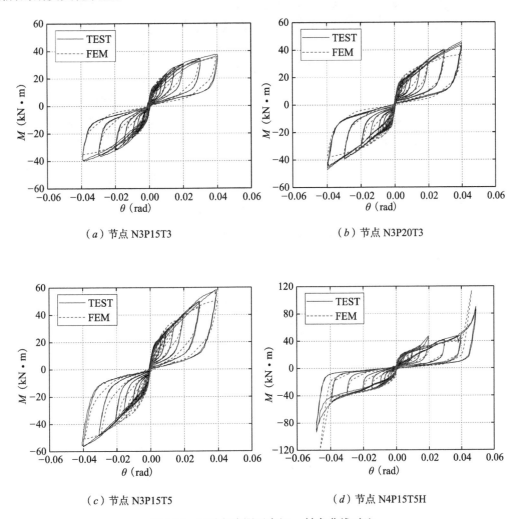

（a）节点 N3P15T3　　　　　　　（b）节点 N3P20T3

（c）节点 N3P15T5　　　　　　　（d）节点 N4P15T5H

图 5.20　试验与有限元弯矩－转角曲线对比

对于非对称式节点，以试件 B-N3-NP 为例，节点的变形及试验过程中应力分布情况如图 5.21 所示。从图中可以看到，在正弯矩作用下，环簧组被内杆向远离柱方向压紧，同时腹板螺栓沿长圆孔滑向远离柱一侧，与试验过程中记录到的现象相同。从应变分布情况看，环簧组预紧力施加后，SMA 外环环向应变，尤其是靠近尖角部分超过了 1.5%，表明其已进入到正相变平台。环簧组压紧后，外环最大环向应变约为 5.8% 左右，表明其还处于超弹性平台范围，未进入塑性。从应力角度看，内杆应力在正负弯矩作用下沿杆直径方向存在不对称现象，说明内杆存在一定程度的受弯，与试验中应变片测得的数据相符。加载后提取试件的等效塑性应变分布，可以看出试件的塑性主要集中于盖板焊缝附近，与试验现象相符。对于腹板螺栓施加了预紧力的试件，塑性还出现在了腹板螺孔附近。

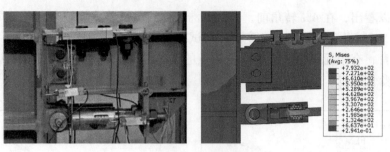

（a）正弯矩作用下节点变形

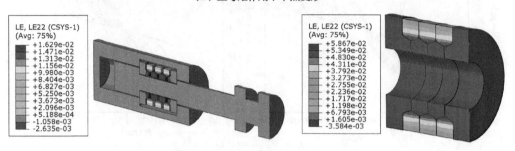

（b）环簧组预紧量施加后及压紧后环向应变分布

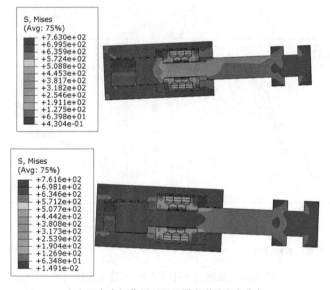

（c）正负弯矩作用下阻尼器变形及应力分布

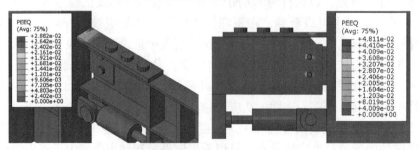

（d）试验后试件等效塑性应变分布

图 5.21　试件 B-N3-NP 变形及应力分布

　　有限元模拟得到的纯钢节点试件弯矩－层间位移角曲线与试验结果对比如图 5.22 所示，其中黑色实线代表试验结果，虚线代表有限元模拟结果。从图中可以看出，有限元模拟结果与试验结果基本吻合。但具体来看，有限元对节点初始刚度的模拟误差较大。如对于试件 B-N3-NP，试验得到的节点初始刚度为 8684kN·m，有限元则为 10976kN·m，误差达 25% 左右；对于试件 B-N3-FP，试验结果为 8266kN·m，有限元则为 11024kN·m，误差高达 33%，这主要是由于实际试验存在一定的安装间隙，有限元则无法模拟。从承载力方面来看，试件 B-N3-NP 的有限元模拟结果明显低于试验结果。这主要是由于试验过程中环簧组出现一定的提前顶紧现象，同时随着试验的进行，内外环之间磨损情况不断累积，摩擦不断增加，导致节点的承载力增大。而有限元模型则无法考虑该情况。

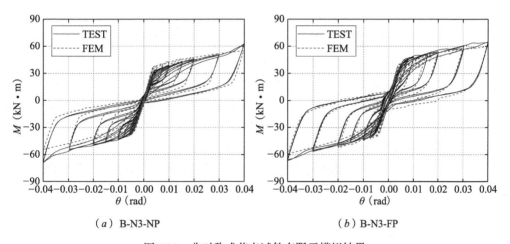

(a) B-N3-NP　　　　　　　　　　　　(b) B-N3-FP

图 5.22　非对称式节点试件有限元模拟结果

5.4　SMA 环簧组节点性能影响参数分析

　　本节将针对影响节点力学性能的几个关键参数，如内外环之间的摩擦力、腹板螺栓的预紧力、环簧组的预紧量以及梁端缺口长度与盖板厚度的比值等进行分析，为节点设计建议提供依据。

5.4.1　环簧组预紧量的影响

　　SMA 材料的超弹性能够保证卸载后没有残余变形，但实际中随着变形的增大，SMA材料不可避免地会产生性能退化。同时，SMA 的奥氏体弹性模量一般在 30 ～ 83GPa，小于钢材的弹性模量。综合这两方面的原因，为了减小节点的残余变形和提高节点的初始刚度，需要为 SMA 环簧组施加一定的初始预应变。

　　如图 5.23 所示，对比两个节点峰值弯矩可知，节点 N3P20T3 在 0.04rad 时的弯矩大于 N3P15T3。分析可知，初始预应变越大，相同层间位移角下 SMA 环簧组压缩变形越大，SMA 环簧组提供的压力也越大，所以节点 N3P20T3 的弯矩较 N3P15T3 大。节点初始刚度随 SMA 环簧组预应变的增大而有所增大，但变化很不明显。由此可知，当 SMA 环簧组预应变达到一定值后，初始预应变对节点刚度的影响较小。

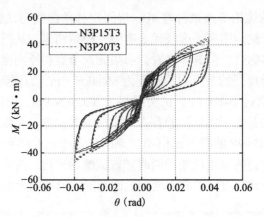

图 5.23 对称式节点不同预应变弯矩－转角曲线对比

图 5.24（a）给出上述两种不同初始预应变节点每级加载第一圈滞回耗能变化曲线。由图可知，节点滞回耗能能力随层间位移角增大而增大，当层间位移角大于 0.02rad 时，节点具有明显的滞回耗能能力。对比两个节点发现，初始预应变对节点滞回耗能影响很小，当层间位移角为 0.04rad 时，N3P20T3 的滞回耗能略大于 N3P15T3。其主要原因在于，节点 N3P20T3 因为初始预应变大，SMA 外环后期发展的应变大。

图 5.24（b）是节点等效阻尼比随层间位移角变化曲线。两个节点的等效阻尼比比较接近，均在 9%～15% 范围内变化，节点最大阻尼比约 15%。

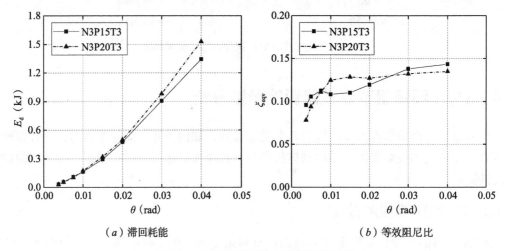

（a）滞回耗能   （b）等效阻尼比

图 5.24 不同预应变节点滞回耗能比较

图 5.25 为非对称式节点针对环簧组预紧量的有限元参数化分析结果。除了单环预紧 1.5mm（另取名称为 PRE015）以外，另外考虑了单环 0mm 和 3mm 两个预紧量，分别取名 PRE000 及 PRE030。

从图中可以看出，当环簧组不施加预紧力时，节点的初始刚度很小，但节点在大变形下的承载力受影响较小。此时节点稍许转动即会引起环簧组的压缩，节点的初始刚度由未预紧的 SMA 环簧组提供，直至环簧组被压缩至 SMA 进入正相变平台，节点"屈服"，刚度转由环簧组正相变平台提供。环簧组未施加预紧力的节点屈服点不明显，且在小变形下节点的耗能能力明显减小。在施加预紧力的情况下，节点的初始刚度较大，直至环簧组消压，节点"屈服"，即节点的"屈服"承载力由环簧组的预压荷载提供。与单个外环预紧量0.15mm相比，预紧量达到0.3mm后"屈服"承载力提高并不明显，这主要是由于0.15mm的预紧量已使SMA外环进入正相变平台，由于SMA正相变平台刚度较小，继续增加预紧量所带来的预压荷载的提高不再明显。此外，增加环簧组预紧量后，环簧组剩余可压缩空间减小，节点在3%层间位移角即出现了环簧组顶紧引起的强化现象，节点承载力陡增。此时，层间位移角由梁的变形来承担，以致梁部分进入塑性，产生残余变形。

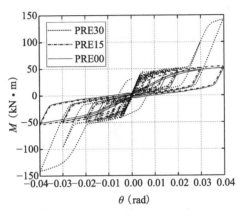

图5.25　环簧组预紧量的影响

5.4.2　内外环接触面摩擦系数的影响

采用不同SMA环簧组摩擦系数的有限元结果对比如图5.26所示，其中黑色实线代表改变摩擦系数前的有限元结果，即试验的有限元验证结果，图中表示为FEM-Test，虚线代表改变摩擦系数后的有限元结果，图中表示为FEM-f03，此时SMA环簧组的内外环接触面的摩擦系数调整为0.3。

由图5.26可知，增大摩擦系数至0.3后，节点的初始刚度基本一致，而屈服后刚度却有一定增加。增大摩擦系数促使节点的弯矩－转角曲线的加载平台升高，卸载平台降低，滞回曲线包围的面积更大，即节点的耗能能力增强。

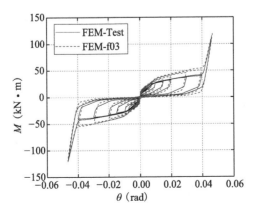

图5.26　改变摩擦系数对对称式节点性能的影响

非对称式节点的有限元参数化分析结果如图 5.27 所示。基本摩擦系数取为 0.15（另取名称为 FR015），另取摩擦系数 0.05（试件 FR005）、0.3（试件 FR030）及 0.5（试件 FR050）进行研究。

如图所示，改变摩擦系数后，节点的初始刚度没有发生改变，这主要是由于消压前初始刚度主要取决于梁、柱等部件，与环簧组本身无关。承载力、耗能和自复位能力受摩擦系数影响较大。值得注意的是，当摩擦系数增加到一定程度，如 0.5 时，环簧压缩后出现卡死现象，即摩擦力大到无法由自回复力克服，节点丧失自复位能力，同时曲线出现了空程段，节点的耗能能力下降。

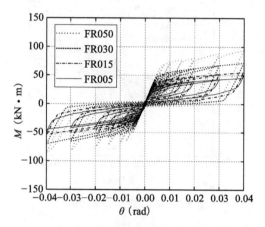

图 5.27　内外环接触面摩擦系数的影响

5.4.3　外环厚度的影响

改变 SMA 外环厚度的有限元结果对比如图 5.28 所示，其中黑色实线表示 SMA 外环厚度为 3mm 的有限元结果，即试验的有限元验证结果，虚线表示 SMA 外环厚度为 8mm 的有限元结果。

从图 5.28 可以看出，在 4% 转角前，FEM-T8 的每一加载级对应的最大弯矩值均大于 FEM-Test 的相应值。

因为 5% 转角下，节点的抗力机制发生了改变，FEM-T8 与 FEM-Test 的最大弯矩值相同。

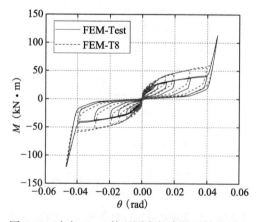

图 5.28　改变 SMA 外环厚度的有限元结果对比

5.4.4　腹板螺栓预紧力的影响

对于对称式 SMA 节点，增加抗剪板处螺栓的预紧力至 50kN，将得到的弯矩 - 转角曲线与试验的有限元模拟结果进行对比，如图 5.29 所示，黑色实线代表试验的有限元模拟结果，即 FEM-Test，而虚线代表施加 50kN 预紧力的结果，图中表示为 FEM-Shear。由图可知，FEM-Shear 每一加载级的最大弯矩值均高于 FEM-Test 的最大弯矩值，在大变形下 FEM-Shear 的残余变形显著增加，欲使节点回复到零位移状态，必须要反向施加一定的荷载。因为抗剪板处螺栓的预紧力很大，所以抗剪板与梁腹板间的摩擦力也很大，当梁绕端板上下缘发生转动时，这部分摩擦力对整体的抗力也有贡献。因此，FEM-Shear 每一加载级的最大弯矩值均大于 FEM-Test 的最大弯矩值。

如图 5.30 所示，当梁端位移变为零时，端板与柱翼缘面呈现一定的间隙，此时可近似认为节点的旋转中心位于抗剪板中心线附近，当梁端位移重新开始增大时，上下两组 SMA 环簧组提供的抗力相互抵消，此时节点的弯矩承载力由抗剪板处的摩擦提供，此摩擦力相对于旋转中心的很小，因而整体的弯矩承载力不大。当某一块端板的间隙闭合后，抗剪板与梁腹板的摩擦力的力臂开始增加，节点整体的弯矩承载力开始迅速增大。以上部分的论述解释了 FEM-Shear 加载初期存在的低弯矩平台段。综上所述，FEM-Shear 与 FEM-Test 弯矩 - 转角曲线的不同是伴随着节点旋转中心的移动而发生的。

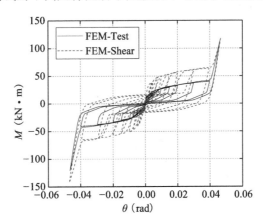

图 5.29　抗剪板处螺栓施加预紧力后的有限元对比

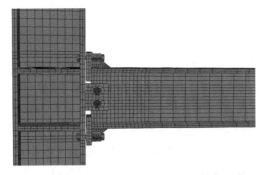

图 5.30　梁端变形为零时的端板与柱翼缘间隙

对于非对称式节点，在原有腹板未施加预紧力、按规范施加 100kN 预紧力的基础上又增设一腹板布置有四个螺栓的节点（如图 5.31 所示，取名称为 B-N3-FP4），并按规范每个腹板螺栓分别施加预紧力 100kN，相应地，腹板剪切面摩擦力增加一倍。

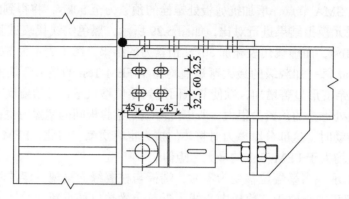

图 5.31　配置四个抗剪螺栓的节点

从图 5.32 来看，增加腹板螺栓预紧力，节点的初始刚度并无明显改变。但对于装配有四个腹板螺栓的节点，由于除了腹板摩擦力增加之外，两排螺栓的排布方式也对转动过程中节点的约束作用更加显著，因此其后期刚度有所上升。不难看出，增加腹板预紧力后，节点的承载力显著提升、耗能能力增强，但同时残余变形也显著变大，因此设计中要做好节点各性能之间的均衡。

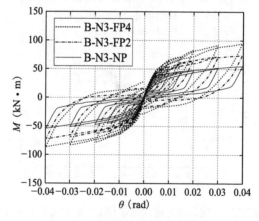

图 5.32　腹板螺栓预紧力的影响

5.4.5　盖板自由段长度与厚度之比的影响

由于非对称式节点盖板与柱之间采用焊接连接，节点转动过程中焊缝不提前断裂是节点延性的重要保证。而焊缝缺陷、应力集中等因素则会增加焊缝脆性断裂的风险。调整盖板自由段长度 L_n 与其厚度 T 的比值（如图 5.33 所示），即改变盖板自由段刚度则会对焊缝处应力分布有着重要影响。尤其是在负弯矩作用下，盖板自由段长度 L_n（试验中为 60mm）与盖板厚度 T 的比值对焊缝处应力发展的影响尤为明显。本节在原试件① $L_n/T =$ 3.75 的基础上（取名为 LT375），通过改变梁翼缘切口长度，增设② $L_n = 40$mm（即 $L_n/T =$ 2.5）和③ $L_n = 15$mm（即不开切口，$L_n/T = 1$）两个比值，即模型 LT250 与 LT100，探究该比值对焊缝处应力分布及节点整体性能的影响。

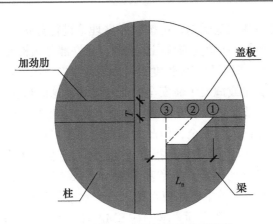

图 5.33　盖板自由段长度及盖板厚度

由于开孔对节点整体弯矩转角曲线几无影响,这里不再赘述。比值影响的主要是焊缝处应力应变的发展情况,这里选取加载至最大负弯矩及加载结束时盖板焊缝附近的 PEEQ 分布图对三者进行比较。从表 5.5 可以看出,随着梁端切口长度的增加,即盖板自由段柔度变大,焊缝处塑性应变发展程度及应力集中程度越轻,对焊缝的保护作用也愈好。因此,合理调整盖板自由段长度,是释放焊缝处应力集中,保证节点延性的重要保证。

盖板焊缝附近 PEEQ 分布　　　　　　　　　　　　表 5.5

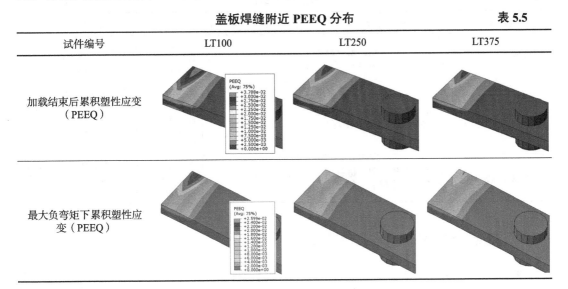

试件编号	LT100	LT250	LT375
加载结束后累积塑性应变（PEEQ）			
最大负弯矩下累积塑性应变（PEEQ）			

5.5　设计建议与方法

为推动所提出的新型节点的工程化应用,本章将给出非对称式节点的设计流程及方法。设计首先应提供节点建议设计目标,随后将给出节点的具体设计流程。

5.5.1　确定设计目标

目前,我国结构抗震设防目标是根据不同的水准用不同的抗震设计方法和要求来实现的,即三水准、二阶段抗震设计方法。具体为第一水准:在结构遭遇多遇地震时,不需要修理，结构整体基本保持在弹性范围内，可按线弹性理论进行分析，按强度要求进行截面设计。第二水准：结构在遭受基本烈度的地震影响时，允许部分结构发生屈服，结构通过塑性变形耗散地震能量，结构的变形和破坏程度在可修复范围内。第三水准：结构在遭受罕遇地震时，不至于发生结构倒塌或危及生命安全的严重破坏，这时应按照防止倒塌的要求进行抗震设计。即所谓的"小震不坏、中震可修、大震不倒"。然而，在"大震"情况下虽然可保证结构不发生倒塌，保证人员安全，但此时结构已超过可修复的极限，众多处于此状态下的建筑仍旧需要花费大量人力物力进行拆除重建，不符合目前可恢复功能结构的要求。

针对现有结构设计目标的不足，本章基于 SMA 环簧组节点提出了改进的设计目标要求，如表 5.6 所示。其中，改进主要体现在第二、三水准的设计中。即原本结构在第二水准部分结构可进入塑性，而在新目标要求中在 SMA 环簧组正常工作的前提下可实现结构主体部分保持弹性，即"中震不坏"。原本结构在第三水准目标下仅能保证不发生倒塌，结构损坏已达到不可修复的程度，而在新目标要求中结构在 SMA 环簧组顶紧的情况下部分结构进入屈服耗能，但主体结构的损坏依旧在可修复的范围内，即"大震可修"。由此结构的设防目标各提高一个层次，在"大震"下依旧能够达到结构功能的可恢复。具体可见表 5.6。

节点设计目标　　　　　　　　　　　　　　　　　　表 5.6

性能目标	地震等级	层间位移角设定目标	结构性能目标
性能目标 1	以 50 年为基准期，超越概率为 63.2% 的地震作用（小震）	0.4%	SMA 环簧组自复位阻尼器内部 SMA 环簧组保持预紧，能为框架提供有效抗侧刚度，各部分均为弹性
性能目标 2	以 50 年为基准期，超越概率为 10% 的地震作用下（中震）	1%	结构能够实现自复位，SMA 环簧组自复位阻尼器外的其余构件均保持弹性，不加修复即可恢复使用功能。试验建议多组环簧压缩量应小于预紧后最大压缩量的 60%
性能目标 3	以 50 年为基准期，超越概率为 2% 的地震作用下（大震）	2%	SMA 环簧组自复位阻尼器内部顶紧，主体结构部分进入塑性耗能，但损伤处于可修复范围内

5.5.2　确定 SMA 外环基本几何参数

根据性能目标 1 的要求，由 SMA 环簧组预紧力提供的节点"屈服"弯矩 M_y 应大于节点弯矩设计值 M_d。同时根据"变形仅集中在 SMA 环簧组，梁、柱等主要构件均保持弹性"的要求，环簧组压紧时的最大节点弯矩 M_{max} 应小于梁构件的屈服弯矩 $M_{b,el}$，即：

$$M_y = \sum_i^n F_{rs,pre} l_{rs,i} \geqslant M_d \tag{5.1}$$

$$M_{max} = M_{rs} + M_{bolt} \leqslant M_{b,el} \tag{5.2}$$

其中：

$$M_{rs} = \sum_i^n F_{rs,max} l_{rs,i} \tag{5.3}$$

$$M_{bolt} = 0.9 \sum_j^m \mu n_f P_{wb} l_{b,j} \tag{5.4}$$

式中，$F_{rs,pre}$ 为 SMA 环簧组预紧力，与 SMA 外环的几何尺寸、单个外环预紧量 S_{pre} 有关；$l_{rs,i}$ 为每个环簧组相对于旋转中心的力臂；$F_{rs,max}$ 为环簧组压紧时的承载力；n 为环簧组个数；μ 为梁腹板经过处理后的表面摩擦系数，n_f 为剪切面个数，P_{wb} 为腹板螺栓施加的预紧力，$l_{b,j}$ 为单个螺栓的力臂，m 为腹板螺栓个数。其中腹板螺栓按节点摩擦型高强螺栓抗剪承载力要求设计。本节将给出 SMA 环簧组承载力的计算方法，并由此对 SMA 外环的几何尺寸进行设计。

设计 SMA 外环几何尺寸包括几何尺寸初选、SMA 单环力学性质确定以及单环预紧量确定。

（1）几何尺寸初选

SMA 环簧组的受力方式及 SMA 外环尺寸示意如图 5.34 所示，其中，θ 代表 SMA 外环的锥度角，T 代表 SMA 外环的厚度，H 代表 SMA 外环的高度，D_i 代表 SMA 外环的内径，D_e 代表 SMA 外环的外径，D_s 代表 SMA 外环的最小直径。

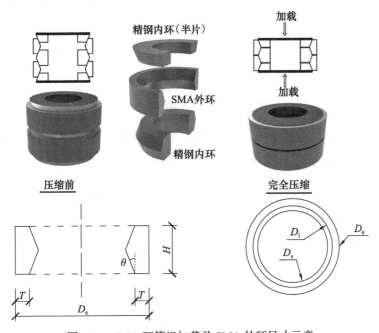

图 5.34　SMA 环簧组加载及 SMA 外环尺寸示意

包含单个 SMA 外环的和上下两片精钢内柱的 SMA 环簧整体如图 5.35 所示，通过分析 SMA 环簧的力学机理可以更好地理解 SMA 环簧组的工作原理。当精钢内柱受压时，荷载通过精钢内柱与 SMA 外环的接触斜面进行传递，SMA 外环受到荷载沿径向的挤压分力而向外膨胀。SMA 外环与上下精钢内柱组成的 SMA 环簧组的受力分析图（取半结构分析）如图 5.36 所示，通过一对接触面的传力作用，SMA 外环受到法向的挤压力 P_n 和切向的摩擦力 P_t 作用，将上述力向图示 x、y 方向分解得到水平分力 P_x 和竖向分力 P_y，由于 SMA 环簧上下有两对接触面，则 SMA 外环受到的水平分力为 $2P_x$，而竖向分力 P_y 在上下接触面处形成一对平衡力。根据作用力与反作用力原理，精钢内柱受到 SMA 外环给的法向力与切向力大小也为 P_n 和 P_t，则竖向力 P_y 的数值与外荷载 F_{rs} 相等。根据力的分解原理，可得到如下的关系式：

$$F_{rs}=P_y=P_n\sin\theta+P_t\cos\theta \tag{5.5}$$

$$P_x+P_n\cos\theta-P_t\sin\theta \tag{5.6}$$

$$P_t=\mu_{rs}P_n \tag{5.7}$$

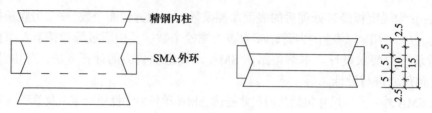

图 5.35　SMA 环簧整体示意

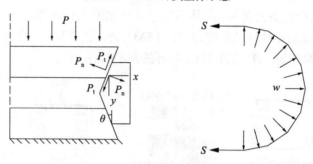

图 5.36　SMA 环簧的受力分析

其中 μ_{rs} 为内外环之间的摩擦系数，通常可取较小数值，且 SMA 外环的锥度角也较小，因此上述公式（5.6）可近似按公式（5.8）计算。

$$P_x = P_n \cos\theta \tag{5.8}$$

SMA 外环受到的水平分力 $2P_x$ 实际上是沿 SMA 外环圆周的分布力的合力。如图 5.36 右图所示，取半结构的 SMA 外环进行水平方向的受力分析，w 表示沿 SMA 外环圆周的水平分布力，S 表示 SMA 外环横截面的抗力，为简化分析，可假定 SMA 外环的横截面上正应力 σ 分布均匀，SMA 外环的平均直径用 D 表示，横截面积用 A 表示。则有：

$$S = Dw/2 \tag{5.9}$$

$$S = \sigma A \tag{5.10}$$

$$2P_x = \pi Dw \tag{5.11}$$

综合上述公式，可得到 SMA 外环横截面上的平均正应力 σ 与外荷载 P 的关系如公式（5.12）所示，卸载时，按公式（5.13）计算。

$$F_{rs} = \frac{\pi\sigma A}{\cos\theta}(\sin\theta + \mu_{rs}\cos\theta) \tag{5.12}$$

$$F_{rs} = \frac{\pi\sigma A}{\cos\theta}(\sin\theta - \mu_{rs}\cos\theta) \tag{5.13}$$

精钢内柱所用材料的强度很高，同时其刚度也比 SMA 外环刚度大很多，因此在 SMA 环簧的受压加载过程中，精钢内柱的弹性变形基本可以忽略不计。如图 5.37 所示，当 SMA 环簧受压加载时，精钢内柱的角点 A_i 向下运动至与 SMA 外环上某点 B_o 等高的 B_i 点时，精钢内柱的竖向位移 d_v 与 SMA 外环的水平位移 d_h 满足公式（5.14）。由于精钢内柱与 SMA 外环有两对接触面，则 SMA 环簧组的总压缩量 S 满足公式（5.15）的关系式。此时，SMA 外环沿圆周的平均应变 ε 满足公式（5.16）。

$$d_h = d_v \tan\theta \tag{5.14}$$

$$S = 2d_v \tag{5.15}$$

$$\varepsilon=\frac{2\pi d_{h}}{\pi D}=\frac{2d_{h}}{D} \tag{5.16}$$

综合以上公式，可以得到 SMA 外环的平均应变 ε 与 SMA 环簧的压缩量 S 之间的关系式：

$$\varepsilon=\frac{S\tan\theta}{D} \tag{5.17}$$

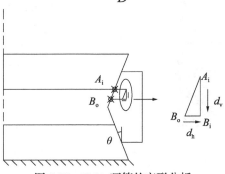

图 5.37　SMA 环簧的变形分析

根据参数化分析的建议，SMA 外环的预紧力应取在材料马氏体相变应力 σ_{s}^{AM} 附近，则外环的预紧力为：

$$F_{rs,pre}=\frac{\pi\sigma_{s}^{AM}A}{\cos\theta}(\sin\theta+\mu_{rs}\cos\theta) \tag{5.18}$$

在根据构造选定环簧组力臂 l_{i} 之后，即可通过调整外环的几何尺寸 A 来满足式（5.1）的要求，进而初步确定外环尺寸。如通过增加 SMA 外环的厚度 T、高度 H 以及外径 D_{e}，均可提高 SMA 环簧的承载力。由第 5.4.2 节参数化分析可知，改变内外环之间接触面的摩擦系数也可调整环簧承载力，但要注意摩擦系数不能过小而影响到节点耗能性能，不能过大而阻碍节点的自复位。

在通过调整外环尺寸使其满足式（5.1）的要求后，还要对设计出的节点是否满足式（5.2）进行验证。根据目前常用的内外环匹配尺寸，当环簧组压紧时，SMA 单环的压缩量为 $H/2$，则此时外环的平均应变为：

$$\varepsilon_{max}=\frac{H\tan\theta}{2D} \tag{5.19}$$

由 SMA 材料本构关系，可计算得出此时外环平均应力为：

$$\sigma_{max}=\sigma_{s}^{AM}+(\varepsilon_{max}-\varepsilon_{s}^{AM})(\sigma_{f}^{AM}-\sigma_{s}^{AM})/(\varepsilon_{f}^{AM}-\varepsilon_{s}^{AM}) \tag{5.20}$$

将得到的结果代入式（5.11）即可计算得到此时 SMA 环簧组的抗力 $F_{rs,max}$，进而验证式（5.2）是否被满足。上式中采用的材料参数可通过开展横截面积与 SMA 外环相近、热处理方式相同的棒材进行拉伸试验获得。

（2）力学性质确定

通过前一节的讨论，可初步确定 SMA 外环的几何形状，对此 SMA 外环进行压缩试验，可以获得 SMA 环簧的典型压缩位移曲线，比较不同热处理条件下的 SMA 环簧压缩曲线，选出综合性能最好的一个，其余的 SMA 外环均按照同样的条件进行热处理。SMA 外环的压缩试验装置如图 5.38 所示。试验可同时获得单环最大残余变形，为预压变形的确定提供依据。

基于形状记忆合金的自复位抗震钢结构：材料、构件与体系

若没有条件进行试验，可采用 5.3.1 节的方法对所设计外环进行数值模拟，材料参数由棒材拉伸试验获得。

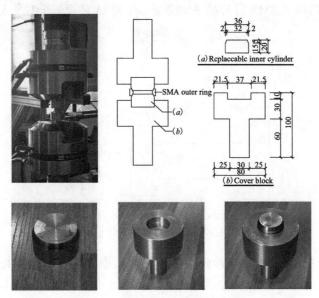

图 5.38　SMA 外环压缩试验装置

（3）确定单环预紧量

通过对节点的参数化分析可知，对环簧组施加一定的预紧变形，可以增加节点的初始刚度，提高节点的耗能性能，同时能够提升节点的自回复力即自复位能力。但过大的预紧量会减小环簧组的压缩空间，并导致梁提前进入屈服。

因此，单环预紧位移 S_{pre} 的确定需满足以下条件：① 预紧位移要大于单环最大的残余变形；② 预紧位移应使得预紧力提供的弯矩满足式（5.1）。综合以上两项条件，SMA 单环预压变形取在单环试验曲线"屈服"点附近，此时外环截面平均应力在马氏体正相变应力 σ^{Ms} 附近。

5.5.3　确定 SMA 外环数量

当确定单环预紧位移 S_{pre} 后，单个外环剩余可压缩变形为：

$$S_{res} = H/2 - S_{pre} \tag{5.21}$$

若根据性能目标 2，节点在主体结构保持弹性的情况下实现自复位的目标转角为 θ_{obj}，则力臂为 $l_{rs,i}$ 的环簧组变形能力应不小于 $\theta_{obj}l_{rs,i}$，该处环簧组所需 SMA 外环数量 q 应满足：

$$q \geq \frac{\theta_{obj}l_{rs,i}}{S_{res}} \tag{5.22}$$

应注意，外环数量虽对节点屈服承载力没有影响，但却影响节点的后期刚度。当外环数量取为 q 时，在节点目标转角下单环最大压缩位移为：

$$S_{max} = \frac{\theta_{obj}l_{rs,i}}{q} \tag{5.23}$$

在相同节点转角下，外环数量取得越少，则单环最大压缩位移 S_{max} 越大，节点的后期刚度越大；反之，节点后期刚度越小。设计人员可根据要求自行选择外环数量。

106

5.5.4 节点其余部件设计

除了对与节点力学性能直接相关的部件进行设计之外,其余辅助部件同样需要进行设计,包括阻尼器内杆、套筒、耳板及销轴,节点上部的盖板及盖板螺栓,承担剪力的抗剪板及抗剪螺栓等。以下分别介绍设计验算方法。

(1)阻尼器内杆及套筒(图 5.39)

阻尼器内杆及外套筒应按照轴向受力构件进行受拉强度及抗剪强度设计,其能够承受的最大荷载应不小于环簧组最大压缩荷载 $F_{rs,max}$。对于内杆,取其小直径 $D_{in,s}$ 处进行验算:

$$\frac{\pi D_{in,s}^2 f_y}{4} > \eta F_{rs,max} \tag{5.24}$$

套筒则选取壁厚最薄处进行验算:

$$\frac{\pi(D_{ex,l}^2 - D_{ex,s}^2)f_y}{4} > \eta F_{rs,max} \tag{5.25}$$

同时套筒端部厚度 $t_{ex,end}$ 应满足抗剪承载力的要求:

$$\pi D_{ex,s} t_{ex,end} f_v > \eta F_{rs,max} \tag{5.26}$$

并且应使得环簧组压至套筒最右侧时内杆粗直径部分不至于从套筒内拉出。以上各式中,f_y、f_v 为材料的屈服强度、抗剪强度设计值;η 为设计时按需求所取的大于1的安全系数。

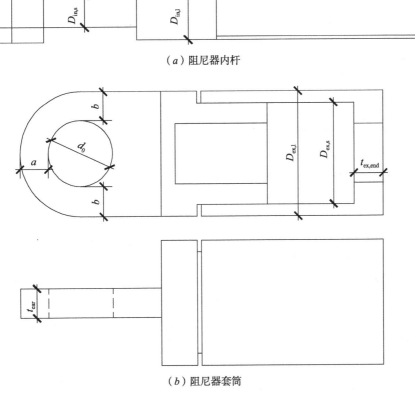

(a)阻尼器内杆

(b)阻尼器套筒

图 5.39 阻尼器内杆及套筒主要尺寸

（2）耳板

根据《钢结构设计标准》GB 50017—2017 耳板设计首先应该满足构造要求：

$$a > \frac{4}{3} b_e \qquad (5.27)$$

其中 $b_e = 2t + 16$，且需满足 $b_e < b$。

随后需进行耳板净截面抗拉强度验算：

$$2t_{ear} b_1 f_y > F_{rs,max} \qquad (5.28)$$

其中 $b_1 = \min(2t + 16, b - d_0/3)$，为计算宽度。

耳板端部截面抗拉强度验算：

$$2t_{ear}(a - 2d_0/3)f_y > F_{rs,max} \qquad (5.29)$$

耳板抗剪强度验算：

$$2t_{ear} Z f_v > F_{rs,max} \qquad (5.30)$$

其中 $Z = \sqrt{(a + d_0/2)^2 - (d_0/2)^2}$，为耳板端部抗剪截面宽度。以上各式符号均如图 5.39 所示。

（3）销轴

同样根据规范，销轴首先应该满足承压强度要求：

$$d t_{ear} f_c^b > F_{rs,max} \qquad (5.31)$$

其中 d 为销轴直径，f_c^b 为耳板承压强度设计值。

销轴抗剪强度验算：

$$n_v \pi \frac{d^2}{4} f_v^b > F_{rs,max} \qquad (5.32)$$

其中 n_v 为受剪面数目，f_v^b 为销轴抗剪强度设计值。

销轴抗弯强度验算：

$$15 \frac{\pi d^3}{32} f^b > M \qquad (5.33)$$

其中 f^b 为销轴抗弯强度设计值，$M = F_{rs,max}(2t_e + t_m + 4s)/8$，$t_e$ 为两端耳板厚度，t_m 为中间耳板厚度，s 为端耳板和中间耳板板间间距。

销轴还应满足受弯受剪组合强度要求：

$$\sqrt{\left(\frac{\sigma_b}{f^b}\right)^2 + \left(\frac{\tau_b}{f_v^b}\right)^2} < 1 \qquad (5.34)$$

其中 σ_b、τ_b 为按式（5.33）、式（5.32）计算得到的销轴受弯、受剪应力。

（4）抗剪螺栓及抗剪板设计

当腹板螺栓未施加预紧力时，抗剪螺栓按照承压型高强螺栓设计；由参数化分析可知，当螺栓加满预紧力时，节点有较大的残余变形。但考虑到结构在地震作用下有一定的动力自复位效应，设计时仍可按照高强摩擦型螺栓设计。经过弹性设计得到的节点剪力设计值为 V_d，则设计时需满足：

$$0.9 m \mu n_f P_{wb} > V_d \qquad (5.35)$$

对于抗剪板，则可简单按照其最不利受剪面积不小于梁腹板净截面面积的原则来确定。同时腹板需按照设计目标转角 θ_{obj} 设计长圆孔。第 j 个腹板螺栓对应的长圆孔长 l_j 应满足：

$$l_j \geqslant 2\theta_{obj}l_{b,j} \qquad (5.36)$$

（5）盖板及盖板螺栓设计

盖板及盖板螺栓同样按照轴向受拉构件设计。保险起见，设计轴向拉力取 n 个环簧组最大压缩承载力之和，即需满足：

$$0.9p\mu n_f P_{wb} > \eta n F_{rs,max} \qquad (5.37)$$

其中 p 为盖板螺栓的个数。

对于同样受轴向拉力的盖板，考虑孔前传力，其净截面实际受到的拉力为 $N' = \eta n F_{rs,max}(1-0.5p_1/p)$，则所需盖板净截面面积为：

$$A_n = N'/f_y \qquad (5.38)$$

由于盖板宽度一般取与梁等宽，螺栓孔径也已确定，因此由此值计算得到所需板厚即可完成设计。

第6章 基于形状记忆合金环簧的自复位阻尼器抗震性能与设计方法

6.1 引言

消能减震设计通过将地震输入结构的能量传至特别设置的耗能构件，从而保护主体结构的安全。传统的阻尼耗能技术仍不能避免结构震后的残余变形。而基于自复位目标的结构设计思想要求在地震作用下，结构的塑性变形集中在易于更换的耗能构件，然后通过具有复位能力的装置来使结构复位，从而显著降低结构的残余变形。SMA 环簧自复位阻尼器正是兼具自复位及耗能特性的新型减震装置。

本章主要对 SMA 自复位阻尼器的构造设计和工作原理进行了阐述，讨论了 SMA 环簧阻尼器的滞回试验，验证了其自复位和耗能的双重特性。同时构建了阻尼器的理论滞回模型，提出了设计方法，从而为其工程应用提供依据。

6.2 构造与机理

新型 SMA 阻尼器工作原理如图 6.1 所示，主要由 SMA 环簧组、内杆和套筒三部分组装而成，增加端部垫片便于安装传力。

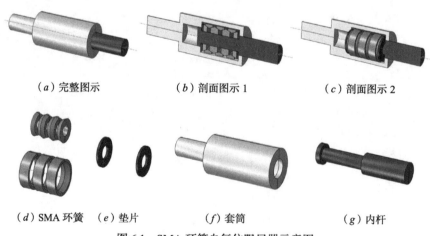

（a）完整图示　　　　（b）剖面图示 1　　　　（c）剖面图示 2

（d）SMA 环簧　（e）垫片　　　（f）套筒　　　　（g）内杆

图 6.1　SMA 环簧自复位阻尼器示意图

其中，SMA 环簧组由多组高强钢（HSS）内环和 SMA 外环交替契合串联而成；套筒分为外壁套筒和对接螺栓拼接头，通过连接螺纹 1 构造连接，如图 6.2 所示；内杆分为主轴杆和连接螺栓头，通过连接螺纹 2 连接，如图 6.3 所示。

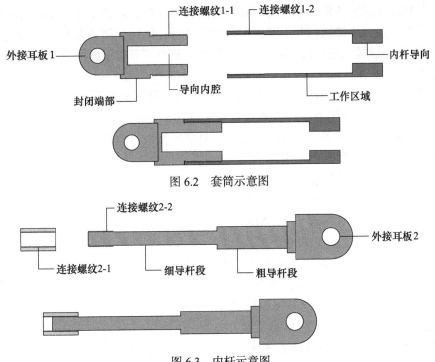

图 6.2　套筒示意图

图 6.3　内杆示意图

该阻尼器将自复位和耗能集成在 SMA 环簧组内，实现整体轴向拉压的对称性。图 6.4 是更加详细的自复位阻尼器工作原理分析示意图，分为三个基本状态：平衡态、受拉态和受压态。

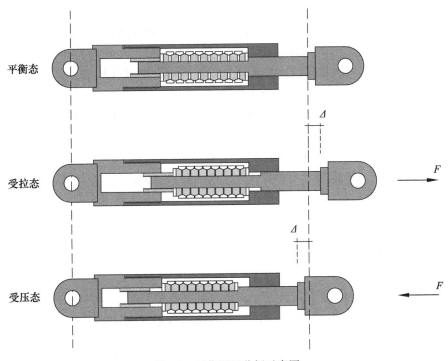

图 6.4　工作原理分析示意图

图示左端虚线假定各状态下套筒相对地面静止，内杆和环簧组可以相对套筒作轴向水平运动。可以看到，环簧组相互串联嵌套在内杆中部，同时套筒约束内杆空间仅允许轴向运动。因此，在阻尼器工作过程中，内杆和套筒既充当了环簧组的约束部件，也作为主要的轴向传力构件。

初始平衡态，SMA 环簧组通过内杆螺栓连接与内杆形成内部预紧力自平衡。虽然不施加预紧力的 SMA 环自身在压缩变形过程中可提供一定的初始刚度，但该刚度往往无法直接满足阻尼器的设计需要，故通过施加预紧力使环簧组与内杆自平衡，从而增加消压刚度。此时套筒主要起外围约束作用。

假设阻尼器由初始平衡态进入受拉态（图 6.4 受拉态表示内杆沿轴向向右运动，产生 Δ 位移），可以看到套筒右端部抵住 SMA 环簧组右端，而内杆在向右运动过程中，其连接螺栓头约束 SMA 环簧组左端并带动其向右运动，当初始荷载未超过环簧组自平衡预紧力时，轴向刚度主要由内杆和套筒提供（图 6.5OA 段）。而一旦超过该荷载，环簧组产生压缩变形。由于设计时保持内杆和套筒一直处于弹性范围，那么阻尼器的主要变形集中在 SMA 环簧组内，而此时阻尼器可提供的轴向变形由环簧可压缩变形提供（AB 段）。一旦超过最大压缩变形量，则内部环簧组之间相互顶紧，SMA 外环

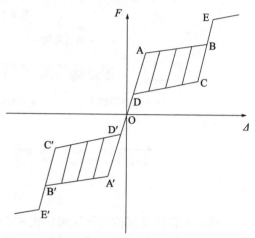

图 6.5　荷载位移示意图

膨胀停止，此时轴向反作用主要由内杆轴向承载提供，避免了 SMA 环的破坏（BE 段）。在从受拉态回到初始平衡态，可以看作卸载阶段，套筒相对地面不动，内杆轴向向左运动，SMA 环簧由于内部超弹性提供自回复力逐渐回复变形。在此过程中也表现为 SMA 环簧组的串联受力关系，直到卸载至 SMA 环左端被套筒左端顶住约束，再次达到内杆与环簧、环簧与套筒的自平衡预紧状态（BCDO 段）。

在阻尼器从平衡态进入受压态时，可以看到套筒左端部抵住 SMA 环簧组左端，而内杆在向左运动过程中，其右端约束 SMA 环簧组右端并带动其向左运动。此后的运动变形和受拉态类似，变形主要集中在 SMA 环簧组内部。

根据以上分析，该阻尼器可实现拉压变形的一致性，同时 SMA 环簧组主要受压变形，力学性能稳定。

6.3　SMA 阻尼器试验研究

6.3.1　试件设计

试验设计了两个由 8 组 SMA 环簧组集成的自复位阻尼器试件（表 6.1），其中内杆和套筒的尺寸设计主要依据以下三点：

1）保证主要部件轴向受力作用稳定，满足轴向连接承载力要求；

2）为环簧组预紧提供设计空间，同时为其压缩运动提供足够的自复位行程；

3）确保各部件间有效传力，除 SMA 环以外的构件均保持弹性。

试件名称	SMA 外环厚度（mm）	SMA 外环个数	试件名称	SMA 外环厚度（mm）	SMA 外环个数
S2-T6	6	8	S3-T5	5	8

SMA 环簧自复位阻尼器试件汇总　　　　　　　　　　　表 6.1

试验加工内杆采用 38CrMoAl 合金材料，套筒选取 Q345 钢材，试件主要组成部分尺寸如图 6.6 所示。

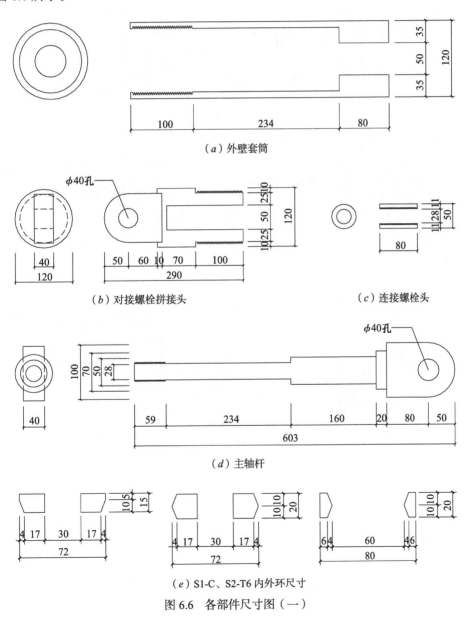

（a）外壁套筒

（b）对接螺栓拼接头　　　　　　　　　　（c）连接螺栓头

（d）主轴杆

（e）S1-C、S2-T6 内外环尺寸

图 6.6　各部件尺寸图（一）

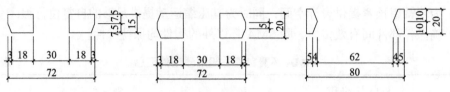

（f）S3-T5 内外环尺寸

图 6.6　各部件尺寸图（二）

　　其中内外环尺寸包含端部半环、内部整环、SMA 外环三者尺寸；主轴杆一体加工，端部根据不同耳板连接方式焊接而成；外壁套筒开设 2 条观察缝便于试验观测，两端焊接螺母用于安装固定。实际加工部件如图 6.7 所示。

（a）套筒

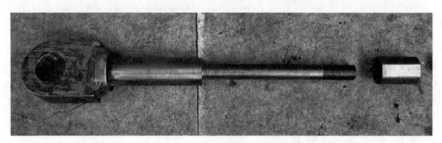

（b）内杆

（c）SMA 环簧

图 6.7　各部件实际加工图

6.3.2　试验流程

（1）单环性能测试确定预紧变形

　　对于 S2-T6 和 S3-T5 试件的 SMA 外环进行 6mm 加载的单圈性能评估，得到荷载位移曲线如图 6.8 所示。

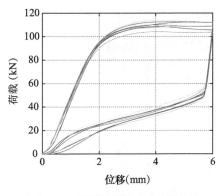 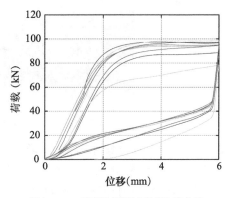

（a）S2-T6 系列单圈训练荷载位移曲线　　　（b）S3-T5 系列单圈训练荷载位移曲线

图 6.8　SMA 外环单圈训练曲线

可以看到，当加载至 3.5mm 时，两种尺寸环簧均进入荷载转折平台段，因此可设置预紧位移为 3.5mm，用于提升阻尼器初始刚度且充分利用其耗能能力。

为了避免 SMA 环簧组顶紧，在每组内环之间加设 2mm 垫片，单个阻尼器允许压缩最大位移为：（10 − Δ − 2）×8，其中 Δ 为 SMA 环簧组单个预压位移。对于 S2-T6 和 S3-T5 最大允许压缩位移为 36mm。

（2）试件组装

为满足装配便捷性以及可调节性，套筒和内杆采用两套螺纹连接，在装配 SMA 环簧组时提供两套预紧措施，确保自复位阻尼器的整体组装性能。图 6.9、图 6.10 是安装图。

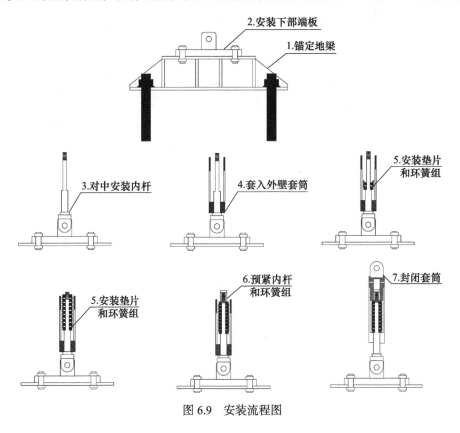

图 6.9　安装流程图

图 6.10　阻尼器组装图

在第 6 步中内杆预紧作为 SMA 环簧组第一次预紧设计，根据之前单环性能测试确定预紧变形，这样形成 SMA 环簧组与内杆之间的自平衡预紧。在第 7 步封装套筒的过程中，套筒工作区域与内杆自平衡段预紧形成第二次预紧设计，通过两次预紧设计实现安装拼接。

（3）试验装置

试验采用轴向往复拉压加载设置的方案，规定作动器向下（阻尼器受压）为正，作动器向上（阻尼器受拉）为负。试验过程中阻尼器环境温度维持在 20 ～ 28℃，图 6.11、图 6.12 是阻尼器的安装加载示意图。

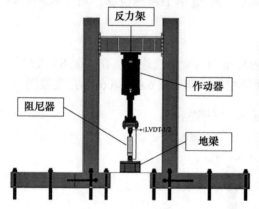

图 6.11　阻尼器试验加载装置

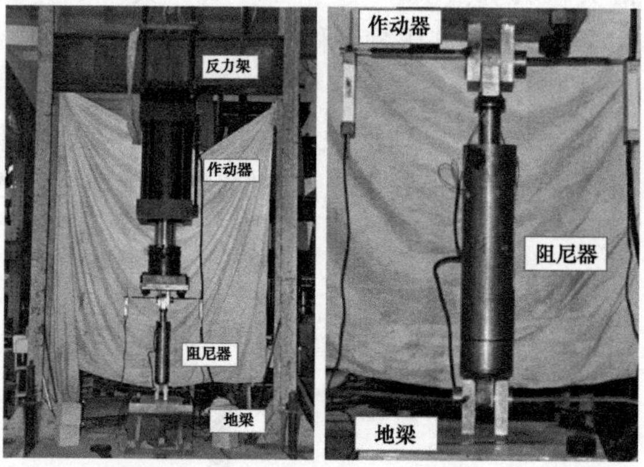

（a）加载装置整体示意　　（b）加载装置局部图示

图 6.12　阻尼器试验实况

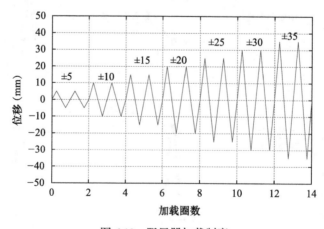

图 6.13　阻尼器加载制度

为了探讨 SMA 环簧组自复位阻尼器在低周往复荷载作用下的力学性能，分级施加往复荷载，加载次序依次为：5mm（2 圈）、10mm（2 圈）、15mm（2 圈）、20mm（2 圈）、25mm（2 圈）、30mm（2 圈）。每个试件进行两轮重复加载，第一次加载只进行至 30mm 加载级别，第二次加载包括 35mm 加载级别。如图 6.13 所示。

试验过程中在试件关键部位布置应变片和位移计测点。试验拟获取的数据包括：① 阻尼器轴向荷载位移曲线；② 阻尼器内杆轴向应变发展；③ 外壁套筒轴向应变发展。

同时为了观测 8 组 SMA 环簧压缩变形状态，在套筒壁沿圆周开设对称观测缝，如图 6.14 所示。

为了正确捕捉阻尼器轴向位移变化，在阻尼器两端耳板部位采用位移计计算轴向相对位移变化，如图 6.15 所示为位移计 LVDT-1/2；为了捕捉内杆和套筒应变变化，在内杆变截面段距离 15mm 处沿圆周对称布设应变片 S1/2，在距离套筒壁上沿 150mm 处沿圆周对称布设应变片 S3/4。

图 6.14　SMA 环簧观测缝图示

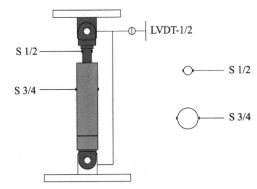

图 6.15　测点布设示意图

6.3.3　试验结果

（1）性能指标定义

主要分析以下性能指标：刚度、承载力、自回复和耗能能力。阻尼器荷载位移曲线可以方便地描述其力学性能，而骨架曲线能够较好地体现其综合性能，如图 6.16 所示。本文

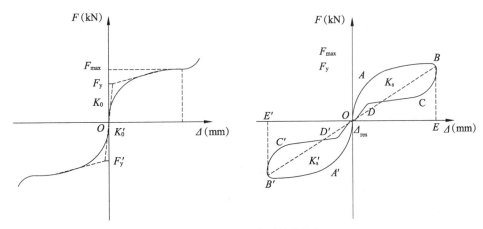

图 6.16　阻尼器力学性能指标

讨论的阻尼器刚度包括其初始刚度和割线刚度，由于初始加载存在摩擦和组装间隙影响，排除初始滑移影响，初始刚度 K_0 取各加载初始加载级别（5mm）第一圈正向加载初始切线刚度，而 K_s 割线刚度取各级别加载位移最大处割线刚度，取正负向刚度的平均。

阻尼器承载力包括屈服荷载 F_y 和极限强度 F_u 两个指标。屈服荷载取阻尼器骨架曲线初始刚度切线与屈服后刚度切线交点所对应的荷载值，采用峰值荷载 F_{max} 作为阻尼器加载后期强度代表值（极限强度）。采用阻尼器荷载位移曲线所包围的面积衡量阻尼器的能量耗散能力，采用等效阻尼比 ξ_{eqv} 衡量阻尼器的滞回耗能效率，等效阻尼比 ξ_{eqv} 按式（6.1）计算：

$$\xi_{eqv} = \frac{S_{(OABCDO+OA'B'C'D'O)}}{2\pi \cdot S_{(OBE+OB'E')}} \quad (6.1)$$

对于自复位阻尼器来说，本文采用卸载后的残余位移 Δ_{res} 衡量其自复位性能，如图 6.17 所示，由于部分加载级别残余变形太小无法捕捉，因此提取 D 点荷载值作为自回复力衡量自复位特性标准。相同位移下，阻尼器卸载后残余位移越小阻尼器的自复位性能越好。

（2）试验现象

a. S2-T6 试件

在第一次加载过程中，观察不同加载位移下 SMA 环的压缩状态如图 6.17 所示（其中 20mm、25mm 加载和 15mm 图示类似）。

| 5mm 受压 | 5mm 受拉 | 10mm 受压 |

| 10mm 受拉 | 15mm 受压 | 15mm 受拉 |

图 6.17　S2-T6 加载观测图 1（一）

30mm 受压　　　　　　　　　30mm 受拉

图 6.17　S2-T6 加载观测图 1（二）

在拉压最大位移 35mm 处观测如图 6.18（a）、（b）所示。

（a）35mm 受压　　　　　　　（b）35mm 受拉

图 6.18　S2-T6 加载观测图 2

观察可以看到，5mm 加载 SMA 环间压缩基本无差异；10mm、15mm 加载下部 SMA 环间压缩间距大，说明有局部压缩差异出现；30mm、35mm 加载 SMA 环间距趋于均匀。拆卸后观察如图 6.19 所示，内杆几乎无损伤。

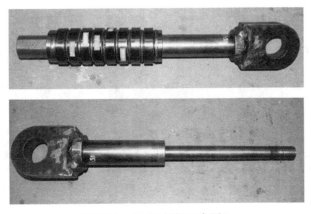

图 6.19　S2-T6 拆卸观察图 1

观察内外环磨损情况有两种磨损形式如图 6.20 所示。

(a)

(b)

图 6.20　S2-T6 拆卸观察图 2

图 6.20（a）为内外环之间的局部磨痕，印痕较深；图 6.20（b）显示内外环之间沿圆周的磨损，但印痕较浅。

b. S3-T5 试件

在第一次加载过程中，观察不同加载位移下 SMA 环的压缩状态如图 6.21 所示（其中 20mm、25mm 加载和 15mm 图示类似）。拉压最大位移 35mm 观测如图 6.22(a)、(b) 所示。

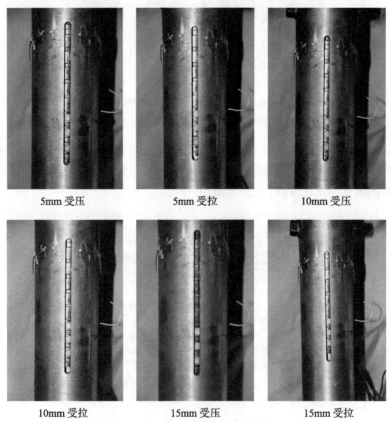

5mm 受压　　　　　5mm 受拉　　　　　10mm 受压

10mm 受拉　　　　　15mm 受压　　　　　15mm 受拉

图 6.21　S3-T5 加载观测图 1（一）

30mm 受压　　　　　　30mm 受拉

图 6.21　S3-T5 加载观测图 1（二）

（a）35mm 受压　　　　　（b）35mm 受拉

图 6.22　S3-T5 加载观测图 2

拆卸后观察如图 6.23 所示，内杆仍无损伤。

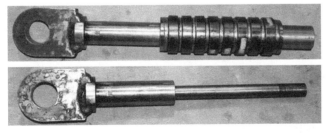

图 6.23　S3-T5 拆卸观察图 1

观察内外环磨损为局部磨损如图 6.24 所示。

图 6.24　S3-T5 拆卸观察图 2

（3）荷载-位移曲线

图 6.25 给出了所有试件加载的荷载-位移滞回曲线，其中在试件编号后加 "-01" 的试验代表第一次加载试验，加 "-02" 的试验代表第二次重复加载试验。

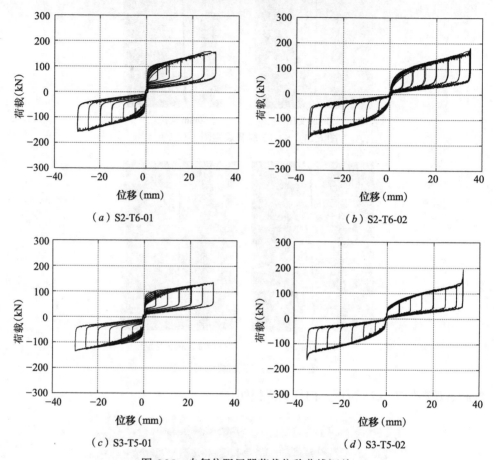

（a）S2-T6-01　　　　　　　　　　　（b）S2-T6-02

（c）S3-T5-01　　　　　　　　　　　（d）S3-T5-02

图 6.25　自复位阻尼器荷载位移曲线汇总

由图可知，所有阻尼器加载至最大允许压缩位移后的残余变形基本可以忽略，均能自复位。

6.3.4　试验结果分析

（1）阻尼器装配性分析

由于阻尼器设置内外两组预紧形式，因此两者之间工作空间长度的匹配性在前期安装预紧中需要控制。S2-T6 和 S3-T5 加载中出现 0.8mm 和 1.2mm 的初期加载空程区段可能为阻尼器工装误差累计和内外两组预紧长度差异所致，可在设计安装中改进内外预紧空间匹配性。

（2）阻尼器拉压状态性能对比

自复位阻尼器设计原理是将变形集中在 SMA 环簧组内部，根据试验现象观测，拆卸后内杆和套筒无损伤，只存在 SMA 内外环的摩擦损伤，这和预期一致。同时对 S2-T6-01 和 S3-T5-01 工况的阻尼器受压（位移为正）和受拉（位移为负）进行荷载位移的统一正向划分对比如图 6.26 所示。

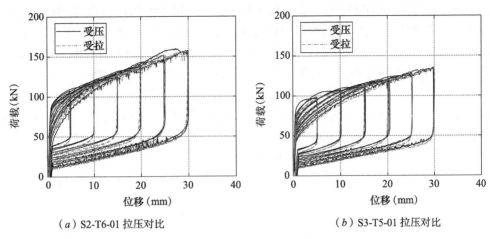

（a）S2-T6-01 拉压对比　　　　　　　　（b）S3-T5-01 拉压对比

图 6.26　阻尼器拉压一致性对比荷载位移曲线

图中实线表示阻尼器受压，虚线表示阻尼器受拉。对比两种情况来看，阻尼器各级加载曲线拉压数值基本一致，证明在相同加载级别下，主要由 SMA 环簧承受荷载变形。需要说明的是，由于 SMA 环初期加载存在环的相变退化性能损失，故受压初期比受拉初期荷载值略高，但后期各加载级别一致。

（3）SMA 外环厚度对阻尼器滞回性能的影响

图 6.27 给出了试件 S2-T6-01 和试件 S3-T5-01 的荷载位移曲线。表 6.2 给出上述两个试件的试验结果。下文将分别从刚度、承载力、滞回耗能以及自回复性能四个方面对上述阻尼器进行对比分析。

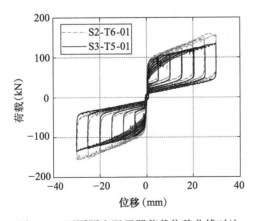

图 6.27　不同厚度阻尼器荷载位移曲线对比

不同厚度阻尼器试验结果汇总　　　　　　　　　表 6.2

试件编号	屈服荷载（kN）	30mm 加载峰值荷载（kN）	初始刚度（kN/mm）	30mm 加载滞回耗能（kJ）	30mm 加载自回复力（kN）
S2-T6-01	84.4	157	223.2	5.50	10.5
S3-T5-01	78.4	132.8	225.6	4.54	10.5

表 6.2 显示，前者的屈服荷载比后者大，即 SMA 环簧组的厚度增加会提高阻尼器的屈服荷载，但两者的初始刚度接近，这说明同样尺度下，相同预紧方式不同壁厚的 SMA 环对阻尼器初始刚度影响不大。对比两者的峰值荷载和割线刚度，前者均比后者大，这说明增加 SMA 环壁厚可以有效增加阻尼器的后期承载力，这可以从单环压缩试验结果分析得到。根据割线刚度差异和曲线平缓度观察，S2-T6 试件的后期刚度相对 S3-T5 提升了约 16%。

图 6.28（a）给出两种阻尼器每圈加载滞回耗能的变化曲线。由图可知，阻尼器滞回耗能能力随位移增大而增大。对比两个试件发现，SMA 外环厚度对阻尼器大位移下的滞回耗能影响较大，当位移加载为 30mm 时，S2-T6-01 的滞回耗能比 S3-T5-01 高出 19.5%。其主要原因在于，6mm 厚度的 SMA 外环的受压承载力更高。图 6.28（b）是阻尼器等效阻尼比随位移加载变化曲线。两个阻尼器的等效阻尼比比较接近，仅在小位移下存在一定的偏差。

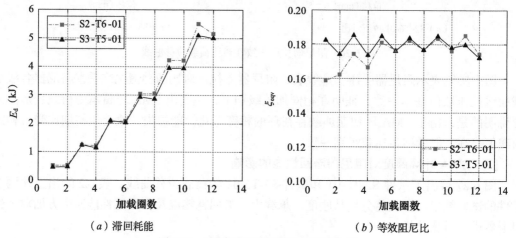

（a）滞回耗能　　　　　　　　　　（b）等效阻尼比

图 6.28　不同厚度阻尼器滞回耗能比较

提取阻尼器受压时各级别自回复力如图 6.29 所示。

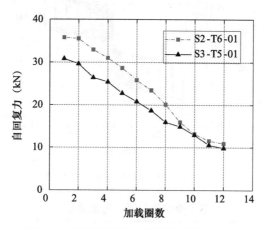

图 6.29　不同厚度阻尼器自恢复性能对比

可以看到壁厚对前期自复位性能提升有一定作用，在后期加载过程影响不明显。

综上所述，通过合理的尺寸设计，增加 SMA 外环的厚度能有效提升阻尼器前期强度、自回复能力，对其耗能能力也有提升。

（4）二次滞回加载性能分析

高性能抗震构件需要在多次加载后仍能正常工作。针对 S2-T6 和 S3-T5 试件进行二次加载，对比分析如图 6.30 所示。表 6.3 给出上述四个工况的试验结果。

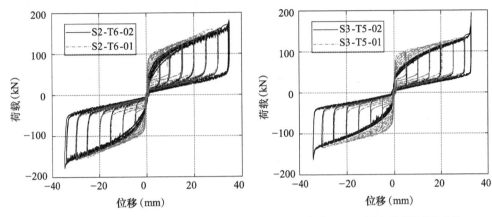

（a）S2-T6 两次加载荷载位移曲线　　　　（b）S3-T5 两次加载荷载位移曲线

图 6.30　不同厚度阻尼器多次加载荷载位移曲线

多次加载阻尼器性能对比　　　　　　　　　表 6.3

试件编号	屈服荷载 （kN）	30mm 加载峰值荷载 （kN）	初始刚度 （kN/mm）	30mm 加载滞回耗能 （kJ）	30mm 加载自回复力 （kN）
S2-T6-01	84.4	157	223.2	5.50	10.5
S2-T6-02	56.4	153.5	97.7	5.09	8.5
S3-T5-01	78.4	132.8	225.6	4.54	10.5
S3-T5-02	47.4	131.3	88.4	4.19	7.3

表 6.3 显示，第二次加载阻尼器屈服承载力有部分降低，初始刚度折减明显，降幅达56%。但第二次加载的峰值荷载没有降低。

图 6.31（a）给出上述四种工况每圈加载滞回耗能变化曲线。由图可知，阻尼器第二次滞回耗能较第一次略有降低。

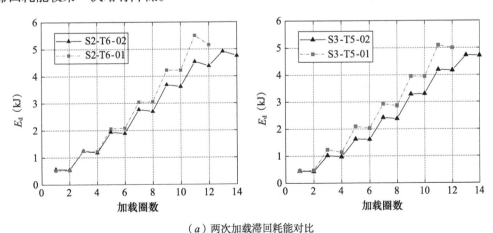

（a）两次加载滞回耗能对比

图 6.31　多次加载阻尼器滞回耗能比较（一）

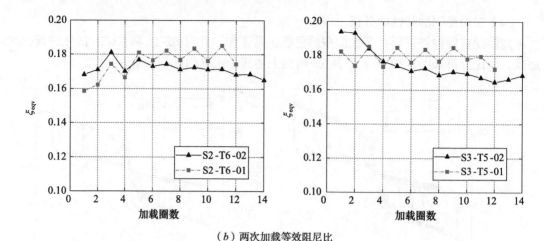

（b）两次加载等效阻尼比

图 6.31　多次加载阻尼器滞回耗能比较（二）

图 6.31（b）是阻尼器等效阻尼比随位移加载变化曲线，可以看到第二次加载等效阻尼比均较第一次加载偏低。

图 6.32 提取了阻尼器受压时各加载级别自回复力，从图中可以看出：第二次加载自回复力基本恒定不变，说明 SMA 环簧在经过一定的加载训练后自复位性能趋于稳定。

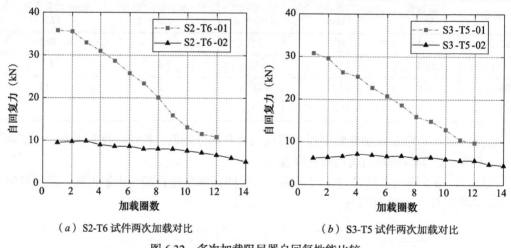

（a）S2-T6 试件两次加载对比　　　　　　　（b）S3-T5 试件两次加载对比

图 6.32　多次加载阻尼器自回复性能比较

6.4　SMA 环簧阻尼器滞回模型构建

6.4.1　单环加载分析

SMA 环簧在单向压缩时主要由 SMA 外环提供变形和自回复力，HSS 内环变形可忽略且为外环提供导向约束作用，因此可建立式（6.2）、式（6.3）来分别考虑 SMA 外环应变与单环压缩位移、SMA 外环应力与单环荷载的相互关系：

$$\varepsilon = \frac{d \tan\theta}{D_{02}}, \quad d = \frac{\varepsilon D_{02}}{\tan\theta} \tag{6.2}$$

$$F=\begin{cases}\dfrac{\pi\sigma A}{\cos\theta}(\sin\theta+f_{\mu}\cos\theta),\ \text{加载}\\[4mm]\dfrac{\pi\sigma A}{\cos\theta}(\sin\theta-f_{\mu}\cos\theta),\ \text{卸载}\end{cases} \tag{6.3}$$

如图 6.33（a）所示，SMA 环自复位耗能特性分析中，单圈加载共分为六个阶段：1）OA 段为单环弹性加载阶段；2）AB 段为屈服加载阶段；3）BR、RC、CD 和 DO 段定义为第 1、2、3、4 卸载段。

如图 6.33（b）所示，理想超弹性 SMA 本构满足以下几个基本假定：

1）满足四阶段特性：SMA 初始为奥氏体态，oa 段为奥氏体弹性加载阶段，奥氏体弹性模量设为 E_A，a 点为马氏体正相变初始点（σ_s^{AM}，ε_s^{AM}）；ab 段为马氏体正相变阶段，奥氏体向马氏体转变阶段，b 点为马氏体正相变结束点（σ_f^{AM}，ε_f^{AM}），SMA 进入马氏体态；bc 段为马氏体弹性卸载段，马氏体弹性模量设为 E_M，c 点为马氏体逆相变初始点（σ_s^{MA}，ε_s^{MA}）；cd 为马氏体逆相变阶段，马氏体向奥氏体转变阶段，d 点为马氏体逆相变结束点（σ_f^{MA}，ε_f^{MA}），SMA 回复奥氏体；do 段为奥氏体弹性卸载阶段。

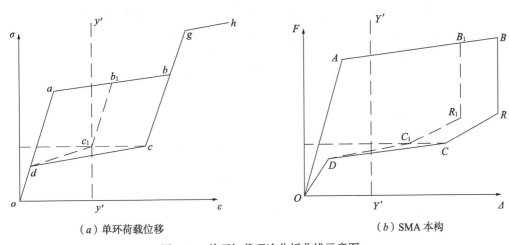

（a）单环荷载位移　　　　　　　　　　（b）SMA 本构

图 6.33　单环加载理论分析曲线示意图

2）在往复每级加载中，初始弹性模量相同。

3）每级加载在卸载结束后未引入残余变形，每级加载正相变初始点应力应变相同（a 点）。

4）每级加载最大应力应变点均落在 ab 段（完整正相变阶段）。

5）应力激发逆相变，则每级加载逆相变初始点应力相同。

6）每级加载逆相变结束相交于同一点（d 点，逆相变结束点应力应变相同）。

7）不考虑 SMA 加载进入马氏体塑性发展阶段（b-g-h 段）。

式（6.3）中 σ 假定为 SMA 环向膨胀的平均应力，由于 SMA 环设计仅利用 SMA 材料的超弹性，故提出第（7）条假定，避免塑性发展过度，影响 SMA 环的自回复能力。

若 SMA 环簧单环加载为弹性加载级别，则加载路径沿 OA 段，同时 SMA 环应力应变沿 oa 段。当加载位移进入屈服位移阶段，则任意加载级别 $OAB_1R_1C_1DO$ 加载计算流程为：

1）A 点，SMA 环应力应变为马氏体正相变初始点（σ_s^{AM}，ε_s^{AM}）已知，则有：

$$\Delta_A = \frac{\varepsilon_s^{AM} D_{02}}{\tan\theta} \tag{6.4}$$

$$F_A = \frac{\pi \sigma_s^{AM} A}{\cos\theta} (\sin\theta + f_\mu \cos\theta) \tag{6.5}$$

刚度为：

$$K_{OA} = \frac{F_A}{d_a} = \frac{\dfrac{\pi \sigma_s^{AM} A}{\cos\theta}(\sin\theta + f_\mu \cos\theta)}{\dfrac{\varepsilon_s^{AM} D_{02}}{\tan\theta}} \tag{6.6}$$

$$= \frac{\pi A \tan\theta}{D_{02}\cos\theta}(\sin\theta + f_\mu \cos\theta) \cdot \frac{\sigma_s^{AM}}{\varepsilon_s^{AM}}$$

设 $k_{com1} = \dfrac{\pi A \tan\theta}{D_{02}\cos\theta}(\sin\theta + f_\mu \cos\theta)$，同时 $E^A = \dfrac{\sigma_s^{AM}}{\varepsilon_s^{AM}}$，则

$$K_{OA} = k_{com1} E^A \tag{6.7}$$

2）B_1 点，SMA 环加载至最大位移处，则 Δ_{B_1} 已知，由式（6.2）反算 ε_{B_1}，依据 SMA 本构由 ε_{B_1} 获得 σ_{B_1}，由式（6.3）计算得 F_{B_1}，则该阶段刚度为

$$K_{AB} = \frac{F_{B_1} - F_A}{\Delta_{B_1} - \Delta_A} = k_{com1} \cdot \frac{\sigma_{B_1} - \sigma_A}{\varepsilon_{B_1} - \varepsilon_A} \tag{6.8}$$

假定正相变阶段杨氏模量为 k_{ab}，则 $k_{ab} = \dfrac{\sigma_{B_1} - \sigma_A}{\varepsilon_{B_1} - \varepsilon_A}$

3）R_1 点，SMA 环簧摩擦力反向，其 SMA 环应力、应变、位移和 B_1 点相同，荷载为：

$$F_{R_1} = \frac{\pi \sigma_{R_1} A}{\cos\theta}(\sin\theta - f_\mu \cos\theta) \tag{6.9}$$

4）C_1 点，SMA 环应力应变为马氏体正相变初始点，应力 $\sigma_{C_1} = \sigma_{As}$ 已知，则：

$$F_{C_1} = \frac{\pi \sigma_{C_1} A}{\cos\theta}(\sin\theta - f_\mu \cos\theta) \tag{6.10}$$

R_1C_1 段对应 SMA 本构 b_1c_1 段马氏体弹性卸载段，则：

$$\varepsilon_{C_1} = \varepsilon_{R_1} + \frac{\sigma_s^{MA} - \sigma_{R_1}}{E^M} \tag{6.11}$$

$$\Delta_{C_1} = \frac{\varepsilon_{C_1} D_{02}}{\tan\theta} \tag{6.12}$$

则该阶段刚度为

$$K_{R_1C_1} = \frac{F_{C_1} - F_{R_1}}{\Delta_{C_1} - \Delta_{R_1}} = \frac{\pi A \tan\theta}{D_{02}\cos\theta}(\sin\theta - f_\mu \cos\theta) \cdot \frac{\sigma_{C_1} - \sigma_{R_1}}{\varepsilon_{C_1} - \varepsilon_{R_1}} \tag{6.13}$$

设 $k_{com2} = \dfrac{\pi A \tan\theta}{D_{02}\cos\theta}(\sin\theta - f_\mu \cos\theta)$，同时 $E^M = \dfrac{\sigma_{C_1} - \sigma_{R_1}}{\varepsilon_{C_1} - \varepsilon_{R_1}}$，则

$$K_{R_1C_1} = k_{com2} E^M \tag{6.14}$$

5）D 点，SMA 环为马氏体逆相变结束点（σ_f^{MA}, ε_f^{MA}）已知，则 $\varDelta_D$、F_D 可根据式（6.2）、式（6.3）计算求得，其中：

$$F_D = \frac{\pi \sigma_f^{MA} A}{\cos\theta}(\sin\theta - f_\mu \cos\theta) \tag{6.15}$$

假定逆相变阶段杨氏模量为 k_{cd}，则 $k_{cd} = \dfrac{\sigma_D - \sigma_{C_1}}{\varepsilon_D - \varepsilon_{C_1}}$，该阶段刚度为

$$K_{C_1 D} = k_{com2} k_{cd} \tag{6.16}$$

通过以上计算提取特征点，建立了各级加载 SMA 环应力应变和 SMA 环簧荷载位移对应关系，这样大大简化了分析计算的工作量。

6.4.2　阻尼器分析

阻尼器理论计算模型是在单环理论模型的计算基础上引入了预紧变形假设和多组环压缩位移的串联关系。由于阻尼器变形主要集中在 SMA 环簧组，且阻尼器拉压性能一致，因此仅对其单向受压特征分析各阶段关键参数，在单环加载的七条假定基础上，如图 6.34 滞回阶段分析如下。

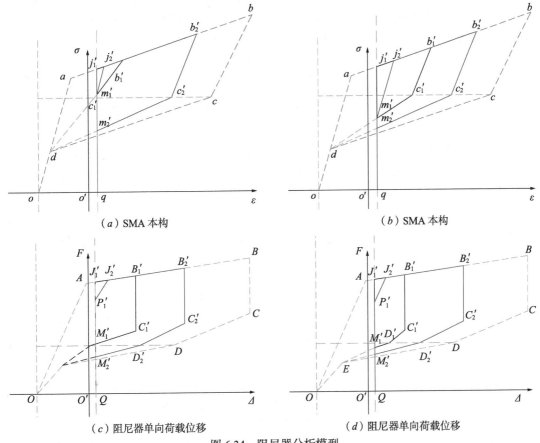

（a）SMA 本构　　　　　　　　　　（b）SMA 本构

（c）阻尼器单向荷载位移　　　　　（d）阻尼器单向荷载位移

图 6.34　阻尼器分析模型

预紧按位移控制，根据单环性能测试确定阻尼器内 n 个 SMA 环簧组预紧位移 $\varDelta_0$，满

足初始 SMA 环预紧进入马氏体正相变阶段（图中 qj_1 虚线），则有：

$$\varepsilon_0 = \frac{\Delta_0 \tan\theta}{nD_{02}} > \varepsilon_s^{AM} \tag{6.17}$$

由 SMA 材性获取该应变 ε_0 对应的 σ_0 则预紧消压荷载为：

$$F_0 = \frac{\pi\sigma_0 A}{\cos\theta}(\sin\theta + f_\mu\cos\theta) \tag{6.18}$$

假定第一级加载路径为 $O'QJ_1'B_1'C_1'M_1'QO'$（图 6.34（c））或 $O'QJ_1'B_1'C_1'D_1'M_1'QO'$（图 6.34（$d$）），则：

（1-1）$O'Q$ 为初始消压间隙阶段：初始消压阶段 SMA 环簧组不参与工作，阻尼器刚度由内杆和套筒轴向提供设为 K_0，由工作原理图示分析有：

$$K_0 = \frac{K_{杆}K_{筒}}{K_{杆} + K_{筒}} \tag{6.19}$$

$O'Q$ 段位移是由于阻尼器组装和接触间隙影响造成轴向加载变形，如果加工精度足够高则该位移值极小可忽略。

（1-2）QJ_1'为初始消压阶段：该阶段阻尼器内环簧组由预紧状态即将进入加载压缩变形，位移变化极小，故为无穷刚度段，则 J_1' 应力、应变和荷载与初始预紧状态（ε_0、σ_0、F_0）相同。

（1-3）$J_1'B_1'$为屈服加载阶段：该阶段 SMA 环进入正相变阶段，由 6.4.1 小节计算流程（2）同理得 B_1' 点参数值，该阶段刚度可依据 J_1'、B_1' 荷载位移求得：

$$K_0 = \frac{F_{B_1'} - F_{J_1'}}{\Delta_{B_1'} - \Delta_{J_1'}} \tag{6.20}$$

（1-4）$B_1'C_1'$为第 1 卸载段：此阶段摩擦力反向，依据 6.4.1 小节计算流程（3）同理得 C_1' 点参数值，该阶段刚度无穷大。

如若预紧位移控制线与 $C_1'D_1'$ 相交［图 6.34（c）］，则 SMA 本构中预紧应变控制线与 $b_1'c_1'$ 相交［图 6.34（a）］，此时 SMA 只经历马氏体弹性卸载段而不进入马氏体逆相变阶段便回到初始预应变状态，再进行下一级加载。

如若预紧位移控制线与 $D_1'E_1'$ 相交［图 6.34（d）］，则 SMA 本构中预紧应变控制线与 $c_1'd_1'$ 相交［图 6.34（b）］，此时 SMA 经历不完全马氏体逆相变阶段便回到初始预应变状态，再进行下一级加载。

（1-5.1）分析图 6.34（a）和（c）$C_1'M_1'$为第 2 卸载段：可根据马氏体弹性卸载线 $b_1'c_1'$ 与初始预应变 ε_0 求得该点应力 σ_0，反算其荷载值，再根据两端点荷载位移反算其刚度。

（1-5.2-1）分析图 6.34（b）和（d）$C_1'D_1'$为第 2-01 卸载段：此阶段 SMA 环材料为马氏体弹性卸载阶段，依据 6.4.1 小节计算流程（4）同理得 D_1' 点参数值，再根据两端点荷载位移反算其刚度。

（1-5.2-2）分析图 6.34（b）和（d）$C_1'M_1'$为第 2-02 卸载段：此阶段 SMA 环材料为不完全马氏体逆相变阶段，可根据马氏体逆相变线 $c_1'd$ 与初始预应变 ε_0 求得该点应力 σ_0，反算其荷载值，再根据两端点荷载位移反算其刚度。

（1-6）$M_1'Q$ 为第 3 卸载段：该阶段段 SMA 环簧组与内杆回复到初始预紧自平衡状态，则应力应变状态与相同 M_1'，卸载刚度无穷大。

（1-7）QO 为卸载空程段：同理，此段为组装间隙和接触间隙恢复阶段，刚度由内杆和套筒提供为 K_0。

假定第二级加载预紧控制线与 $D_2'E$、$c_2'd$ 相交，加载路径为 $O_1'QP_1'J_2'B_2'C_2'D_2'M_2'QO_1$ 则：

（2-1）$O'Q$ 和第一级（1-1）加载相同

（2-2）QP_1' 和第一级（1-2）QJ 类似，但此时 SMA 环内初始预紧应力、应变与 M_1' 相同，摩擦力计算取 6.4.1 小节式（6.3）加载计算式。

（2-3-1）$P_1'J_2'$ 为第 1 屈服加载阶段：此阶段阻尼器内 SMA 环为奥氏体弹性加载阶段，可根据马氏体正相变平台线 ab 与奥氏体弹性加载（弹性模量为 E^A）求交点计算得 J_2' 应力应变值，反算其荷载。该阶段刚度根据奥氏体弹模计算求得。

在不考虑初始弹模退化的前提下，第二级初始消压荷载值（P_1' 点）相对于第一级初始消压荷载值（J_1' 点）降低过大，而试验中两者降低并没有这么显著（对比 S2-T6-01 试件 5mm、10mm 受压第一圈），这是由于 SMA 本构简化设计中，假设初始加载引发 SMA 环产生马氏体相变以后，应力经历完整的马氏体逆相变，这样恢复预紧应变状态时，应力降低过大［如图 6.34（a）中 m_1' 比 j_1' 应力降低过大］，为了弥补这一本构假定的缺陷而满足实际前期性能设计要求，故对 P_1' 点荷载值进行修正：

由于 SMA 马氏体相变转化率与前期加载路径有关，若前期加载变形越大，其正逆相变越充分，马氏体相变转化率越大。设其中 z 表示马氏体相变转化率，由式（6.2）可知，加载位移和 SMA 环应变正相关，假定本次加载级（$M+1$ 级）之前（$1\sim M$ 级）最大位移为 Δ_s，SMA 环正相变初始点压缩位移为 Δ_s^{AM}，单环最大可压缩位移为 Δ_{max}，则 P_1' 荷载值修正为

$$z=\frac{\Delta_s-\Delta_s^{AM}}{\Delta_{max}-\Delta_s^{AM}} \tag{6.21}$$

$$F=F_{J_1'}+(F_{P_1'}-F_{J_1'})\cdot z \tag{6.22}$$

（2-3-2）$J_2'B_2'$ 为第 2 屈服加载阶段：此阶段 SMA 环进入正相变，和第一级加载（1-3）相同。此后 $B_2'C_2'D_2'M_2'QO'$ 各阶段与第一级加载相同此处不再赘述。

给出理论推导和试验曲线的对比图（试验曲线每级第一圈受压、5mm 单圈、10mm 单圈、30mm 单圈）如图 6.35、图 6.36 所示，其中实线表示试验曲线，虚线表示理论计算曲线。

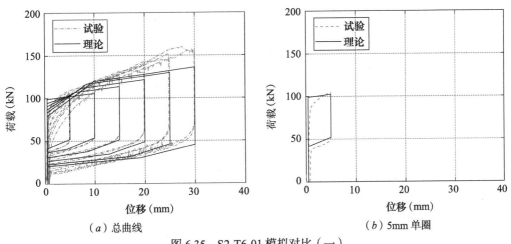

（a）总曲线　　　　　　　　　（b）5mm 单圈

图 6.35　S2-T6-01 模拟对比（一）

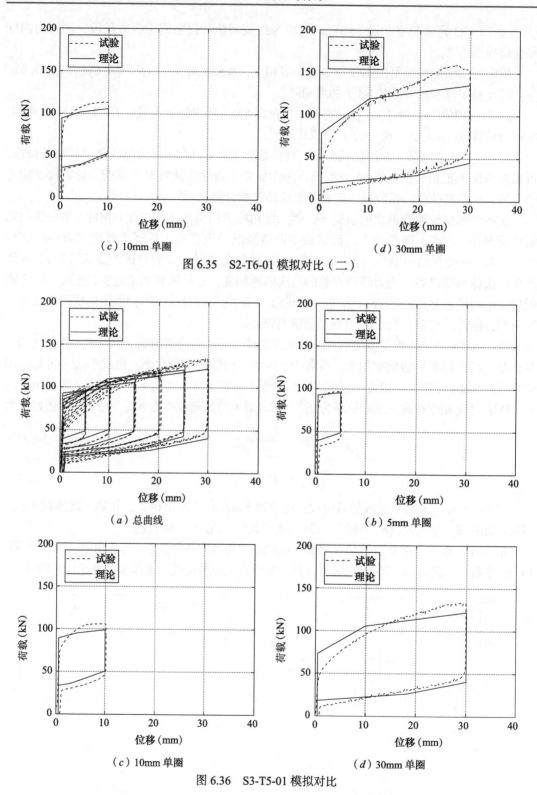

（c）10mm 单圈

（d）30mm 单圈

图 6.35　S2-T6-01 模拟对比（二）

（a）总曲线

（b）5mm 单圈

（c）10mm 单圈

（d）30mm 单圈

图 6.36　S3-T5-01 模拟对比

对比图 6.35（a）、图 6.36（a）总曲线，可以看到理论和试验曲线较为吻合。分析差异如下：

1）理论计算初始屈服荷载与试验接近，但理论计算值偏高（5mm 单圈）。理论计算未考虑 SMA 材料热处理导致的波动性，同时实际试验由于组装间隙差异，使阻尼器表现的初始荷载偏低。观察其余各加载级别，试验初始屈服阶段为曲线过渡形式，理论计算标定为其转折趋势点，两者基本接近。

2）每级加载后期荷载值相对于理论值偏高，分析原因主要由于实际环簧组压缩抖动摩擦累积出现荷载偏差，而且选取 SMA 材料参数时，其马氏体正相变点取值一定，无法随着加载级别的增加而进行适度调整。因此根据实际设计需求，可在设计时引入摩擦系数调整参数来满足大加载级别下的摩擦累积。

3）由于预紧变形的假定引入，可基本忽略阻尼器产生的微小残余变形，其各阶段自回复力基本一致。因此对每级曲线模拟可以看出，该理论分析基本能够反映试验行为。

6.5 基于 SMA 阻尼器的框架设计建议与方法

6.5.1 确定性能目标

针对低层和多层结构提出以下支撑钢框架性能目标如图 6.37 和表 6.4 所示。

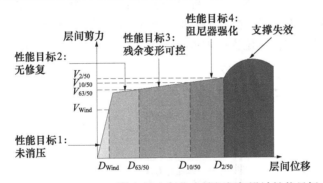

图 6.37 基于 SMA 环簧组的自复位支撑钢框架设计性能目标

性能目标汇总表 表 6.4

性能目标	作用效应	层间位移角设定目标	支撑框架
性能目标 1	风载及重力荷载作用	—	SMA 环簧组自复位阻尼器内部 SMA 环簧组保持预紧，能为支撑框架提供有效抗侧刚度，各部分均为弹性
性能目标 2	以 50 年为基准期超越概率为 63% 的地震作用（小震）	0.4%	结构能够实现自复位，震后不需要任何修理即可恢复使用，SMA 环簧组处于正常压缩工作状态，各构件保持弹性
性能目标 3	以 50 年为基准期超越概率为 10% 的地震作用下（中震）	1.6%	结构能够实现自复位，除 SMA 环簧组自复位阻尼器外的其余构件均保持弹性，SMA 环簧组允许局部压缩失效但仍能继续工作，本文试验建议多组环簧压缩量应小于预紧后最大压缩量的 80%（避免过度摩擦磨损环簧组而无法继续工作）
性能目标 4	以 50 年为基准期超越概率为 2% 的地震作用下（大震）	2%	结构可以出现一定的残余变形，但结构不能倒塌。SMA 环簧组自复位阻尼器内部顶紧强化，其余支撑构件不能拉断或受压失稳，主体框架不损坏

6.5.2 框架设计流程

根据前述设计理念，基于 SMA 环簧组的自复位支撑钢框架结构，其竖向荷载完全由主体框架承担，水平荷载由支撑体系承担，且主体框架和支撑连接可设计为铰接节点。根据 6.5.1 的设计性能目标，下面给出基于 SMA 环簧组的自复位支撑钢框架的设计过程。

1）根据基本设计资料和恒活载分布，进行梁、柱结构平面布置和截面选择，同时根据梁柱高跨比选择经济适宜的支撑形式，例如高跨比大，宜采用单斜撑。柱轴压比限值为 0.4，以防止地震荷载下轴力过大导致柱发生破坏。

2）根据荷载规范确定等效地震横向荷载（ELF）分布。

3）根据荷载规范确定用于评估性能目标 2 和性能目标 3 的地震荷载作用下的基底剪力 $V_{63/50}$ 和 $V_{10/50}$。

4）用步骤（2）和（3）确定的荷载分布和基底剪力来确定 SMA 环簧组自复阻尼器承载力、自复位行程、初始刚度等基本参数和阻尼器个数，以满足性能目标 2 和性能目标 3 的要求。其中阻尼器刚度宜通过产品实测得到，整个支撑的刚度还需考虑延长段的贡献。

5）验算是否满足性能目标 1，确保各部分弹性，且弹性层间位移角满足规范限值。

6）重复第（4）步和第（5）步，直至完全满足性能目标 1、2、3。

7）对于性能目标 4，可通过非线性时程分析计算层间位移角，以满足 2% 限值。

基于 SMA 环簧组的自复位支撑钢框架的设计流程如图 6.38 所示。

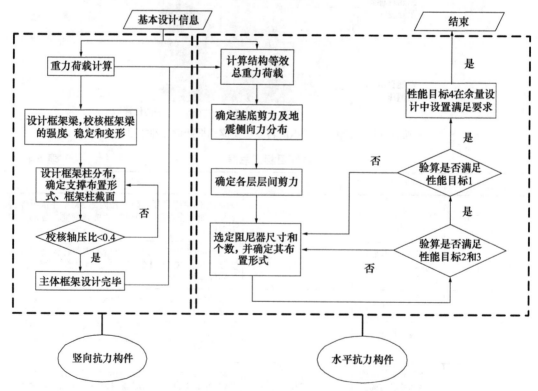

图 6.38　基于 SMA 环簧自复位阻尼器支撑框架的设计流程

6.5.3　SMA 环簧自复位阻尼器设计流程

（1）确定 SMA 外环尺寸和力学性能

SMA 环簧自复位阻尼器最主要的性能参数为初始刚度、承载力和自复位行程（可往复压缩变形量），因为阻尼器变形主要集中在内部 SMA 环簧组，那么需要先设计 SMA 外环的尺寸来满足相关参数的要求。根据理论滞回本构推导，可确定 SMA 外环的基本尺寸，包括 SMA 外环的厚度、SMA 外环的高度、SMA 外环的外径、SMA 外环的锥度角、SMA 外环与精钢内环接触面的摩擦系数。

可对 SMA 外环进行压缩试验，获得典型压缩位移曲线，确定基本参数。

（2）确定 SMA 环簧的预紧变形

对 SMA 环簧进行预紧主要有两个优点：① 由于阻尼器轴向外部荷载需要大于消压荷载才能使环簧组进一步压缩，施加预紧的 SMA 环簧可以提高自复位阻尼器的屈服荷载和初始刚度；② 通过预紧能有效地提高自复位阻尼器的自复位性能，减小残余变形。同时也应该避免施加过大的预紧变形而降低 SMA 环簧组的变形空间（轴向自复位行程）。

因此阻尼器预紧变形需满足以下条件：① 初始预紧变形不应小于 SMA 外环压缩试验的残余变形；② 初始预紧变形形成的消压荷载应满足性能目标 1 的要求。建议将 SMA 环簧的预紧变形 s_{pre} 取在 SMA 外环压缩屈服荷载对应的压缩位移附近。

（3）确定 SMA 外环个数

针对性能目标 3，即在 1.6% 层间位移角下，SMA 环簧组自复位阻尼器设置多个环簧提供有效的自复位行程（变形压缩量）。理论上串联增加 SMA 外环的个数对 SMA 环簧组的承载力没有影响，但多次试验证明，SMA 环簧组间磨损是无法避免的，这必然会造成环簧组间局部不均匀压缩累积，从而影响阻尼器的有效工作。因此建议设置压缩冗余量，可将工作行程定为环簧组预紧后最大压缩量的 80%。例如单个环簧最大压缩变形量为 10mm，预紧变形设置为 3mm，那么有效工作行程建议为 $d_i =（10 - 3）×80\% = 5.6mm$。根据支撑布置的几何关系建立层间位移角 α 和阻尼器压缩变形量 s 的关系：

集成式单斜撑：

$$s = L \cdot dr \cdot \sin\beta \cdot \cos\beta \tag{6.23}$$

分离式人字撑：

$$s = H_s \cdot dr \tag{6.24}$$

其中 L 为单斜撑的长度，dr 为层间位移角，β 为斜撑角度，H_s 为层高。那么在当 $dr = 1.6\%$ 时，确定 SMA 外环个数 n 满足 $nd_i > s$。

（4）阻尼器内杆和套筒设计

阻尼器内杆和套筒的设计需满足以下条件：① 为 SMA 环簧组提供合理的组装空间；② 在既定性能目标下满足轴向承载力和稳定要求；③ 便于预制组装。

内杆如图 6.39 所示，分为主轴杆和连接螺栓头，其设计步骤为：① 根据轴向抗拉压承载力确定主轴杆细杆（最小）横截面直径；② 根据主轴杆最小横截面直径和 SMA 外环尺寸契合匹配确定内环尺寸，同时内环孔与细杆预留间隙，一般为 2% 的内杆直径，防止二者在轴向运动过程中产生接触摩擦耗损；③ 取内环外表面环中心直径为主轴杆粗杆横截面直径和连接螺栓头横截面直径，确保内杆和环簧组间能进行有效传力；④ 连接螺纹长度建议为 1.2 倍主轴杆细杆横截面直径；⑤ 连接螺栓头长度由上一步计算的长度和冗余的安装长度确定，并避免主轴杆从套筒内腔拔出；⑥ 主轴杆细杆长度为 SMA 环簧组压缩后组装长度和第④步计算的长度之和，同时考虑垫片厚度；⑦ 主轴杆粗杆长度应大于 2 倍的环簧组预紧后的最大压缩量和外部连接长度之和，也是为了避免主轴杆从套筒内拔出。

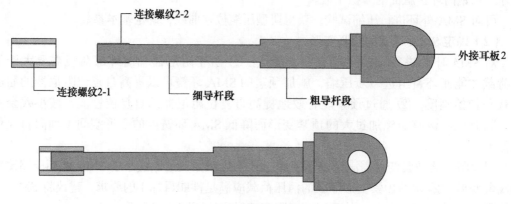

图 6.39　内杆示意图

套筒如图 6.40 所示，分为外壁套筒和对接螺栓拼接头通过螺栓构造连接，其设计建议为：① 外壁套筒 SMA 环簧工作区域的内径应避免 SMA 环簧最大压缩时与 SMA 外环接触；② 连接螺纹长度建议为外壁套筒内径的 1.2 倍，保证螺纹有效组装连接；③ 建议设置导气孔。

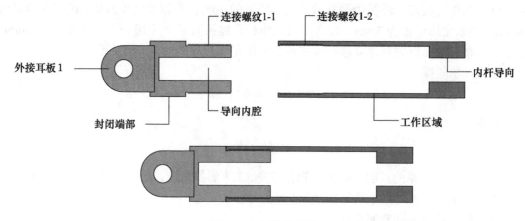

图 6.40　套筒示意图

在确定阻尼器的主要核心部件后，根据中心斜撑和人字撑构造形式设计连接。

综合上述分析，设计流程如图 6.41 所示。

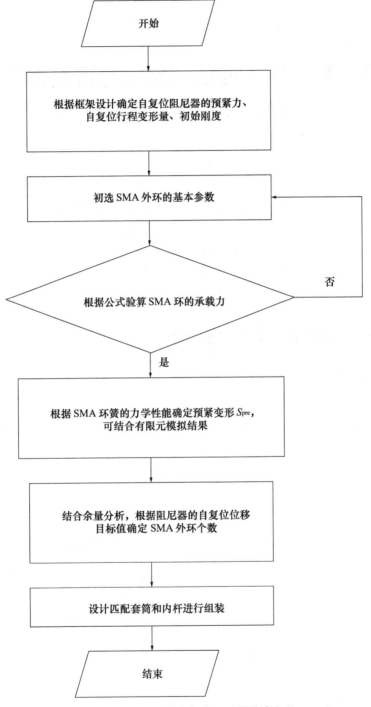

图 6.41　SMA 环簧自复位阻尼器设计流程

第7章 基于形状记忆合金碟簧的钢结构
节点抗震性能与设计方法

7.1 引言

除了 SMA 环簧元件之外，利用 SMA 制成的碟簧元件近年来也得到了部分研究者的关注。本章着重介绍 SMA 碟簧 - 螺杆混合节点，通过 SMA 碟簧元件的配置，可在保证节点自复位及耗能性能不降低的情况下改善 SMA 螺杆节点中的节点域抗剪问题。本章首先设计并实施了 SMA 碟簧 - 螺杆混合节点及纯 SMA 螺杆节点拟静力试验，随后给出了带碟簧节点的设计方法。

7.2 SMA 碟簧钢结构节点试验研究

7.2.1 试件设计

（1）SMA 碟簧

本章试验研究中所采用的 SMA 碟簧构造和几何尺寸如图 7.1 所示，SMA 碟簧厚度为 4mm，总高度为 7mm，可压缩位移约 3mm。

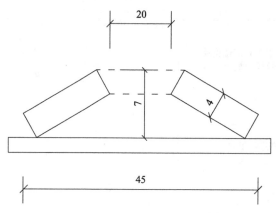

图 7.1　SMA 碟簧构造

通过调整 SMA 碟簧的排列方式，可以改善 SMA 碟簧组整体受压力学性能，SMA 碟簧排列方式可分为串联与并联两种形式。如图 7.2 所示，左图的 SMA 碟簧的接触方式为头顶头，尾对尾，表示 SMA 碟簧的串联排列，而右图则为头接尾，代表 SMA 碟簧的并联排列。SMA 碟簧的串联排布方式可以增加 SMA 碟簧组的压缩变形空间，而碟簧的并联排布方式则能提高 SMA 碟簧组的抗压承载力。

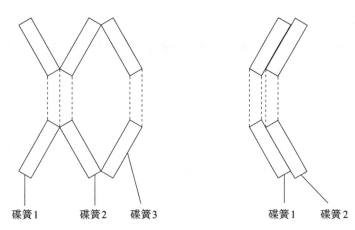

图 7.2　SMA 碟簧排列方式

如图 7.3 串联排列的 SMA 碟簧所示，SMA 碟簧在受压过程中逐渐压扁，单个 SMA 碟簧的可压缩空间约 3mm，两个 SMA 碟簧串联能增加一倍的压缩空间，依次类推，而并联排列的 SMA 碟簧不改变 SMA 碟簧组的压缩空间。

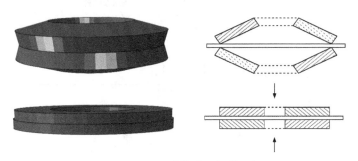

图 7.3　SMA 碟簧受压变形示意

（2）SMA 螺杆

本试验所采用的 SMA 螺杆如图 7.4 所示，共包含三种不同规格的 SMA 螺杆，其相应尺寸如表 7.1 所示。D_1 表示 SMA 螺杆的工作段直径，D_2 为 SMA 螺杆的夹持段螺纹外周直径，D_3 为 SMA 螺杆的夹持段螺纹内周直径，L 为 SMA 螺杆总长度。

图 7.4　SMA 螺杆

SMA 螺杆尺寸　　　　　　　　　　　　　　　　表 7.1

SMA 螺杆编号	D_1(mm)	D_2(mm)	D_3(mm)	L(mm)
D8L240	8	12.5	10	240
D8L290	8	12.5	10	290
D12L290	12	19	16	290

（3）节点试件

SMA 节点试验共包含 3 个 SMA 螺杆与碟簧混合的外伸端板式节点和 1 个纯 SMA 螺杆节点。节点编号为 DXLXXXWX，前两组参数表示 SMA 螺杆尺寸特征，详见表 7.1；最后一组参数表示节点所用 SMA 碟簧个数，纯 SMA 螺杆节点不包含此项信息。如 D8L240W8 代表节点所用 SMA 螺杆的工作段直径为 8mm，螺杆总长度为 240mm，节点采用了 8 个 SMA 碟簧。

如图 7.5 所示，在传统的螺栓连接外伸端板式节点基础上，将梁翼缘外侧的螺栓换成 SMA 螺杆，中间排螺栓则用承压型高强螺栓代替，同时在该高强螺栓上嵌套一定数目的 SMA 碟簧，这种新型的节点即为 SMA 混合节点。需要说明的是，为了容纳 SMA 的长度，试验中使用了相应长度的高强度垫管。端板孔位布置如图 7.6 所示。试验所用梁柱等钢构件尺寸如表 7.2 所示。

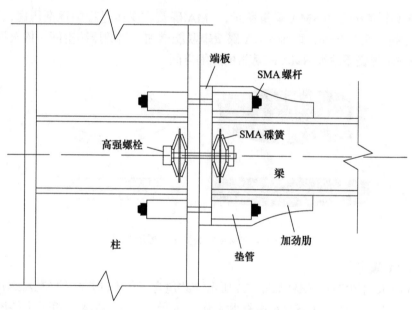

图 7.5　SMA 混合节点

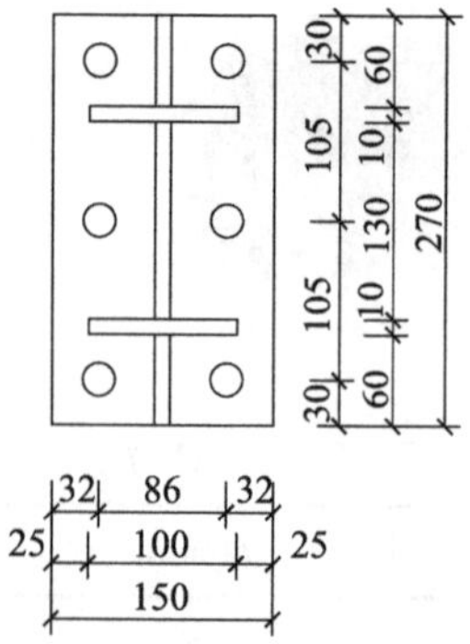

图 7.6　端板孔位布置

钢构件尺寸	表 7.2
构件	尺寸规格
梁	H150×100×10×10
柱	H350×350×16×24
端板	−150×24×270
端板加劲肋	−60×10×200
柱加劲肋	−167×10×302

SMA 元件使用情况如表 7.3 所示，其中，节点编号中的 W8 表示每根高强螺栓套有 4 个 SMA 碟簧，这种搭配方式属于 SMA 碟簧的串联，而 W16 表示每根高强螺栓套有 8

个 SMA 碟簧，这种搭配方式属于串联与并联的混合。SMA 碟簧与高强螺栓的位置关系如图 7.7 所示。

节点编号	SMA 螺杆	SMA 碟簧（个）
D8L290W8	4×D8L290	8
D12L290W8	4×D12L290	8
D8L240W16	4×D8L240	16

SMA 混合节点汇总　　　　表 7.3

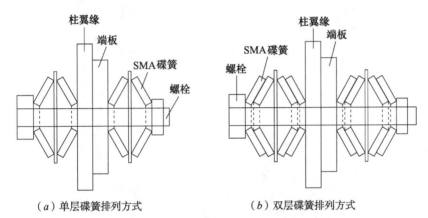

（a）单层碟簧排列方式　　　　（b）双层碟簧排列方式

图 7.7　SMA 碟簧在节点中的排布方式

与 SMA 混合节点相比，SMA 螺杆节点少了中间排高强螺栓和 SMA 碟簧，如图 7.8 所示，为了防止节点变形过程中 SMA 螺杆受剪，在柱翼缘靠近端板上下两侧处分别焊接了两根钢棒。SMA 螺杆节点所用的 SMA 螺杆编号为 D8L240，即螺杆总长度为 240mm，工作段直径为 8mm。

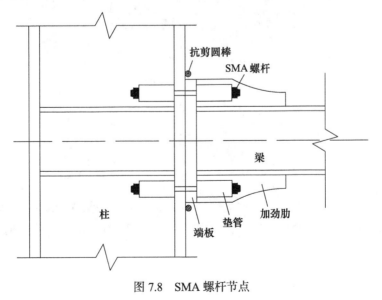

图 7.8　SMA 螺杆节点

7.2.2　试验流程

（1）试验装置

本试验装置如图 7.9 所示，钢柱两端焊有端板，再通过螺栓固定在支承框架内，试验过程采用千斤顶对梁端进行竖直往复加载。试验过程均在室温下进行。分别给出 SMA 混合节点和 SMA 螺杆节点的现场实况如图 7.10 所示。

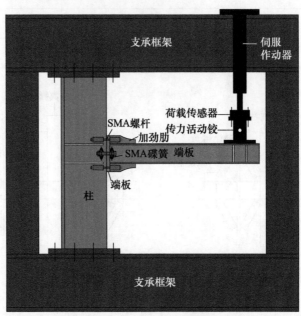

图 7.9　SMA 节点试验装置

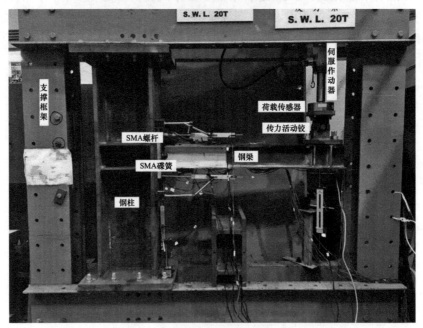

（a）SMA 混合节点

图 7.10　SMA 节点试验实况（一）

（b）SMA螺杆节点

图7.10　SMA节点试验实况（二）

（2）加载制度

为了保证 SMA 节点具有足够的初始刚度和可靠的自回复能力，试验前需要对 SMA 螺杆和 SMA 碟簧施加一定的预应力。按 SMA 螺杆屈服荷载的 65% 施加预应力[8]，预应变通过应变片控制，目标应变读数为 5750με；SMA 碟簧预应力施加通过位移计控制，即在高强螺栓端部布置位移计，标定 SMA 碟簧组压缩位移，目标位移读数为0.5mm。

梁端加载规则是基于美国 SAC 钢结构节点加载制度[84]制定的，具体如图 7.11 所示。加载时在梁端分级施加水平往复荷载，加载次序依次为：0.375%（3 圈）、0.5%（3 圈）、0.75%（3 圈）、1%（4 圈）、1.5%（2 圈）、2%（2 圈）、3%（2 圈）、4%（2圈）。

（3）测量方案

应变片的布置旨在监测梁、端板、加劲肋的应变发展，同时用于校核截面内力。图 7.12 给出了节点试验应变片的测点布置图。

1）在距离节点域一定距离的梁截面上布置应变片，用于梁截面内力分析，校核梁端水平荷载；在加劲肋终点处的梁翼缘上布置应变片，用于梁截面局部应变监测。

2）在节点域的端板和加劲肋上布置应变片，监测端板和加劲肋的应变发展。

位移计的布置旨在监测梁端竖直位移、梁柱间"V"形夹角变化、SMA 碟簧组压缩变形以及梁柱间的竖向剪切位移。图 7.13 给出了节点试验位移计测点布置图。

1）梁端加载点布置竖向位移计，用于监测梁端竖向位移，计算节点层间位移角。

2）节点域端板上下布置水平位移计，用于监测梁柱间"V"形夹角变化。

3）节点域端板底部布置竖向位移计，用于监测梁柱间剪切滑移。

4）在高强螺栓端部布置位移计，用于监测 SMA 碟簧组的压缩变形。

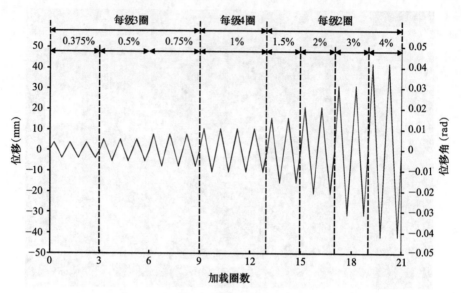

图 7.11 SMA 节点加载制度

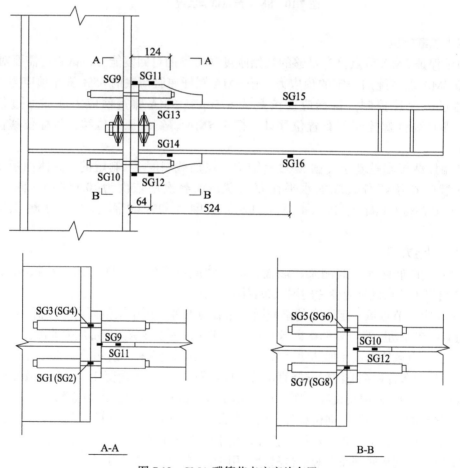

图 7.12 SMA 碟簧节点应变片布置

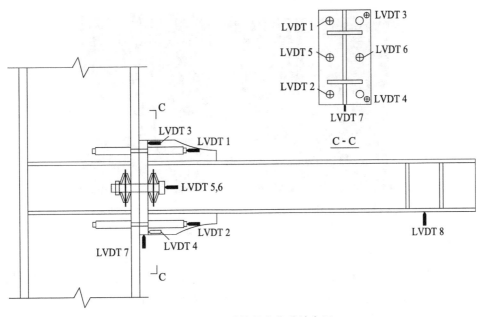

图 7.13　SMA 碟簧节点位移计布置

7.2.3　试验结果

（1）试验结果汇总

表 7.4 汇总了所有节点的试验结果，增大 SMA 螺杆的直径，节点的刚度与承载力也随之增大，引入 SMA 碟簧对节点综合性能的提升有明显的作用。试验中所有节点在加载至 4% 位移角时均没有出现承载力下降的趋势，也未发生 SMA 螺杆断裂、SMA 碟簧破坏的现象，说明 SMA 节点的延性优良。

节点试验结果汇总　　　　　　　　　　　　　　　　　　　　　　　　　表 7.4

试件编号	屈服弯矩 （kN·m）	峰值弯矩 （kN·m）	初始刚度 （kN·m/rad）	屈服后刚度 （kN·m/rad）	0.04rad 滞回耗能（kJ）	0.04rad 自回复弯矩 （kN·m）
D8L290W8	9.5	13.3	1478	95	0.43	0.96
D8L240W16	8.6	18.5	1701	268	0.47	1.04
D12L290W8	21.2	30.0	3135	170	0.58	3.21
D8L240	5.6	9.5	1140	102	0.29	0.84

（2）试验现象

图 7.14 描述了节点 D8L290W8 试验过程中的一些细节，节点域附件的梁外表面被粉刷成了白色。如图 7.14（a）所示，在大变形下，钢梁整体呈现较大的倾斜。图 7.14（b）表示节点区端板张开的间隙，随着梁端往复荷载的施加，端板与柱翼缘之间出现上下交替变化的间隙，一端张开出现间隙，另一端的间隙闭合。

（3）弯矩－转角曲线

图 7.15 给出了所有试件的弯矩－转角（层间位移角）滞回曲线，将加载点至柱表面的

（a）大变形下钢梁的倾斜　　　　　　　（b）端板张开间隙

图 7.14　节点 D8L290W8 的试验现象

距离记为 l，节点弯矩 M 为梁端反力 F 与 l 的乘积。节点层间位移角为梁端侧移 Δ 与 l 的比值。由于钢柱截面尺寸很大，且上下均通过螺栓与支撑框架连接，等同于柱两端固接，故可忽略加载过程中钢柱发生的转动。由图可知，所有节点加载至 4% 层间位移角后的残余变形基本可以忽略，节点均能自复位。

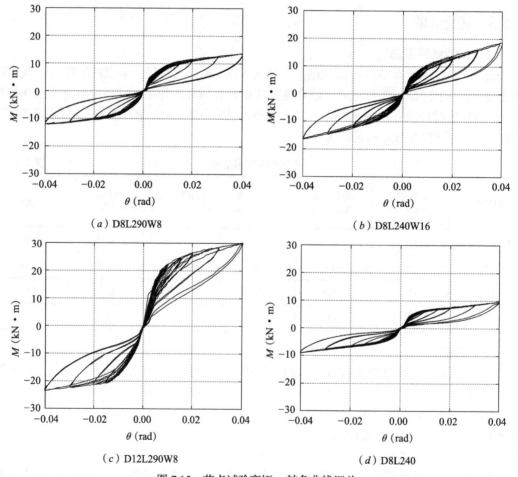

（a）D8L290W8　　　　　　　　　　　　（b）D8L240W16

（c）D12L290W8　　　　　　　　　　　　（d）D8L240

图 7.15　节点试验弯矩－转角曲线汇总

（4）关键点应变发展

1）SMA 螺杆

图 7.16 与图 7.17 给出了节点 D12L290W8 和 D8L240 的部分 SMA 螺杆应变发展曲线，图中横坐标为节点转角，纵坐标为螺杆应变。

如图 7.16 所示，节点 D12L290W8 在 3% 转角时的螺杆最大应变约 35000με，而 3% 转角时通过位移计计算的螺杆最大应变约 33000με，两者比较接近。以端板上下沿为旋转中心，可以估算节点 D12L290W8 中 SMA 螺杆的应变，在 3% 转角下，SMA 螺杆的最大应变约 240×0.03/225 = 32000με。上述 SMA 螺杆的应变数据对比说明通过螺杆端部的位移计计算的应变数据具有一定的可信度，由图 7.16（b）所示，在整个加载过程中，SMA 螺杆的最大应变达到了 43000με，即 SMA 螺杆的最大应变超过了 4%。

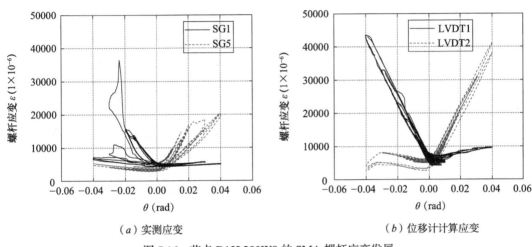

（a）实测应变　　　　　　　　　　　　　　（b）位移计计算应变

图 7.16　节点 D12L290W8 的 SMA 螺杆应变发展

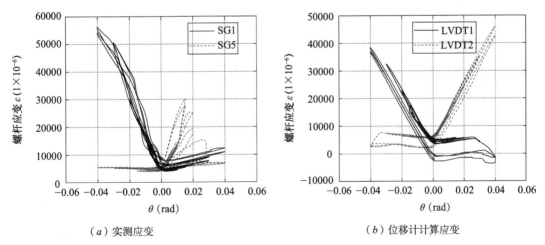

（a）实测应变　　　　　　　　　　　　　　（b）位移计计算应变

图 7.17　节点 D8L240 的 SMA 螺杆应变发展

同理，可以分析节点 D8L240 的 SMA 螺杆应变，如图 7.17 所示，在 4% 转角下，SMA 螺杆的最大应变约 55000με，而通过位移计计算的螺杆最大应变约 46000με。以端板上下沿为旋转中心，估算 SMA 螺杆最大应变约 240×0.04/175 = 54857με，即节点

D8L240 在整个加载过程中，SMA 螺杆的最大应变超过了 $50000\mu\varepsilon$，即应变超过了 5%。

2）端板和加劲肋

综合对比 4 个节点试件端板与加劲肋的应变数据，节点 D12L290W8 的应变读数最大，而节点 D8L240 的应变读数最小，图 7.18 给出了节点 D12L290W8 和 D8L240 端板与加劲肋的应变发展曲线。

如图 7.18（a）所示，节点 D12L290W8 的端板上应变最大读数达到了 $3000\mu\varepsilon$，说明端板局部区域已经屈服，加劲肋上的应变最大读数仅为 $1500\mu\varepsilon$，还未开始屈服。如图 7.18（b）所示，节点 D8L240 端板和加劲肋的应变最大读数不足 $1200\mu\varepsilon$，说明端板及加劲肋均未达到屈服状态。其他两个节点的应变结果表明，端板局部区域均出现了一定程度的屈服，而加劲肋还没进入屈服状态。

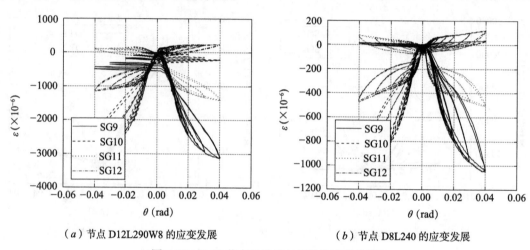

（a）节点 D12L290W8 的应变发展　　　　　（b）节点 D8L240 的应变发展

图 7.18　SMA 节点的端板与加劲肋应变发展

3）钢梁应变

节点 D12L290W8 的钢梁应变最大，图 7.19 给出了节点 D12L290W8 的钢梁上应变发展曲线，由图可知，钢梁上最大应变不超过 $400\mu\varepsilon$，说明钢梁始终处于弹性状态。

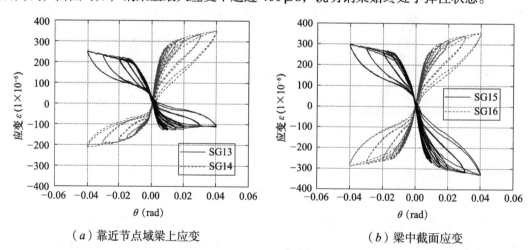

（a）靠近节点域梁上应变　　　　　　（b）梁中截面应变

图 7.19　节点 D12L290W8 的钢梁应变发展

综上所述，在 SMA 节点的往复加载过程中，SMA 螺杆的应变达到了 4% ～ 5%，而其他钢构件的应变很小，仅端板局部区域小范围进入了屈服状态。说明 SMA 螺杆承担了大部分变形，其他构件主要发生弹性变形，SMA 螺杆发生的大变形能通过自身的超弹性得到恢复，所以 SMA 节点具有良好的自复位能力。

7.2.4　试验结果对比分析

（1）SMA 螺杆直径对 SMA 混合节点性能的影响

在 SMA 混合节点中引入不同直径的 SMA 螺杆，节点整体的力学性能也会有所差异。图 7.20 给出了节点 D8L290W8 与 D12L290W8 的弯矩－转角对比曲线。两节点的力学性能指标如表 7.5 所示。下文将分别从刚度、承载力、延性、滞回耗能以及自回复性能五个方面对上述节点进行对比分析。

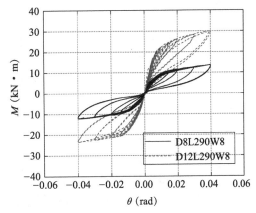

图 7.20　不同直径 SMA 棒的节点弯矩－转角曲线对比

不同直径 SMA 棒的节点试验结果对比　　　表 7.5

试件编号	屈服弯矩（kN·m）	峰值弯矩（kN·m）	初始刚度（kN·m/rad）	屈服后刚度（kN·m/rad）	0.04rad 滞回耗能（kJ）	0.04rad 自回复弯矩（kN·m）
D8L290W8	9.5	13.3	1478	95	0.43	0.96
D12L290W8	21.2	30.0	3135	170	0.58	3.21

如表 7.5 所示，节点 D12L290W8 的屈服弯矩约为节点 D8L290W8 的两倍，两者峰值弯矩的差异更大。节点 D12L290W8 采用的 SMA 棒的横截面积是节点 D8L290W8 的 2.25 倍，与节点弯矩的差异正好对应。进一步对比节点刚度，其规律也是如此，节点刚度的差异也是 2 倍左右。如图 7.21 所示，梁发生转动时，碟簧距离端板下沿的力臂 h_1 约为上端 SMA 螺杆力臂 h_2 的一半，所以 SMA 碟簧对节点弯矩的贡献相对较小。

欧洲抗震规范 EC8 将结构体系区分为低延性型（DCL）、中等延性型（DCM）和高延性型（DCH）。若利用梁柱节点进行耗能，则要求 DCM 和 DCH 结构的非线性层间位移角分别不低于 0.025rad 和 0.035rad。美国钢结构协会的钢结构抗震设计规范（AMSI/AISC341-10）将框架结构分为普通抗弯框架（OMF）、中等抗弯框架（IMF）、特殊抗弯框架（SMF）三种，不同的框架结构体系对梁柱节点提出了不同的变形能力要求。其中中等抗弯框架（IMF）和特殊抗弯框架（SMF）的梁柱节点应该能够

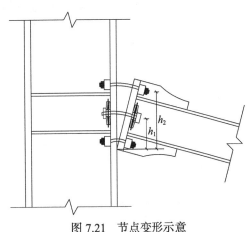

图 7.21　节点变形示意

分别承受不低于 0.02rad 和 0.04rad 的层间侧移角。

图 7.20 可以看出，节点 D8L290W8 和节点 D12L290W8 加载至 0.04rad 时承载力仍然继续增大。根据欧洲抗震规范 EC8 和美国钢结构抗震规范 AISC341-10 的规定，上述两个节点均具有很好的延性，满足规范规定的高延性要求。图 7.22 给出了两个节点的滞回耗能和等效阻尼比。

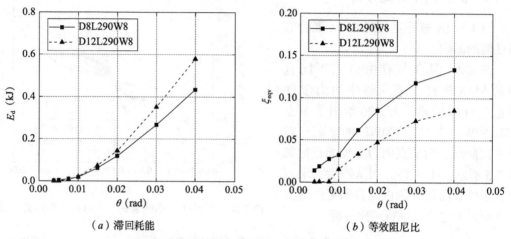

（a）滞回耗能　　　　　　　　　　　　（b）等效阻尼比

图 7.22　不同 SMA 棒直径的节点滞回耗能比较

如图 7.23 所示，自回复弯矩随着层间位移角的增大而逐渐降低，节点 D12L290W8 的自回复弯矩明显高于节点 D8L290W8 的相应值。如表 7.5 所示，在 4% 转角下，节点 D8L290W8 的自回复弯矩为 0.96kN·m，而节点 D12L290W8 的自回复弯矩为 3.21kN·m，前者不足后者的 1/3，说明增大 SMA 螺杆的直径能提高节点的自回复能力。

（2）SMA 碟簧对节点性能的影响

在 SMA 螺杆节点的基础上增加高强螺栓，可以改善节点的抗剪性能，同时在高强螺栓上嵌套 SMA 碟簧可以增加额外的耗能，避免高强螺栓受拉破坏，而 SMA 碟簧的超弹性也会使节点拥有更优的自回复能力。图 7.24 给出了节点 D8L240 与节点 D8L240W16 的弯矩－转角曲线。两节点的力学性能指标如表 7.6 所示。

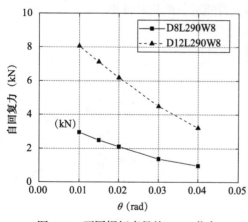

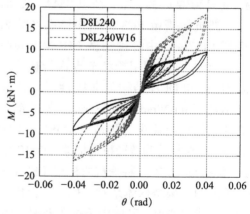

图 7.23　不同螺杆直径的 SMA 节点
的自回复弯矩对比

图 7.24　有无 SMA 碟簧的节点试验
弯矩－转角曲线

有无 SMA 碟簧的节点试验结果对比　　　　　　　　　　　表 7.6

试件编号	屈服弯矩 （kN·m）	峰值弯矩 （kN·m）	初始刚度 （kN·m/rad）	屈服后刚度 （kN·m/rad）	0.04rad 滞回耗能 （kJ）	0.04rad 自回复弯矩 （kN·m）
D8L240W16	8.6	18.5	1701	268	0.47	1.04
D8L240	5.6	9.5	1140	102	0.29	0.84

如表 7.6 所示，节点 D8L240W16 的屈服弯矩和峰值弯矩均大于节点 D8L240 的弯矩值，两者峰值弯矩的差异更是接近两倍。进一步对比节点刚度，其规律也是如此，节点屈服后刚度的差异更是超过了 2 倍。

从图 7.24 可以看出，节点 D8L240W16 和节点 D8L240 加载至 0.04rad 时承载力仍然继续增大。根据欧洲抗震规范 EC8 和美国钢结构抗震规范 AISC341-10 的规定，上述两个节点均具有很好的延性，满足规范规定的高延性要求。

图 7.25（a）给出了两种节点的滞回耗能变化曲线。由图可知，节点 D8L240W16 的耗能能量要高于节点 D8L240，在 4% 层间转角下，两者差距最大，差值约 0.18kJ。两节点的等效阻尼比随层间位移角变化的曲线如图 7.25（b）所示，等效阻尼比的变化规律与滞回耗能的变化趋势一致。

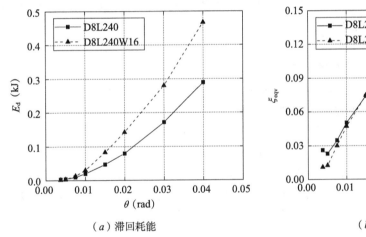
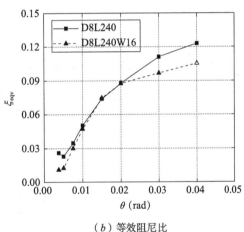

（a）滞回耗能　　　　　　　　　　　　　　（b）等效阻尼比

图 7.25　有无 SMA 碟簧的节点滞回耗能比较

节点 D8L240 与节点 D8L240W16 的自回复弯矩对比结果如图 7.26 所示，节点 D8L240W16 的自回复弯矩值要高于节点 D8L240 的相应值，两节点的自回复弯矩随着层间位移角的增大呈现逐渐降低的趋势。如表 7.6 所示，在 4% 转角下，节点 D8L240W16 的自回复弯矩为 1.04kN·m，而节点 D8L240 的自回复弯矩为 0.84kN·m，即增加 SMA 碟簧对提高节点的自回复弯矩有一定的作用。

节点 D8L240W16 在节点 D8L240 的基础上增加了一排高强螺栓，同时在高强螺栓上套有 SMA 碟簧。考虑 SMA 碟簧对试验结果的贡献时，可在节点 D8L240W16 的结果里扣除掉 SMA 螺杆的影响。下文介绍了一种简化的处理方法，在节点 D8L240W16 的弯矩－转角骨架曲线结果上扣掉节点 D8L240 的弯矩－转角骨架曲线。如图 7.27 所示，实线部分表示节点 D8L240 弯矩－转角的骨架曲线，而虚线部分则代表 SMA 碟簧抗力部分。

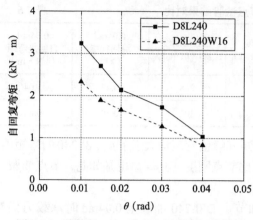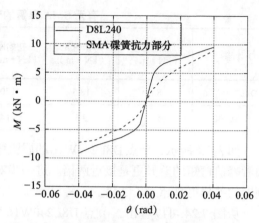

图 7.26　碟簧对 SMA 节点自回复弯矩的影响　　图 7.27　SMA 螺杆与 SMA 碟簧的弯矩抗力对比

由图 7.27 可知，SMA 碟簧部分的骨架曲线的初始刚度要远低于 SMA 螺杆部分。在小转角下，SMA 碟簧部分的弯矩抗力比 SMA 螺杆部分的抗力要小得多，随着层间位移角的增大，SMA 螺杆与 SMA 碟簧对节点弯矩抗力的影响越来越接近。可以预想，通过在试验过程中适当增加 SMA 碟簧的预应力，在小转角下，SMA 混合节点中 SMA 碟簧部分的初始刚度及弯矩抗力都能得到适当的调整。

综上所述，在 SMA 螺杆节点里引入 SMA 碟簧能有效提高节点的刚度及承载力。同时，节点的滞回耗能能力及自回复弯矩也有提升。另外，适当提高 SMA 碟簧的预应力水平能进一步改善节点的综合性能。

（3）SMA 螺杆长度对节点性能的影响

如图 7.28 所示，节点 D8L290W8 的屈服弯矩要略大于节点 D8L240W8 的相应值，而峰值弯矩呈现相反的规律。初始刚度方面，两节点的结果基本一致，而节点 D8L240W8 的屈服后刚度要大于节点 D8L290W8 的相应值。在 4% 位移角下，节点 D8L240W8 的 SMA 螺杆的应变接近 5.5%，而节点 D8L290W8 的 SMA 螺杆的应变约 4.3%，即 SMA 材料对应的应力值也略高，所以节点 D8L240W8 表现出更高的峰值弯矩。同时随着 SMA 材料应变的增加，其相应的刚度也会发生变化，即从较平缓的平台段转变为陡峭的上升段，材料刚度的变化反映在节点中则表现为节点的屈服后刚度有微小提升。

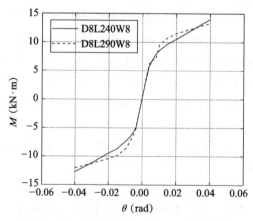

图 7.28　SMA 螺杆长度对 SMA 节点的影响

从图 7.28 可以看出，节点 D8L240W8 和节点 D8L290W8 加载至 0.04rad 时承载力仍然继续增大。根据欧洲抗震规范 EC8 和美国钢结构抗震规范 AISC341-10 的规定，上述两个节点均具有很好的延性，满足规范规定的高延性要求。

图 7.29 给出了节点 D8L240W8 和节点 D8L290W8 每级加载第一圈的滞回耗能变化曲线。由图可知，在2%位移角前，两节点的耗能能力基本一致，随着位移角的进一步增加，节点 D8L290W8 的耗能能力要略高于节点 D8L240W8，在4%层间转角下，两者差距最大，差值约 0.055kJ。

节点 D8L240W8 与 D8L290W8 的自回复弯矩对比结果如图 7.30 所示，两者的自回复弯矩基本一致。

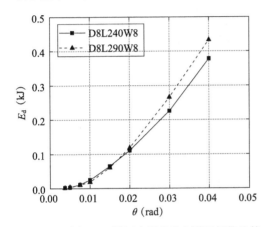 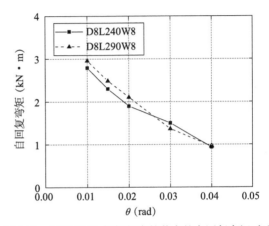

图 7.29　不同 SMA 螺杆直径的节点滞回耗能比较　图 7.30　不同 SMA 螺杆长度的节点的自回复弯矩对比

综上所述，SMA 螺杆长度的变化对 SMA 混合节点的性能影响较小。

7.3　设计建议与方法

7.3.1　确定节点设计目标

与 SMA 环簧组节点类似，根据延性要求、建筑所处的地理位置以及使用功能等基本设计资料，设计者可以确定建筑的自回复层间位移角的目标值 θ_{obj}。

7.3.2　确定 SMA 螺杆及 SMA 碟簧的基本几何参数

通过 SMA 棒材拉伸试验可以得到 SMA 螺杆的马氏体相变应力 σ_s^{AM}。当 SMA 材料的应力超过马氏体相变应力 σ_s^{AM} 后，会呈现出类似钢材的"屈服平台"。将 SMA 螺杆的相变应力 σ_s^{AM} 与其面积相乘可以得到 SMA 螺杆的屈服强度 $F_{b,y}$。SMA 螺杆受拉时的典型荷载位移曲线如图 7.31 所示。

SMA 碟簧的几何构造如图 7.32（a）所示，它的最大压缩位移即为图中所示的 H_w，其典型的压缩荷载位移曲线如图 7.32（b）所示。

当 SMA 碟簧 A 点［如图 7.32（a）所示］的应力达到 SMA 材料的相变应力 σ_s^{AM} 时，可认为碟簧达到了屈服强度［如图 7.32（b）SMA 碟簧的荷载位移曲线上的 $F_{w,y}$］。SMA

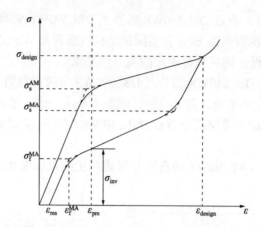

图 7.31　SMA 螺杆受拉的典型荷载位移曲线

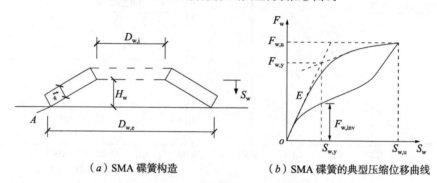

（a）SMA 碟簧构造　　　　（b）SMA 碟簧的典型压缩位移曲线

图 7.32　SMA 碟簧构造及压缩位移曲线

碟簧 A 点的应力公式可按公式（7.1）和（7.2）求解，碟簧的屈服强度可按公式（7.3）求解，其中 E^A 代表 SMA 材料的奥氏体弹性模量，泊松比 μ 用奥氏体的泊松比 ν_A 代入，而 $\delta_w = D_{w,e}/D_{w,i}$ 表示 SMA 碟簧的外径与内径之比。根据 SMA 螺杆试验的结果，假定一个合理的相变应力 σ_s^{AM} 值，将公式（7.1）中的 σ_T 用 σ_s^{AM} 代替，可以求出相应的 SMA 碟簧压缩量 S_w，此压缩量即为图 7.32（b）SMA 碟簧的典型压缩位移曲线上的屈服位移 $S_{w,y}$，再将得到的屈服位移 $S_{w,y}$ 代入公式（7.3）即可求得 SMA 碟簧在受压时的屈服荷载 $F_{w,y}$。

$$\sigma_T = -\frac{4E^A ts}{(1-\mu^2)K_1 D_e^2 \delta}\left[(K_2-2K_3)\left(\frac{H_w}{t}-\frac{s}{2t}\right)-K_3\right] \quad (7.1)$$

$$K_1 = \frac{[(\delta-1)/\delta]^2}{\pi[(\delta+1)/(\delta-1)-2/\ln\delta]}$$

$$K_2 = \frac{6[(\delta-1)/\ln\delta-1]}{\pi\ln\delta} \quad (7.2)$$

$$K_3 = \frac{3(\delta-1)}{\pi\ln\delta}$$

$$F_w(s) = \frac{4Et^3 s}{(1-\mu^2)K_1 D_e^2}\left[\left(\frac{H_w}{t}-\frac{s}{t}\right)\left(\frac{H_w}{t}-\frac{s}{2t}\right)+1\right] \quad (7.3)$$

在设计 SMA 碟簧节点时，首先根据工程经验确定好梁、柱截面尺寸。为了保证在一般荷载或地震作用下，梁、柱等主要构件维持在弹性范围内，而节点域处的 SMA 构件（SMA 螺杆和 SMA 碟簧）提供所有的变形，由 SMA 构件提供的弯矩抗力需满足公式（7.4）。其中，$M_{h, SMA}$ 指 SMA 螺杆和 SMA 碟簧提供的弯矩抗力，$F_{SMA, bolt}$ 是 SMA 螺杆的拉力，h_b 代表 SMA 螺杆离旋转中心的距离，n_p 指 SMA 碟簧平行排列个数，具体如图 7.33（b）图所示，$F_{SMA, washer}$ 是 SMA 碟簧的受压抗力，h_w 指 SMA 碟簧离旋转中心的距离，σ_{design} 代表 SMA 材料的设计应变 ε_{design} 相对应的应力（如图 7.31 所示），M_{yb}，M_{yc} 分别指框架梁、柱截面边缘纤维屈服弯矩。

$$
\begin{aligned}
M_{h, SMA} &= \sum (F_{SMA, bolt} h_b + n_p F_{SMA, washer} h_w) \\
&= \sum (\sigma_{design} A_b h_b + n_p F_{SMA, washer} h_w) \\
&\leqslant \min(M_{yb}, M_{yc})
\end{aligned}
\tag{7.4}
$$

同时，SMA 螺杆和 SMA 碟簧的配置还应满足节点承载力需求，即公式（7.5）要求，其中 M_{design} 代表节点承载力设计值。根据式（7.4）与式（7.5）的要求便可确定 SMA 螺杆的直径、SMA 碟簧的几何参数与平行排列个数。

$$
M_{h, SMA} = \sum (F_{SMA, bolt} h_b + n_p F_{SMA, washer} h_w) \geqslant M_{design}
\tag{7.5}
$$

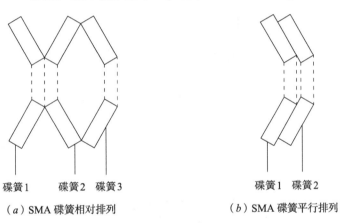

（a）SMA 碟簧相对排列　　　　　　（b）SMA 碟簧平行排列

图 7.33　SMA 碟簧的排布方式

7.3.3　确定 SMA 螺杆及 SMA 碟簧的预应变

初始预应变对 SMA 混合节点的力学性能有较大影响，施加初始预应变既能明显改善节点的初始刚度，同时能推迟 SMA 螺杆和 SMA 碟簧的松弛，减小节点的残余变形。为了计算方便，SMA 碟簧的初始预压变形 $S_{w, pre}$ 直接可取成图 7.32（b）中的屈服位移 $S_{w, y}$（或可根据要求进一步提高）。SMA 螺杆的初始预应变应该满足如下条件：1）初始预应变不应小于螺杆残余应变；2）初始预应变应该保证节点在正常使用状态下不能消压；3）初始预应变应该保证 SMA 螺杆在目标位移角范围内没有明显的力学性能退化。建议 SMA 螺杆预应变 $\varepsilon_{b, pre} = \max(\varepsilon_s^{AM}, \varepsilon_f^{MA})$，当螺杆残余应变 $\varepsilon_{b, res}$ 较大时，可适当提高螺杆预应变水平，但不宜大于 $\varepsilon_s^{AM} + \varepsilon_{b, res}$。其中，$\varepsilon_s^{AM}$ 代表 SMA 材料的马氏体相变起始点所对应应变，ε_f^{MA} 代表 SMA 材料的逆相变终点所对应应变。

7.3.4 确定 SMA 螺杆长度及 SMA 碟簧相对排列个数

SMA 螺杆长度 l_{SMA} 应该根据节点设计目标确定，即式（7.6）和式（7.7），其中 h_b 代表 SMA 螺杆至旋转中心的距离。

$$\frac{\theta_{obj}h_b}{l_{SMA}}+\varepsilon_{pre}=\varepsilon_{design} \qquad (7.6)$$

$$l_{SMA}=\frac{\theta_{obj}h_b}{\varepsilon_{design}-\varepsilon_{pre}} \qquad (7.7)$$

SMA 碟簧的相对排列个数也需根据节点设计目标确定，即式（7.8）和式（7.9），其中 h_w 代表 SMA 碟簧至旋转中心的距离，S_u 代表 SMA 碟簧的最大可压缩位移，n_s 代表 SMA 碟簧相对排列个数。

$$\theta_{obj}h_w+n_sS_{pre}=n_sS_u \qquad (7.8)$$

$$n_s=\frac{\theta_{obj}h_w}{S_u-S_{pre}} \qquad (7.9)$$

7.3.5 SMA 碟簧节点的设计流程

综合上述分析，SMA 碟簧节点的设计可参考以下设计流程（图 7.34）。

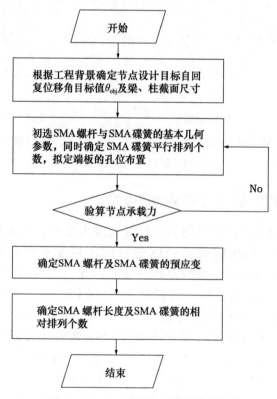

图 7.34 SMA 碟簧节点的设计流程

第8章 基于形状记忆合金的钢－混凝土组合节点抗震性能与设计方法

8.1 引言

现有的自复位梁柱节点多为对称式构造，其自复位功能的实现通常伴随着梁端面与柱翼缘之间的开合，引起所谓的"梁膨胀"效应。这将不可避免地造成重力柱（包括混凝土板）与抗弯框架间的变形不协调，并对楼板造成损伤。本章将首先基于SMA螺栓外伸端板连接节点，探究对称式自复位节点对楼板损伤程度的影响；随后验证新型非对称式SMA环簧节点构造形式对楼板的保护作用。本章同时也将给出两类节点的有限元模拟方法。

8.2 基于SMA的组合节点试验研究

8.2.1 试件设计

（1）SMA螺栓外伸端板连接节点

为了研究混凝土楼板对SMA螺栓外伸端板连接节点自回复能力、刚度、承载力、延性及耗能能力的影响，共设计了2个对称式试件，设计参数见表8.1，试件编号含义如下：

$$\underline{SMA} - \underline{10/16} - \underline{C}$$

SMA螺栓–工作段直径为10 mm/16 mm–组合节点

SMA—— Shape Memory Alloy bolts（形状记忆合金螺栓）

C——Extended end-plate composite beam-column connections（外伸端板组合梁柱节点）

外伸端板式节点试件设计参数汇总　　　　　　　　表 8.1

试件编号	SMA螺杆直径（mm）	工作段长度（mm）	备注
SMA-10-C	10	252	直径10 mmSMA螺栓类组合节点
SMA-16-C	16	252	直径16 mmSMA螺栓类组合节点

节点的构造形式如图8.1所示。

端板节点试件的基本特征为：

1）柱：采用焊接H型钢，Q345B，截面尺寸为H300×300×16×24，柱高1315 mm，柱子翼缘及腹板较厚，保证其加载过程中处于弹性工作范围内，变形可忽略不计。

2）梁：采用焊接H形截面，Q345B，截面尺寸为H170×100×12×14，出于试件安装

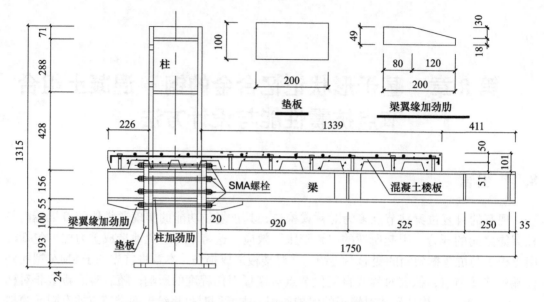

图 8.1　SMA 螺栓外伸端板组合节点示意

操作便捷性的考虑，只在梁下翼缘设置了加劲肋。

3）混凝土楼板：混凝土采用 C30，压型钢板采用 YXB51-226-678，楼板截面尺寸为 900×101，按照构造要求，配置直径为 6 mm 的 HRB400 抗裂钢筋，抗剪连接件采用 A19×80 的抗剪栓钉，由于操作空间的限制，只在每个板肋底部安装一个栓钉。

4）梁柱连接：梁柱均采用 8 个 SMA 螺栓进行连接。所有试件均在梁翼缘对应腹板位置处设置了柱加劲肋，厚度与梁翼缘一致，试验中为了避免 SMA 螺杆受剪，在端板下方增加了垫板用于承担可能出现的剪力。

5）SMA 螺栓：直径为 10/16 mm 的 SMA 螺杆总长 440/470 mm，工作段长度为 250/252 mm。为了获得较好的自回复性能和较大的节点初始刚度，所有试件加载前均在 SMA 螺栓上施加了 1.0% 预应变。SMA 螺栓预紧力的施加通过 SMA 螺杆上的应变片来控制。

（2）可实现楼板免损的非对称式节点

设计并测试了一个可实现楼板免损的非对称式节点试件，命名形式为：

$$\underline{C - N3 - NP}$$

其中，"C"表示组合节点（Composite connection），"N3"表示自复位阻尼器中装配有 3 个未经训练过的新 SMA 外环（New SMA outer rings），"NP"表示腹板螺栓未施加预紧力（No preload）。

节点具体构造形式分别如图 8.2 所示。

对于非对称式节点试件，试件梁下方均并排布置两个自复位阻尼器，其合力中心到节点旋转中心的距离（力臂）为 280mm。仅将腹板螺栓初步拧紧。SMA 环簧阻尼器中配置有三个未经训练的 SMA 外环，每个 SMA 外环被施加以 1.5mm 的预压变形。在 3% 节点转角下环簧组的理论压缩位移为 8.4mm。梁上方浇筑一层 100mm 厚的 C30 混凝土板。混凝土板中沿纵向配置了 4 根直径为 10mm 的 HRB400 主筋，并在距混凝土上表面 15mm 处布置了直径为 6mm 的 HRB400 抗裂钢筋网，如图 8.3 所示。抗剪连接件采用 A16×85（盖板上为 A16×65）的抗剪栓钉，按照完全抗剪连接设计。

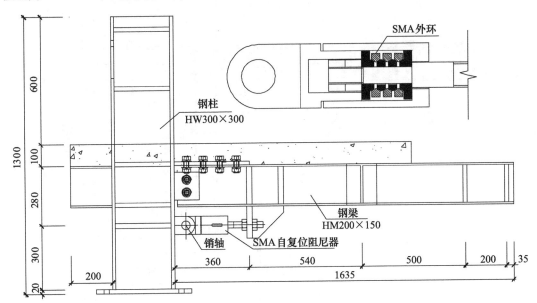

图 8.2   非对称式 SMA 节点构造详图

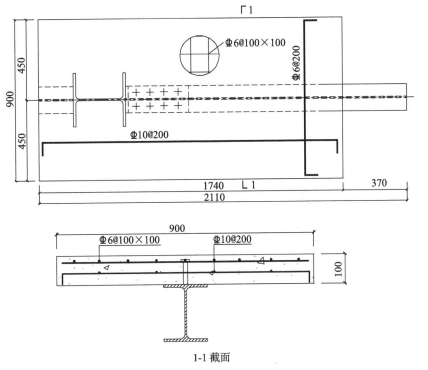

1-1 截面

图 8.3   非对称式节点配筋图

8.2.2   试验流程

（1）试验装置

试验装置如图 8.4 所示，使用倒挂在反力框上的 20 t 伺服作动器在梁端施加低周往复

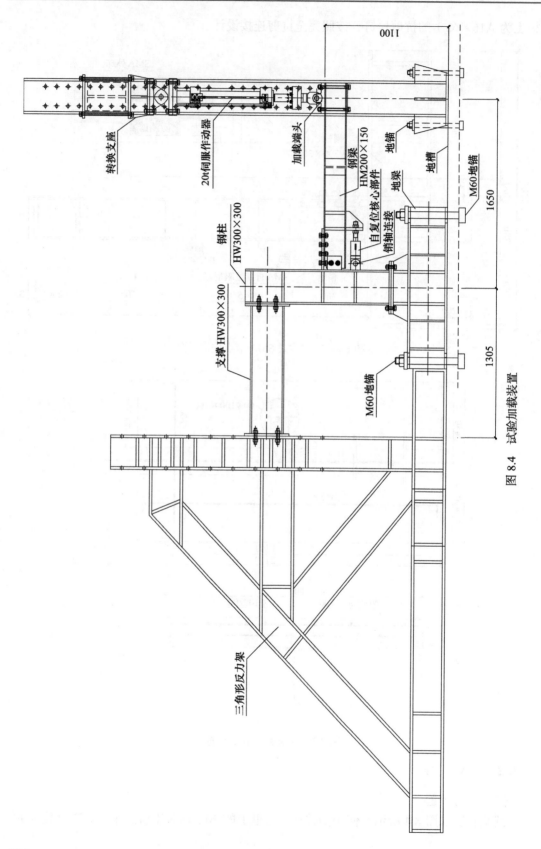

图 8.4 试验加载装置

荷载。柱上端通过支撑与三角形反力架连接，柱下端通过螺栓固定于地梁上，约束方式均为固接。地梁梁端用 M60 地锚锚固，限制地梁的移动。为了防止试验过程中节点发生整体平面外失稳，在钢梁两侧增加侧向支撑装置。

（2）加载制度

本试验加载制度参考 SAC 钢结构节点加载制度，采用位移逐级循环递增的加载方式，选择节点总转角为控制参数。表 8.2 和图 8.5 给出了本试验加载制度和位移加载幅值。其中，端板节点加载至 6% 层间位移角，非对称式节点加载至 7%。

SAC 加载制度　　　　　　　　　　表 8.2

加载步	循环圈数	节点总转角（rad）	作动器位移（mm）
1	3	0.375%	5.96
2	3	0.500%	7.95
3	3	0.750%	11.93
4	4	1.00%	15.90
5	2	1.50%	23.85
6	2	2.00%	31.80
7	2	3.00%	47.70
8	2	4.00%	63.60
9	2	5.00%	79.50
10	2	6.00%	95.40

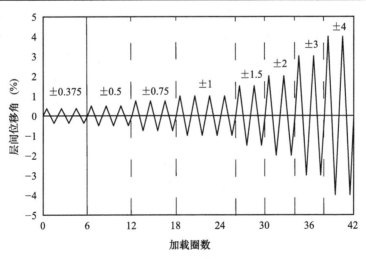

图 8.5　节点试验加载制度

8.2.3　试验结果

（1）试件 SMA-10-C

SMA-10-C 为工作段直径为 10 mm 的 SMA 螺栓外伸端板连接组合节点。节点转动中心距加载中心 1590 mm，试验加载至 ±6.0% 层间位移角，对应加载端位移 ±Δmax ＝±95.4 mm。试验后 SMA-10-C 混凝土楼板裂缝发展如图 8.6 所示。

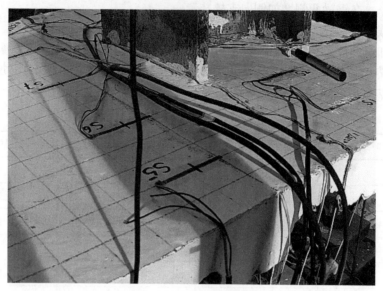

图 8.6 SMA-10-C 试验后裂缝状态

SMA-10-C 第一次加载至 −0.375% 层间位移角过程中，节点靠近柱翼缘混凝土开裂，裂缝贯穿整个板宽，随后卸载并开始反向加载，裂缝闭合，如图 8.7 所示。继续沿负向加载，裂缝沿板厚方向延伸。在加载至 −2.0% 层间位移角时，裂缝处压型钢板与混凝土楼板脱开，裂缝宽度约 4 mm，如图 8.8 所示。在后续试验中，混凝土楼板不断重复裂缝"张开—闭合"的过程，并未有新的裂缝出现。沿负向加载时，随着加载位移的增大，裂缝宽度不断增大。加载至 −4.0% 层间位移角峰值之后，楼板中通长钢筋陆续断裂。整个试验过程中，SMA 螺栓出现局部弯曲，端板与柱壁呈"V"（倒"V"）字形夹角张开，夹角的大小随加载位移的增大而增大，具体详见图 8.9、图 8.10；卸载时，SMA 螺栓局部弯曲逐渐消失，"V"（倒"V"）形夹角逐渐减小直至闭合。试验结束后，最上排及最下侧两排SMA 螺栓发生松弛，出现残余变形，如图 8.11 所示。最外侧 SMA 螺栓距节点转动中心最远，在往复加载过程中产生的应变最大，SMA 螺栓材料性能退化是导致这一现象的根本原因。

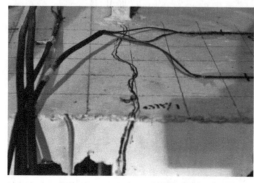

图 8.7 SMA-10-C 裂缝闭合

图 8.8 压型钢板混凝土楼板脱开

图 8.9　倒 "V" 形角（＋M）　　图 8.10　"V" 形角（－M）　　图 8.11　螺栓松弛

SMA-10-C 的弯矩－转角曲线如图 8.12 所示。观察曲线可以发现：

1）节点弯矩－转角曲线呈现 "双旗帜" 形，但并不关于原点对称。

2）经历 ±6.0% 层间位移角后，SMA-10-C 负方向有较大残余变形发展。

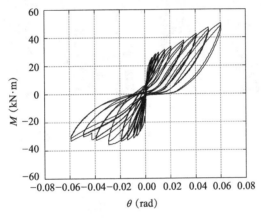

图 8.12　SMA-10-C 弯矩－转角关系

（2）试件 SMA-16-C

SMA-16-C 为工作段直径为 16 mm 的 SMA 螺栓外伸端板连接组合节点。节点转动中心距加载中心 1590 mm，试验加载至 ±6.0% 层间位移角，对应加载端位移 $\pm \varDelta_{\max} = \pm 95.4$ mm。试验后 SMA-10-C 混凝土楼板裂缝发展如图 8.13 所示。

SMA-16-C 第一次加载至 -0.375% 层间位移角过程中，节点靠近柱翼缘混凝土出现裂缝，但并未贯穿整个板宽，卸载时裂缝闭合。第一次加载至 -0.50% 层间位移角时，第一条微裂缝沿柱子翼缘贯通，成为主裂缝，并伴随裂缝处混凝土楼板与压型钢板的脱开，如图 8.14 所示。后续试验过程中，混凝土楼板上的主裂缝不断重复 "张开—闭合" 的过程，随着加载位移的增大，裂缝宽度不断增大。期间，试验加载至 -4.0% 层间位移角时，主裂缝的宽度达 10 mm，同样钢筋陆续断裂。

整个试验过程中的局部变形情况见图 8.15、图 8.16。卸载时，"V"（倒 "V"）形夹角逐渐减小直至闭合。试验结束后，所有 SMA 螺栓均处于紧绷状态，如图 8.17 所示。整个试验过程中，梁、柱一直处于弹性阶段，无残余变形。

图 8.13　SMA-16-C 试验后裂缝状态　　　　　图 8.14　混凝土板与压型钢板脱开

图 8.15　"V"形角（＋M）　　图 8.16　"V"形角（－M）　　图 8.17　试验后 SMA 螺栓状态

SMA-16-C 的弯矩 - 转角曲线如图 8.18 所示，曲线形状与 SMA-10-C 类似。

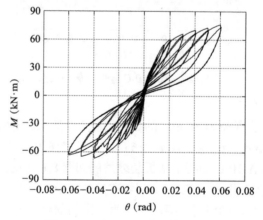

图 8.18　SMA-16-C 弯矩转角关系

（3）试件 C-N3-NP

本试件所采用的自复位阻尼器装配有 3 个 SMA 外环。腹板螺栓采用手拧的方式初拧。试验加载到 7% 层间位移角，最终因阻尼器内杆被拉断而结束。

完成第一级正向 0.375% 层间位移角加载后，混凝土板上表面从翼缘向两侧斜向发展一条细微裂缝，并延伸至侧面厚度方向 70%；正向加载时裂缝闭合。加载至负向 0.75% 层间位移角，楼板与柱翼缘之间轻微脱开，柱翼缘边缘斜向发展一条新裂缝。1.5% 层间位移角时，距离柱翼缘约 35cm 处新出现一条横向细微裂缝，并延伸至楼板侧面。3% 层间位移角，沿钢梁正上方出现纵向裂缝。直至 4% 层间位移角，原纵向裂缝延长至板远离钢柱一端，沿纵向裂缝向两侧新发展多条细微裂缝。之后直至试验结束，基本无新裂缝产生，原有裂缝随加载的进行重复张开—闭合过程。混凝土楼板最终损伤情况如图 8.19 所示。

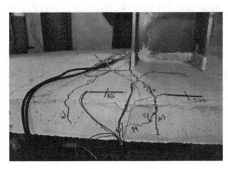

图 8.19　混凝土板最终损伤情况

当试验第一次加载至正向 7% 层间位移角时，产生巨响，两阻尼器内杆沿螺纹根部被拉断，试验结束。内杆破坏情况如图 8.20 所示。

图 8.20　内杆被拉断

试验中得到的节点弯矩 – 转角曲线及装置的伸缩位移曲线如图 8.21 所示，其中装置伸缩位移取位移计的平均值。

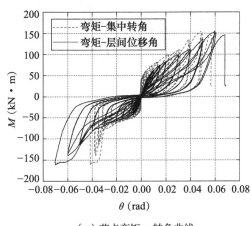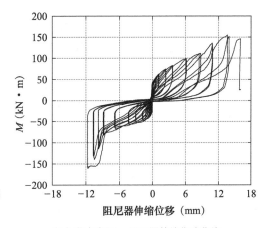

（a）节点弯矩 – 转角曲线　　　　　（b）节点弯矩 – 阻尼器伸缩位移曲线

图 8.21　试件 C-N3-NP 试验曲线

试验的滞回曲线近似呈"双旗帜"形，但并不关于原点中心对称。当小于 4% 层间位移角时，节点的正向承载力明显大于负向承载力，这主要是由于在正向荷载作用下，混凝土板参与受压，为节点提供了一定的承载力，受拉时混凝土开裂则无此贡献。另外，节点性能正弯矩方向退化较负方向明显，同样受到混凝土受压性能退化的影响。4%层间位移角之后，节点正负承载力均显著提升，说明环簧组达到其压缩极限位移，内环压紧参与承载。在前4%层间位移角，正负向集中转角与层间位移角相近，阻尼器伸缩位移也基本对称；但在这之后，负向两转角之差明显大于正向，同时阻尼器压缩位移明显小于其拉伸位移，这主要是由于环簧组顶紧之后，其伸缩变形主要由内杆变形组成，当承受负弯矩时，内杆大直径处受压；在正弯矩作用下，内杆小直径处受拉并极有可能屈服，内杆小直径处受拉屈服产生的拉伸变形要明显大于其大直径处受压产生的变形，由此造成其伸缩位移不对称，进而影响到节点的集中转角。

8.2.4 试验结果分析

（1）承载力和刚度

图 8.22、图 8.23 给出了 SMA-10/16-C 节点骨架曲线。所有节点正负弯矩作用下的骨架曲线都可分为三个阶段：1）端板与柱壁由紧密贴合状态转向呈"V"（倒"V"）形夹角张开状态，即骨架曲线中"O→A""O→A′"阶段；2）随着端板与柱壁"V"形夹角的增大，处于受拉侧最外排 SMA 螺栓开始进入正相变阶段，即骨架曲线中"A→B""A′→B′"阶段；3）变形增大，其他排 SMA 螺栓相继进入正相变阶段，即骨架曲线中"B→C""B′→C′"阶段。SMA-10/16-C 节点在负弯矩作用第三阶段出现了纵向通长钢筋的断裂，骨架曲线上出现了节点承载力的突降。根据 Eurocode 3 的节点分类标准，表 8.3 给出了试验节点骨架曲线上关键点的取值及试验节点的分类情况。从表 8.3 可以看出，两个节点试件均属于半刚接节点和部分强度连接节点。

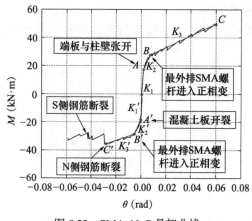

图 8.22　SMA-10-C 骨架曲线

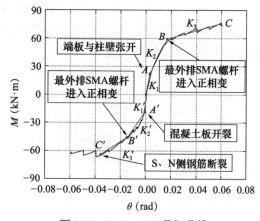

图 8.23　SMA-16-C 骨架曲线

试验节点刚度与强度汇总　　　　　　　　　　　　　　　　表 8.3

性能指标		试件编号 SMA-10-C	SMA-16-C
刚度 (kN·m/rad)	K_1	8821	11748.62
	K_2	1408	2257.23

续表

性能指标	试件编号		SMA-10-C	SMA-16-C
刚度 (kN · m/rad)	K_3		387	380.28
	K'_1		67800	77933.33
	K'_2		1239.5	1535.56
	K'_3		267	736.84
	$K_1/(EI/L)$		1.69	2.25
	$K'_1/(EI/L)$		2.88	11.67
节点按刚度分类			半刚接	半刚接
强度 (kN · m)	A		16.76(0.19%)	24.67(0.21%)
	B		29.57(1.10%)	60.56(1.80%)
	C		48.78(6.06%)	76.76(6.06%)
	A′		−20.34(−0.03%)	−23.38(−0.03%)
	B′		−30.38(−0.84%)	−51.02(−1.83%)
	C′		−35.89(−2.90%)	−66.42(−3.92%)
	M_{max}		48.78	76.76
	$M_{max}/M_{b,pl}$		0.56	0.89
	M'_{max}		−35.89	−66.42
	$M'_{max}/M_{b,pl}$		−0.42	−0.76
节点按强度分类			部分强度	部分强度

可实现楼板免损的非对称式节点骨架曲线如图 8.24 所示。

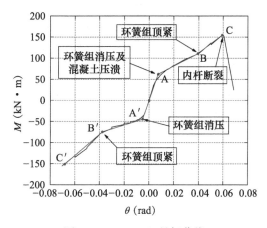

图 8.24　B-N3-NP 骨架曲线

非对称式节点的骨架曲线基本也可以分为三个阶段: 1)环簧组保持预紧、混凝土保持弹性阶段。此时节点其余构件如内杆、套筒等提供了节点的初始刚度。2)环簧组消压后正常工作、混凝土非弹性工作阶段。此时节点的承载力及刚度由环簧组与混凝土二者决定。 3)环簧组部分或全部顶紧阶段。此时节点的承载力由内杆及混凝土共同决定。节点的屈服承载力即反映了环簧组的预压荷载及混凝土强度。正向由于混凝土参与受压，承载力大于负向。

（2）延性

衡量节点抗震性能的指标除了节点承载力和刚度外，延性是另一重要指标。三个节点试验均加载至 6.0% 层间位移角，节点承载力并未显著降低，因此均满足 Eurocode 8 和 AISC 高延性结构节点的变形能力需求。

（3）耗能能力

SMA-10/16-C 节点在不同转角下的等效阻尼比汇总于表 8.4。相同节点总转角下，节点第一圈的耗能能力要高于第二圈的耗能能力。节点试件加载第一圈和第二圈等效阻尼比系数随节点总转角的变化情况分别如图 8.25、图 8.26 所示。SMA-10/16-C 节点中除了 SMA 螺栓参与耗能外，还有钢筋和混凝土的贡献，前期随着层间位移角的增大钢筋应力增大，钢筋参与耗能的贡献亦增大，后期钢筋屈服后断裂，钢筋不再参与耗能，此时节点耗能能力相比钢筋断裂前有所减小。

螺栓端板连接节点等效阻尼比汇总 表 8.4

Drift ξ_{eqv}	SMA-10-C		SMA-16-C	
	1st	2nd	1st	2nd
0.375%	11.18%	5.28%	6.14%	3.41%
0.50%	7.96%	4.80%	3.42%	2.61%
0.75%	7.76%	5.24%	4.57%	2.51%
1.00%	7.90%	6.00%	3.89%	2.56%
1.50%	10.01%	7.39%	5.65%	3.98%
2.00%	10.16%	8.10%	6.94%	4.86%
3.00%	11.83%	8.12%	9.01%	6.88%
4.00%	8.74%	5.89%	9.83%	7.69%
5.00%	8.47%	5.25%	8.83%	6.00%
6.00%	7.11%	4.97%	8.16%	6.63%

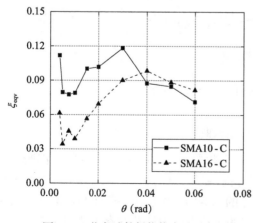

图 8.25　节点试件耗能能力（1st）

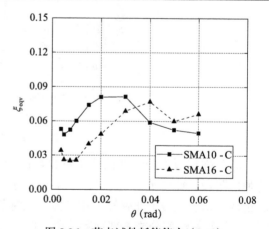

图 8.26　节点试件耗能能力（2nd）

非对称式组合节点的耗能能力如图 8.27 所示。

可以看出，节点等效阻尼比在加载至 4% 层间位移角之后出现下降，这主要是由于此时环簧组已顶紧，加载位移的增加不会带来 SMA 外环的进一步压缩，其对节点耗能能力不再有额外的贡献，而同时混凝土压溃带来的性能退化也变得尤为显著，最终导致组合节点能量耗散效率下降。

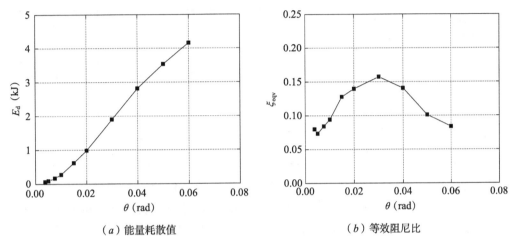

（ a ）能量耗散值　　　　　　　　　　　　　　（ b ）等效阻尼比

图 8.27　各节点耗能情况统计

（4）自回复能力

SMA 螺栓外伸端板连接节点的自回复性能可通过卸载后的节点残余变形来衡量。SMA-10/16-C 节点每一级卸载后的累计残余变形详见表 8.5。

SMA 螺栓外伸端板连接节点残余变形　　　　　　　　表 8.5

节点 Drift	SMA-10-C		SMA-16-C	
	1st	2nd	1st	2nd
−6.00%	−0.79%	−0.24%	−0.18%	−0.14%
−5.00%	−0.59%	0.38%	−0.62%	−0.15%
−4.00%	−0.88%	−0.52%	−0.90%	−0.72%
−3.00%	−0.94%	−0.62%	−0.64%	−0.63%
−2.00%	−0.50%	−0.44%	−0.28%	−0.22%
−1.50%	−0.24%	−0.22%	−0.10%	−0.08%
−1.00%	−0.04%	−0.02%	−0.04%	−0.04%
−0.75%	0.01%	0.01%	−0.02%	−0.01%
−0.50%	0.01%	0.04%	0.02%	0.02%
−0.375%	0.03%	0.05%	0.04%	0.03%
+0.375%	0.06%	0.07%	0.08%	0.07%
+0.50%	0.06%	0.06%	0.06%	0.06%

续表

节点 Drift	SMA-10-C		SMA-16-C	
	1st	2nd	1st	2nd
+0.75%	0.05%	0.05%	0.04%	0.03%
+1.00%	0.02%	0.05%	0.01%	0.02%
+1.50%	0.02%	0.02%	0.01%	0.02%
+2.00%	−0.04%	−0.02%	0.01%	0.01%
+3.00%	0.06%	−0.06%	0.01%	0.02%
+4.00%	0.09%	0.04%	0.03%	0.02%
+5.00%	−0.05%	−0.07%	0.03%	0.04%
+6.00%	0.02%	−0.05%	0.07%	0.05%

图 8.28 显示了 SMA-10/16-C 节点试件残余变形随转角的变化情况。在正弯矩作用下，几乎无残余变形产生；在负弯矩作用下，前期混凝土开裂后钢筋的塑性发展导致 SMA10/16-C 残余变形的增大，随后钢筋断裂，节点自回复的阻力大为减小，残余变形随之减少。

非对称式组合节点的残余变形统计如图 8.29 所示。

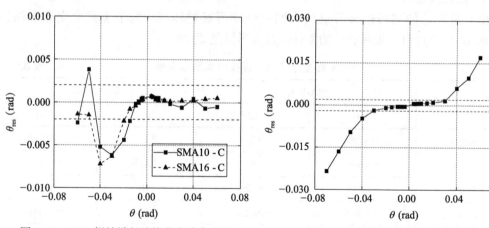

图 8.28　SMA 螺栓端板连接节点残余变形　　　图 8.29　各节点残余变形统计

由图可知，混凝土的开裂与压溃对节点的自复位性能基本无影响。±4% 层间位移角之后，节点的残余变形随着钢筋的屈服而逐渐积累，试验加载到 −7% 层间位移角时，节点的残余变形达到了 −2.35%。总体来说，组合节点正负残余变形基本对称。

（5）楼板损伤情况对比

非对称形式自复位节点以上盖板为旋转中心，利用置于梁下方的形状记忆合金自复位阻尼器提供承载力和自回复力，可最大限度地避免普通对称式自复位节点中存在的梁膨胀效应，减小楼板损伤。为验证该节点对楼板损伤的控制情况，特选择该试件同 SMA-10-C 节点的楼板损伤情况进行对比，如表 8.6 所示。

不同节点楼板损伤情况对比		表 8.6
层间位移角（rad）*	C-N3-NP	SMA-10-C
0.00375	上表面从柱翼缘边缘向两侧斜向发展一条细微裂缝，并延伸至侧面厚度方向 70%	靠近柱翼缘混凝土开裂，并沿板宽度方向贯通
0.005	原细微裂缝周围出现细小裂缝	裂缝在板厚方向上贯穿
0.0075	楼板与柱翼缘之间轻微脱开，柱翼缘边缘斜向发展一条新的细微裂缝	—
0.01	原有裂缝加宽，无新裂缝出现	—
0.015	距离柱翼缘约 35cm 处新出现一条横向细微裂缝，并延伸至楼板侧面；两根主筋进入屈服	—
0.02	横向主裂缝宽至 2～3mm，并在板侧面扩展至整个厚度	裂缝处压型钢板与混凝土楼板脱开，裂缝宽度约 4mm
0.03	柱翼缘边缘新斜向发展一条细微裂缝；沿钢梁正上方出现纵向裂缝	—
0.04	原纵向裂缝延长至板远离钢柱一端，沿纵向裂缝向两侧新发展多条细微裂缝	产生巨响，楼板通长钢筋断裂
0.05	沿纵向裂缝向两侧新发展斜向裂缝；原主裂缝加宽至约 5mm，但并未贯通整个板厚；板底出现细微裂缝	产生巨响，北侧钢筋断裂
0.06	原有裂缝加宽、加长	—
0.07	原有裂缝加宽、加长	—

最终破坏形态对比（为统一对比标准，取 0.05 层间位移角进行对比）如图 8.30 所示。

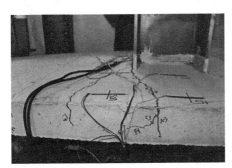

（a）B-N3-NP

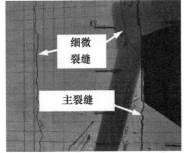

（b）SMA-10-C

图 8.30　楼板最终破坏形态对比

同 SMA-10-C 相比，非对称式节点楼板裂缝明显较小，钢筋也仅仅处于轻微屈服阶段，损伤总体控制在低水平。

8.3 基于 SMA 的组合节点有限元模拟

8.3.1 建模方法

（1）材料模型

钢材、SMA 材料模型的选取见第 5 章，这里主要叙述混凝土材料模型的构建。

常用混凝土本构模型包括混凝土开裂模型（Cracking Model for Concrete）、混凝土弥散开裂模型（Concrete Smeared Cracking）和混凝土损伤塑性模型（Concrete Damaged Plasticity）。其中，混凝土损伤塑性模型考虑了混凝土拉压性能的差异，混凝土在压缩情况下表现为先硬化后软化，拉伸情况下软化。损伤塑性模型不仅适用于单调加载，也适用于循环加载和动态加载的情况。下面简要介绍混凝土损伤塑性模型及其相关参数设置。

混凝土损伤塑性模型假定混凝土材料两种破坏模式为拉伸开裂与压溃破坏。屈服面或破坏面的演化受拉伸等效塑性应变 $\varepsilon_t^{\sim pl}$ 和压缩等效塑性应变 $\varepsilon_c^{\sim pl}$ 控制。在弹性阶段，采用线弹性模型进行描述。如图 8.31 所示，在软化阶段卸载，混凝土卸载刚度与初始弹性刚度相比出现了损伤或退化。混凝土材料由于损伤引起的刚度退化通过引入损伤因子 d 来表征。由于混凝土受拉和受压损伤刚度退化不一致，因此拉伸和压缩分别采用 d_t 和 d_c 来描述这种刚度退化。损伤因子 d 取值范围为 $0 \sim 1$，当 $d = 0$ 时表示混凝土无任何损伤；当 $d = 1$ 时，表示混凝土材料完全破坏，强度完全丧失。

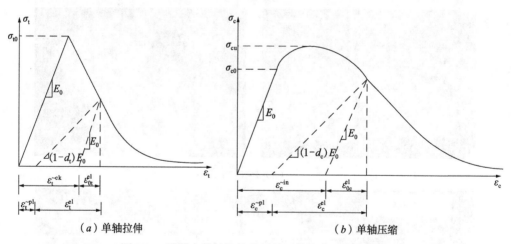

图 8.31 混凝土单轴拉伸和压缩下的应力－应变曲线

用 E_0 表示材料未损伤前的弹性刚度，混凝土材料在拉伸和压缩下的应力－应变关系可表示为：

$$\sigma_t = (1-d_t) E_0 (\varepsilon_t - \varepsilon_t^{\sim pl}) \tag{8.1}$$

$$\sigma_c = (1-d_c) E_0 (\varepsilon_c - \varepsilon_c^{\sim pl}) \tag{8.2}$$

从图 8.31 可知，拉伸等效塑性应变 $\varepsilon_t^{\sim pl}$ 与非弹性应变 $\varepsilon_t^{\sim ck}$ 关系为：

172

$$\varepsilon_t^{\sim pl} = \varepsilon_t^{\sim ck} + \varepsilon_{0t}^{el} - \varepsilon_t^{el} = \varepsilon_t^{\sim ck} - \frac{d_t}{1-d_t} \cdot \frac{\sigma_t}{E_0} \qquad (8.3)$$

同理，在混凝土受压时，有：

$$\varepsilon_c^{\sim pl} = \varepsilon_c^{\sim in} - \frac{d_c}{1-d_c} \cdot \frac{\sigma_c}{E_0} \qquad (8.4)$$

混凝土单轴循环荷载下的刚度退化机制更加复杂，涉及微裂缝的开展和闭合。在混凝土单轴循环试验中发现改变荷载方向，混凝土损伤后的刚度能得到部分恢复，这一行为称为"刚度恢复效应"。刚度恢复效应是混凝土在循环荷载下的一个重要特性。这一特性在荷载由拉伸变为压缩时表现得更为明显，因为受拉时混凝土产生的裂缝在受压时能得到闭合，这导致了混凝土压缩刚度的恢复。混凝土损伤塑性模型中，假定损伤后的弹性模量 E 可表示为损伤因子 d 和初始弹性模量 E_0 的函数：

$$E = (1-d)E_0 \qquad (8.5)$$

在单轴循环荷载下的损伤因子 d 是单轴受拉损伤因子 d_t 和单轴受压损伤因子 d_c 的函数，ABAQUS 中假定：

$$(1-d) = (1-s_t d_c)(1-s_c d_t) \qquad (8.6)$$

式中，s_t 和 s_c 是表征与应力状态改变相关的刚度恢复的应力状态的函数，具体定义为：

$$s_t = 1 - \omega_t r^*(\sigma_{11}); \quad 0 \leqslant \omega_t \leqslant 1 \qquad (8.7)$$

$$s_c = 1 - \omega_c(1 - r^*(\sigma_{11})); \quad 0 \leqslant \omega_c \leqslant 1 \qquad (8.8)$$

$$r^*(\sigma_{11}) = \begin{cases} 1 & \sigma_{11} > 0 \\ 0 & \sigma_{11} < 0 \end{cases} \qquad (8.9)$$

其中，权重因子 ω_t 和 ω_c 是控制刚度恢复的材料参数。ABAQUS 中 ω_t 和 ω_c 的缺省值分别为 0 和 1，即默认因受拉对混凝土造成的损伤对混凝土受压行为没有任何影响，而混凝土因受压对混凝土造成的损伤对混凝土受拉行为存在一定影响。图 8.32 给出了 ABAQUS

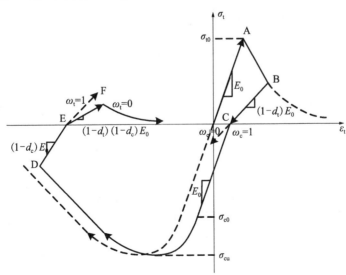

图 8.32　ABAQUS 中混凝土单轴循环荷载下应力－应变曲线

中缺省值下混凝土单轴循环荷载（拉－压－拉）下的刚度恢复情况。当混凝土受拉达到峰值应力 A 点，混凝土开裂进入软化阶段；加载至 B 处开始卸载直至 C 点，混凝土因损伤而出现刚度降低，弹性模量折减为 $(1-d_t) E_0$；C 点后对混凝土进行轴向压缩，此时因为混凝土受拉开展的裂缝得到闭合，受拉带来的损伤认为不对混凝土受压行为带来影响，因此混凝土将沿着 CD 路径加载；在 D 点卸载，此时混凝土已经受压损伤，卸载刚度为 $(1-d_c) E_0$；E 点后反向加载，混凝土受拉，加载路径为 EF，此时受压缩损伤的影响，混凝土弹性模量为 $(1-d_t)(1-d_c) E_0$。

利用 ABAQUS 混凝土损伤塑性模型时需设定混凝土的 5 个材料参数，分别为膨胀角、偏心率、双轴与单轴初始屈服强度比 f_{b0}/f_{c0}、拉压子午面第二应力不变量的比值 K 和黏性参数。参考 Birtel[85] 有限元分析中的取值，这 5 个参数在本章节点模型中的取值见表 8.7。

C30 混凝土损伤塑性模型参数取值情况　　　　　表 8.7

模型参数	膨胀角	偏心率	f_{b0}/f_{c0}	K	黏性参数
取值	30	0.1	1.16	0.667	0.005

ABAQUS 中混凝土的塑性损伤模型定义应力 - 塑性应变关系只需要指定受拉时 $\sigma_t - \varepsilon_t^{\sim ck} - d_t$ 关系和受压时 $\sigma_c - \varepsilon_c^{\sim in} - d_c$ 关系即可，ABAQUS 内置的程序会根据式（8.6）和式（8.7）自动完成 $\varepsilon_t^{\sim ck} - \varepsilon_t^{\sim pl}$ 和 $\varepsilon_c^{\sim in} - \varepsilon_c^{\sim pl}$ 之间的转换。除混凝土材料的抗拉和抗压强度一般可取材性试验实测值外，其余应力－应变的关系可选用《混凝土结构设计规范》GB 50010—2010 中的混凝土本构关系。下面以混凝土受拉为例说明损伤因子的计算方法。

假定开裂应变 $\varepsilon_t^{\sim ck}$ 为拉伸等效塑性应变 $\varepsilon_t^{\sim pl}$ 的 η_t 倍，即有：

$$\varepsilon_t^{\sim ck} = \eta_t \varepsilon_t^{\sim pl} \tag{8.10}$$

将式（8.10）代入式（8.3），求得：

$$d_t = \frac{(1-\eta_t) \varepsilon_t^{\sim ck} E_0}{\sigma_t + (1-\eta_t) \varepsilon_t^{\sim ck} E_0} \tag{8.11}$$

同理，可得到混凝土受压的损伤因子 d_c 的计算公式：

$$d_c = \frac{(1-\eta_c) \varepsilon_c^{\sim pl} E_0}{\sigma_c + (1-\eta_c) \varepsilon_c^{\sim pl} E_0} \tag{8.12}$$

上述公式中，η_t 和 η_c 的取值依赖于试验数据。η_t 可取 0.2，η_c 可取 0.6。

经过计算，本节点模型中 C30 混凝土损伤塑性模型中应力－等效塑性应变－损伤因子的取值详见表 8.8。

值得注意的是，如果预期会产生贯通主裂缝，则该部位可以预先分隔开，从而更加真实地模拟裂缝的发展。

C30 混凝土损伤塑性相关参数取值　　　　　表 8.8

σ_t	开裂应变 $\varepsilon_t^{\sim ck}$	d_t	σ_c	非弹性应变 $\varepsilon_c^{\sim ck}$	d_c
2.01019	0	0	11.08	0	0
1.882069	0.000025	0.183804	17.9424	0.000067644	0.045026

续表

σ_t	开裂应变 $\varepsilon_t^{~ck}$	d_t	σ_c	非弹性应变 $\varepsilon_c^{~ck}$	d_c
1.786521	0.000039	0.270085	20.96111	0.000131331	0.072662
1.689817	0.000053	0.347313	27.7	0.000716566	0.244436
1.597182	0.0000668	0.415223	24.29984	0.001465859	0.430008
1.431491	0.0000936	0.525946	19.29879	0.002266234	0.594906
1.293143	0.000119	0.609741	13.85081	0.003400477	0.754319
1.128722	0.000155	0.700045	9.349693	0.004982711	0.869533
0.724037	0.000307	0.877957	4.369272	0.009762206	0.965448
2.01019	0	0	3.354252	0.01233458	0.978718

（2）单元选择及网格划分

SMA 螺栓外伸端板连接组合节点的有限元模型包括钢梁、钢柱、端板、梁柱加劲肋、SMA 螺栓、栓钉、混凝土楼板、压型钢板及钢筋等部件。可选取三类单元类型来模拟节点各部件。

a. 实体单元（Solid element）

因为涉及复杂的接触问题，为了尽可能真实模拟节点变形，可采用三维实体单元模拟主要构件。综合考虑计算成本和求解结果精确性，钢梁、钢柱、端板、梁柱加劲肋、栓钉及混凝土楼板均采用 8 节点六面体线性减缩积分单元 C3D8R。因沙漏现象的存在，SMA 螺栓采用 C3D8 单元。

b. 壳单元（Shell element）

压型钢板的厚度远小于其结构尺寸的 1/10，满足应用壳单元模拟结构的条件。因此，采用 4 节点四边形有限薄膜应变线性减缩积分壳单元 S4R 对压型钢板进行模拟。

c. 桁架单元（Truss element）

如果一个构件横截面尺寸远小于其轴向尺寸，且只承受轴向荷载，就可以用桁架单元来模拟。混凝土楼板中的钢筋均采用三维 2 节点桁架单元 T3D2 来模拟。

（3）接触设置

a. 混凝土与钢筋

ABAQUS 中有两种方法模拟钢筋和混凝土板之间的关系：定义 Rebar 层或将建立的钢筋网内嵌（Embedded）至混凝土板中。采用第一种方法，荷载作用下混凝土和钢筋之间彼此独立，钢筋与混凝土之间的粘结滑移关系通过"拉伸刚化"效应来模拟裂缝处钢筋与混凝土间荷载的传递。第二种方法是使用"Embedded element"嵌入单元来模拟钢筋和混凝土之间的相互作用。计算时，ABAQUS 会自动搜索嵌入单元节点与主体单元之间的几何关系，嵌入单元与相应主体单元共用节点。为了分析加载过程中钢筋的应力发展情况，本节点建模时采用第二种方法——将钢筋网作为嵌入单元，将混凝土板作为主体单元。

b. 混凝土板与钢柱、压型钢板与混凝土

混凝土板与钢柱、压型钢板与混凝土的相互作用通过设置间隙接触来模拟，间隙接触的属性设置包括定义接触面上切向和法向作用两部分。法向作用设置为"硬接触"，设置为硬接触的两个接触面之间只能传递压力不能传递拉力。用库仑摩擦来定义切向作用，采用"罚函数"形式。

c. SMA 螺栓头与端板、端板与柱壁

SMA 螺栓头和端板、端板与柱壁之间的作用同样设置间隙接触来模拟。

d. 栓钉与混凝土板

钢梁、栓钉与混凝土三者之间的相互作用关系较为复杂，是该类节点数值模拟的难点。栓钉是一种柔性连接件，具有较大的变形能力。在荷载作用下，栓钉会产生一定的变形，由栓钉连接的混凝土板和下部钢梁之间会产生一定的滑移。在本节点数值模拟中，建立栓钉的实体模型，将栓钉切割成上下两部分，栓钉下部分与钢梁之间采用"Tie"约束，栓钉上部分内嵌（Embeded）至混凝土板中。

（4）边界条件及加载方式

由于节点几何模型轴对称，而荷载边界条件也为轴对称，为了提高计算速度，可取 1/2 模型进行计算，在柱腹板、混凝土楼板及钢筋网对称面上施加对称边界条件，如图 8.33 所示。模型加载制度如图 8.34 所示。

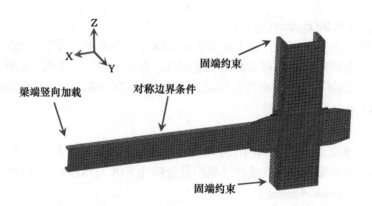

图 8.33　试件有限元模型边界条件设定（以 SMA-16-B 为例）

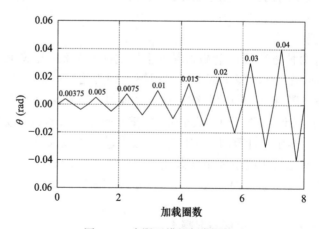

图 8.34　有限元模拟加载制度

8.3.2　建模结果验证

下面以 SMA-16-C 和 C-N3-NP 为例验证建模方法的可靠性。

（1）试件 SMA-16-C

SMA-16-C 模型在负弯矩作用下节点的典型变形形态如图 8.35 所示，节点转动中心位于梁下翼缘中心线附近，端板与柱子翼缘呈 "V" 形夹角张开，预设混凝土板裂缝在柱翼缘附近开展，裂缝下混凝土与压型钢板脱离，受拉 SMA 螺栓端部出现局部弯曲，与试验现象一致；在 −6.0%rad 转角下压型钢板的应力分布情况详见图 8.36，柱壁裂缝附近压型钢板应力在 215 MPa 左右，与应变片观测结果接近。正弯矩作用下 SMA-16-C 模型典型变形形态如图 8.37 所示，节点围绕梁上翼缘中心线附近转动，端板与柱壁呈 "倒 V" 形夹角张开，受拉 SMA 螺栓端板出现局部弯曲，与试验现象一致。受力后 SMA-16-C 模型混凝土楼板、钢筋及梁柱等构件塑性发展情况详见图 8.38 ～图 8.40。楼板的塑性发展集中在柱子翼缘附近裂缝处，与试验观察到的楼板裂缝分布基本一致。钢筋的塑性发展集中在裂缝通长钢筋处，试验中钢筋恰好在此处发生断裂。梁柱等钢构件只有梁下侧加劲肋局部进入塑性且塑性应变发展较小，这与试验结果及设计要求保持一致。

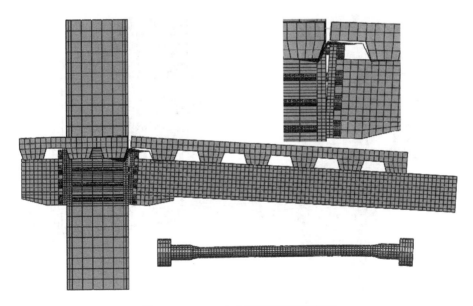

图 8.35　SMA-16-C 负弯矩下变形情况

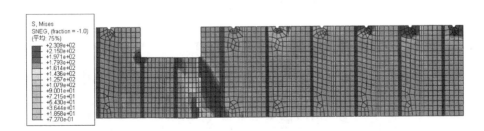

图 8.36　SMA-16-C 压型钢板应力发展

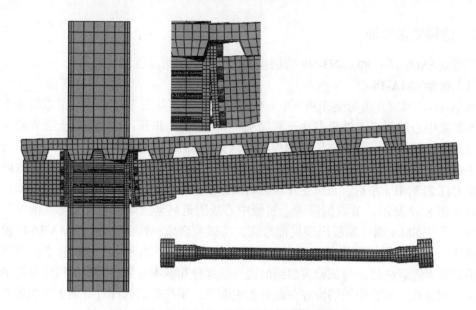

图 8.37　SMA-16-C 正弯矩下变形情况

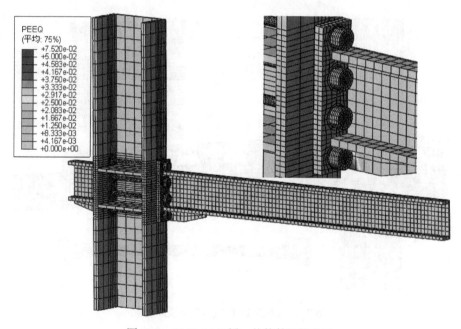

图 8.38　SMA-16-C 梁、柱构件塑性发展

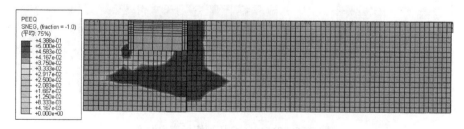

图 8.39　SMA-16-C 楼板塑性发展

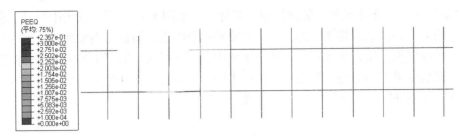

图 8.40 SMA-16-C 钢筋塑性发展

图 8.41、图 8.42 为 SMA-16-C 试件试验与有限元弯矩－转角曲线对比图，可以看出试验与有限元结果基本吻合。有限元与试验每级加载后节点残余变形的对比情况详见图 8.43，由于有限元模型未考虑材料、几何等初始缺陷，有限元结果与试验结果略有差异，但整体发展趋势一致。

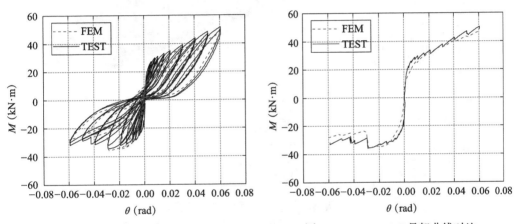

图 8.41 SMA-16-C M-θ 曲线对比　　　　图 8.42 SMA-16-C 骨架曲线对比

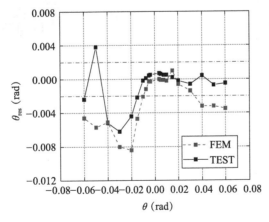

图 8.43 SMA-16-C 残余变形对比

综上，精细化有限元模拟能反映 SMA-16-C 试件增幅循环往复荷载下的变形形态及受力特征，模拟结果与试验结果基本吻合，建模方法可靠。

（2）试件 C-N3-NP

模拟至 4% 层间位移角，混凝土板受压损伤因子 DMAGEC（d_c）及受拉损伤因子

DAMAGET（d_t）分布情况及防裂网层钢筋塑性分布如图 8.44 所示。从图中可以看出，混凝土损伤主要分布在靠近柱翼缘的位置，即旋转中心附近，与试验现象相符。另外与栓钉接触部分也有损伤发展，这也解释了试验现象中混凝土板从钢梁正上方发展出斜向裂纹的原因。与试验结果不同的是，有限元结果中主筋始终保持在弹性阶段，仅有防裂网层钢筋屈服。而上层钢筋网远离旋转中心，会出现受拉屈服。

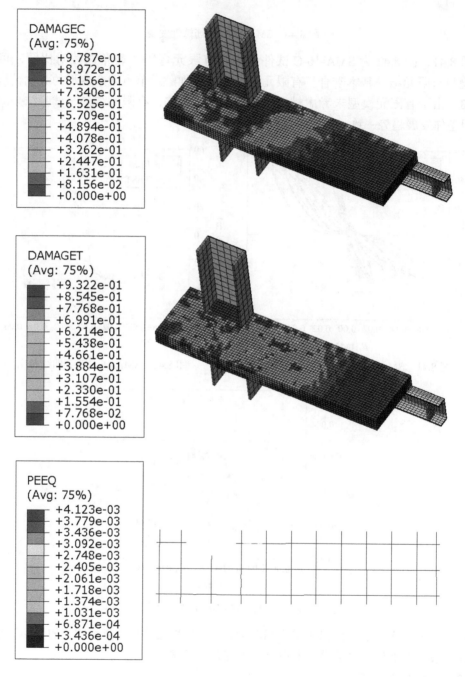

图 8.44　混凝土板受拉 / 压损伤因子分布

有限元模拟得到的节点试件弯矩 – 层间位移角曲线与试验结果对比如图 8.45 所示。可以看出，有限元模拟结果与试验结果基本吻合。但具体来看，有限元对节点初始刚度的模拟误差较大。这主要是由于实际试验存在一定的安装间隙，有限元则模拟不出。从承载力方面来看，有限元模拟结果低于试验结果。这主要是由于随着试验的进行，内外环之间磨损情况不断累积，摩擦系数不断增加，从而导致节点的承载力增大，而有限元则无法考虑该情况。

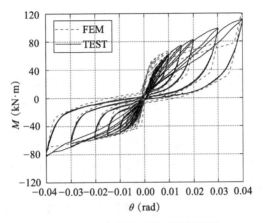

图 8.45　组合节点有限元模拟结果

综上所述，采用以上建模方式所得到的模拟结果能够较准确地反映实际情况，并且能够对节点的性能退化现象进行一定程度地反映。

第9章 基于形状记忆合金的自复位钢框架抗震设计与地震损失分析

9.1 引言

虽然目前对自复位构件的研究已经有了一定的试验和数值分析基础，但是对于自复位支撑结构体系的抗震性能、设计方法等方面仍有不少问题值得探讨。本章以自复位中心支撑钢框架体系为对象，主要研究内容如下：

1）以美国洛杉矶地区为设计背景，以抗弯钢框架（MRF）、SMA 自复位支撑钢框架（SCBF）和屈曲约束支撑钢框架（BRBF）为研究对象，设计了 9 层模型结构。

2）通过 OpenSEES 有限元软件，对一般远场地震作用下的 SMA 自复位支撑钢框架抗震性能进行探究，并和相同设计条件下抗弯钢框架以及屈曲约束支撑钢框架进行对比。

3）通过增量动力分析（IDA）方法对结构体系进行地震易损性分析，并采用蒙特卡洛模拟方法进行地震经济损失评估，为确定 SMA 自复位支撑钢框架的抗震设防类别、建立全生命周期费用评估体系乃至工程项目的立项提供相关依据。

4）提出了一种综合评价结构经济损失的方法，并基于该方法解释各结构体系在降低地震经济损失方面的优缺点。

9.2 自复位支撑滞回模型与 OpenSEES 建模

9.2.1 自复位支撑的滞回模型

基于第 6 章 SMA 阻尼器的试验结果，其滞回行为遵循旗帜形特征，旗帜形滞回模型如图 9.1 所示，其参数为：

1）k_1——自复位支撑的初始轴向刚度；

2）F_y——自复位支撑的弹性阶段承载力；

3）k_2——自复位支撑的屈服后轴向刚度；

4）α——自复位支撑的屈服后刚度变化比率，表征自复位支撑第二段刚度的相对大小，数值上等于 k_2 与 k_1 的比值；

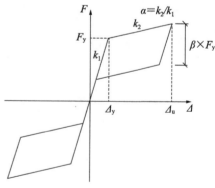

图 9.1　旗帜形滞回模型

5）β——自复位支撑的能量耗散系数，等于滞回模型中平行四边形的垂直高度与 F_y 绝对值的比值，表征的是支撑耗能能力的大小；

6）Δ_y——自复位支撑的轴向屈服位移。

本章讨论的重点为基于 SMA 的 SCBF 与 MRF 及 BRBF 之间的抗震性能比较，因此为定性讨论，本章 SCBF 的自复位支撑滞回参数 α 取 0.01，β 取 0.9。

9.2.2　屈曲约束支撑的滞回模型

为便于后续自复位支撑结构与传统的屈曲约束支撑结构进行比较，首先给出屈曲约束支撑滞回模型，如图 9.2 所示。屈曲约束支撑滞回模型的主要参数为：

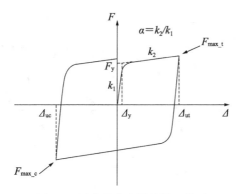

图 9.2　屈曲约束支撑的滞回模型

1）k_1——屈曲约束支撑的初始轴向刚度；

2）F_y——屈曲约束支撑受拉方向的弹性阶段承载力，可取弹性阶段和屈服后阶段延长线的交点作为 F_y；

3）k_2——屈曲约束支撑的屈服后轴向刚度；

4）α——屈曲约束支撑的屈服后刚度变化比率，数值上等于 k_2 与 k_1 的比值；

5）Δ_y——屈曲约束支撑的轴向屈服位移。

需要注意的是，屈曲约束支撑当受拉和受压的位移一致时，对应的受拉最大承载力要略小于对应的受压最大承载力，如图 9.2 的 F_{max_t} 和 F_{max_c} 所示。

9.2.3　OpenSEES 建模

（1）自复位支撑

自复位支撑在 OpenSEES 中采用两端铰接的桁架单元（Truss 单元）模拟，为表征自复位支撑的旗帜形滞回特性，单元采用 OpenSEES 特有的 SelfCentering 材料模型，该模型能很好地模拟旗帜形滞回形状，如图 9.3 所示。

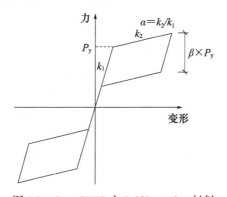

图 9.3　OpenSEES 中 SelfCentering 材料

（2）屈曲约束支撑

屈曲约束支撑建模同样采用 Truss 单元，材性可采用 OpenSEES 特有的 SteelBRB 材料模型，能够很好地模拟屈曲约束支撑的综合特征。将 SteelBRB 材料模型应用于 Truss 单元之后，其滞回曲线与 Chou 和 Chen 等人的试验曲线[86]进行了对比，如图 9.4 所示。可以看到，SteelBRB 的模拟结果与试验曲线吻合很好。

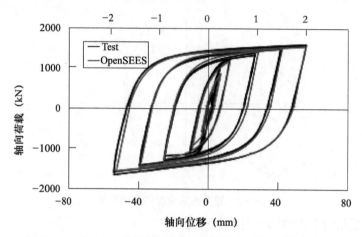

图 9.4　SteelBRB 材性模拟曲线与屈曲约束支撑试验曲线对比

9.3　屈曲约束支撑与自复位支撑 Benchmark 钢框架设计

9.3.1　Benchmark 钢框架概述

Benchmark 钢框架的含义是"基准钢框架"，借鉴了航天结构中"试验平台 Testbed"的方式，因为在航天工程中建造一个专门供试验研究的航天结构模型将会耗费巨资，而这样的试验平台可以建立一个公共而且标准的模拟真实航天结构的"虚拟试验环境"，同时可实现全球的数据资源共享。为了在全世界范围内建立一个类似于"航天结构标准试验台"的"结构振动控制软试验环境"，使结构工程研究者有一个可以检验和比较的参考系，在美国土木工程师协会（The American Society of Civil Engineers，ASCE）结构控制委员会的推动下，相继提出了用于提供建筑结构振动控制分析的 Benchmark 钢框架[87]。

具体来说，本章所讨论的 Benchmark 钢框架模型是一系列建造在美国洛杉矶和西雅图等城市的标准抗弯钢框架，这些钢框架模型已在国内外结构抗震研究中被广泛用作基准建筑物模型，用于研究各类非线性地震控制问题。Benchmark 钢框架的最大特点在于，其能够在相同的结构模型、环境干扰以及性能指标下建立一套完善的结构振动控制系统检验和评价的体系，从而为比较不同的控制方案和策略提供公共的平台，这一系列钢框架模型已为绝大多数的结构工程研究者所接受和采纳[88]。

本章选取了 1 幢位于美国加利福尼亚州洛杉矶市的 9 层 Benchmark 抗弯钢框架作为数值分析的基准钢框架，并根据其设计基本条件，设计自复位支撑和屈曲约束支撑 Benchmark 钢框架，用于后续的数值分析。

9.3.2　Benchmark 抗弯钢框架设计信息

（1）基本设计资料

9 层的 Benchmark 抗弯钢框架的基本设计资料如下：

1）设计场地：美国加利福尼亚州洛杉矶市中心；

2）设计用途：办公楼；

3）结构体系：抗弯钢框架；

4）建筑结构风险类别：Ⅱ类；

5）建筑层数：9 层；

6）标准层层高：3.96 m；

7）设计使用年限：50 年；

8）场地土类别：D 类（硬土）。

（2）结构布置与梁柱截面

9 层 Benchmark 抗弯钢框架的平面布置简图和 N-S 方向立面简图如图 9.5 所示，采用周边抗弯钢框架的方式。取 N-S 方向的一榀抗弯钢框架作为研究对象，如图 9.5（b）所示。

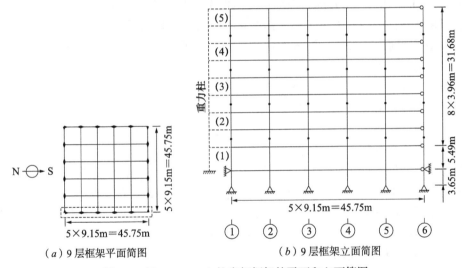

（a）9 层框架平面简图　　　　（b）9 层框架立面简图

图 9.5　层 Benchmark 抗弯钢框架的平面和立面简图

9 层 Benchmark 抗弯钢框架每个开间宽度为 9.15m，标准层层高为 3.96m（1 层层高为 5.49m，地下室层高为 3.65m）。该 9 层抗弯钢框架采用柱变截面的方式，从下到上将柱分成 5 个不同截面的部分，截面依次减小，以节省材料。9 层 Benchmark 抗弯钢框架的各层梁柱截面如表 9.1 所示。

9层 Benchmark 抗弯钢框架梁柱截面 　　　　　　　　表 9.1

区域	柱截面	层号	梁截面
1	W14×500	地下室	W36×160
2	W14×455	1	W36×160

续表

区域	柱截面	层号	梁截面
3	W14×370	2	W36×160
4	W14×283	3	W36×135
5	W14×257	4	W36×135
—	—	5	W36×135
—	—	6	W36×135
—	—	7	W30×99
—	—	8	W27×84
—	—	9	W24×68

（3）基本荷载信息

综合 ASCE 7-10[89] 和 Benchmark 抗弯钢框架的有关资料，基本荷载信息如下：

1）结构自重：按钢材密度 $7.85×10^{-6}$ kg/mm³ 计算结构自重；

2）楼板和屋面板恒载：按 76.2 mm（3 英寸）高的压型钢板与 63.5 mm（2.5 英寸）厚混凝土组合楼板计算；

3）楼板铺面恒载标准值：0.144 kN/m²；

4）屋顶铺面恒载标准值：0.335 kN/m²；

5）机电恒载标准值：0.335 kN/m²，屋顶阁楼区域 1.914 kN/m²；

6）内部隔墙恒载标准值：0.957 kN/m²；

7）外墙恒载标准值：1.196 kN/m²，包括屋顶阁楼的外墙。假定外墙厚度 63.5 mm（2.5 英寸）；另外，在屋顶上除了屋顶阁楼的区域有 1.066 mm 高的女儿墙；

8）楼面活荷载标准值：按 ASCE 7-10 取，对于办公楼，2.392 kN/m²；

9）屋面活荷载标准值：为上人屋面，取 2.392 kN/m²；

10）雪荷载标准值：0.2 kN/m²。

经过计算，竖向荷载的标准值计算结果如下：

1）楼面总恒载标准值：4.593 kN/m²；

2）屋面总恒载标准值（非屋顶阁楼）：3.971 kN/m²；

3）屋面总恒载标准值（屋顶阁楼）：5.55 kN/m²；

4）楼面活荷载标准值：2.392 kN/m²；

5）屋面活荷载标准值：2.392 kN/m²。

（4）结构地震质量

本文研究对象取的是框架的 N-S 方向中的一榀抗弯钢框架。由于结构抵抗侧向力作用（如水平地震力作用）依靠两榀抗弯钢框架提供，因此一榀抗弯钢框架的地震质量（Seismic Mass）为整个框架地震质量的二分之一。经过计算，一榀 9 层 Benchmark 抗弯钢框架的各层地震质量如表 9.2 所示。

层号	地震质量（kg）
地下室	4.825×10^5
1	5.050×10^5
2～8	4.945×10^5
9	5.350×10^5
全框架	4.984×10^6

9 层 Benchmark 抗弯钢框架各层地震质量　　表 9.2

9.3.3　屈曲约束支撑钢框架设计

（1）结构布置

基于 9 层 Benchmark 抗弯钢框架设计条件，9 层屈曲约束支撑钢框架平面布置和 N-S 方向立面布置如图 9.6 所示。屈曲约束支撑布置采用"人字形"方式，布置在结构最左和最右两个开间，每层布置 4 根屈曲约束支撑，梁柱节点不参与抗侧。

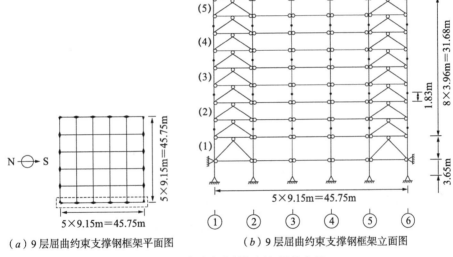

（a）9 层屈曲约束支撑钢框架平面图　　（b）9 层屈曲约束支撑钢框架立面图

图 9.6　屈曲约束支撑钢框架结构布置

（2）楼层设计地震力计算

设计地震力计算过程依据美国 ASCE 7-10 建筑荷载规范。ASCE 7-10 规范是以 50 年内超越概率 2% 的地震作用（重现期为 2475 年）作为基准设防地震作用，也称为最大考虑地震作用（The Maximum Considered Earthquake，简称 MCE），在实际计算时采用 2/3 的系数对其进行折减，作为设计地震作用（The Design Based Earthquake，简称 DBE）。9 层屈曲约束支撑钢框架的抗震设计基本资料如下：

1）场地分类：D 类；

2）按地震区划图给出的 B 类场地下短（0.2s）周期反应谱加速度值：$S_s = 2.064$；

3）按地震区划图给出的 B 类场地下 1s 周期反应谱加速度值：$S_1 = 0.707$；

4）短周期场地调整系数：$F_a = 1.000$；

5）1s 周期场地调整系数：$F_v = 1.500$；

6）长周期拐点周期：$T_L = 8.000s$；

7）结构反应修正系数：按"屈曲约束支撑钢框架"取，$R = 8$；

8）结构重要性系数：$I_e = 1.00$；

9）弹性位移放大系数：$C_d = 5.00$。

根据 FEMA 7-10 式（12.8-7），结构的近似周期为：

$$T_n = C_t h_n^x$$

h_n 为结构高度，本结构除去地下室高度，结构高度为 37.17m。

根据 FEMA 7-10 表 12.8-2，BRBF 的 x 为 0.75，C_t 为 0.0731。

则 9 层 BRBF 的近似周期为：

$$T_n = C_t h_n^x = 0.0731 \times 37.17^{0.75} = 1.1004s$$

根据 FEMA 7-10 式（12.8-1），结构设计地震剪力为：

$$V = C_s W$$

其中：

$$C_s = \frac{S_{DS}}{\left(\frac{R}{I_e}\right)}$$

$$S_{DS} = \frac{2}{3} S_{MS}$$

$$S_{MS} = F_a S_s$$

则 C_s 为：

$$C_s = \frac{\frac{2}{3} F_a S_s}{\left(\frac{R}{I_e}\right)} = \frac{\frac{2}{3} \times 1 \times 2.064}{\left(\frac{8}{1}\right)} = 0.172$$

因 $T = 1.1004s \leqslant T_L = 8s$，根据 ASCE 7-10 式（12.8-3）：

$$C_s = \frac{S_{D1}}{T\left(\frac{R}{I_e}\right)} = \frac{\frac{2}{3} S_{M1}}{T\left(\frac{R}{I_e}\right)} = \frac{\frac{2}{3} F_v S_1}{T\left(\frac{R}{I_e}\right)} = \frac{\frac{2}{3} \times 1.5 \times 0.707}{1.1004 \times \left(\frac{8}{1}\right)} = 0.0803 \leqslant 0.172$$

则结构地震剪力为：

$$V = C_s W = 0.083 \times 44114.7 = 3661.52kN$$

根据 FEMA 7-10 式（12.8-11）：

$$F_x = C_{vx} V$$

其中：

$$C_{vx} = \frac{w_x h_x^k}{\sum_{i=1}^{n} w_i h_i^k}$$

因为 $T_n = 1.1004s$，所以 $k = 1.3002$。

各楼层地震力计算结果如表 9.3 所示。

楼层地震力计算　　　　　　　　　　　　　　表 9.3

层号	地震质量（kg）	w_i（kN）	h_i（m）	$w_i h_i^k$	F_x（kN）
1	5.050×105	4949.00	5.49	45301.17	66.73
2	4.945×105	4846.10	9.45	89877.05	132.40
3	4.945×105	4846.10	13.41	141669.14	208.70
4	4.945×105	4846.10	17.37	198326.20	292.16
5	4.945×105	4846.10	21.33	259027.74	381.58
6	4.945×105	4846.10	25.29	323226.11	476.15
7	4.945×105	4846.10	29.25	390525.35	575.30
8	4.945×105	4846.10	33.21	460623.58	678.56
9	5.350×105	5243.00	37.17	576958.03	849.94

（3）支撑截面选择

根据计算得到的楼层地震力，9 层屈曲约束支撑钢框架中屈曲约束支撑基本信息如表 9.4 所示，其中，屈曲约束支撑芯板材料采用 Q235 钢，假定屈曲约束支撑的有效长度为支撑全长的 70%×70% = 49%（见下文解释）。

9 层屈曲约束支撑钢框架的屈曲约束支撑基本信息　　　　表 9.4

层号	支撑长度 L（mm）	有效长度 L′（mm）	芯板面积 A（mm^2）	屈服强度 f_y（MPa）	屈服承载力 F_y（kN）	支撑轴向刚度 k（kN/mm）
1	7146	3502	6693	235	1572.86	393.74
2	6051	2965	5564	235	1307.54	386.59
3	6051	2965	5359	235	1259.37	372.34
4	6051	2965	5036	235	1183.46	349.90
5	6051	2965	4584	235	1077.24	318.50
6	6051	2965	3993	235	938.36	277.43
7	6051	2965	3256	235	765.16	226.23
8	6051	2965	2366	235	556.01	164.39
9	6051	2965	2015	235	473.53	140.00

（4）梁柱截面选择及验算

经过试算，梁柱截面的选择如表 9.5 所示，其中区域编号对应的位置见图 9.6。

9 层屈曲约束支撑钢框架梁柱截面 **表 9.5**

区域	柱截面	层号	梁截面
1	W14×176	地下室	W16×89
2	W14×176	1	W16×89
3	W14×159	2	W16×77
4	W14×120	3	W16×77
5	W14×120	4	W16×77
—	—	5	W16×77
—	—	6	W16×77
—	—	7	W16×77
—	—	8	W16×77
—	—	9	W16×77

按照 ASCE 7-10 的竖向荷载组合：1.2× 恒载 ＋ 1.6× 活载 ＋ 0.5× 屋面活载，采用 3D3S 设计软件对结构进行竖向荷载作用下的验算，9 层钢框架分析的结果（应力比）如图 9.7 所示，可以看到，应力比均满足要求。

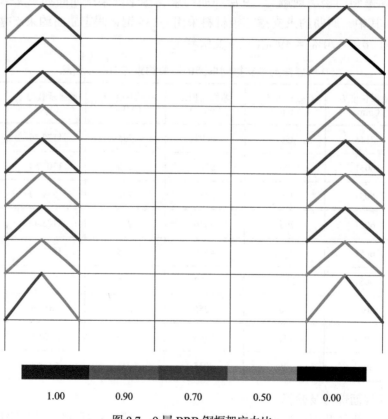

图 9.7　9 层 BRB 钢框架应力比

（5）BRBF 弹性位移验算

根据 ASCE7-10 12.8.2 节，$S_{D1}=\frac{2}{3}S_{M1}=0.707\geqslant0.4$，$T_a=1.1004s$，设计结构基本周期 $T=1.758s>C_u\times T_a=1.4\times1.1004=1.54056s$。

水平地震反应系数：$C_s=\frac{S_{DS}}{R/I}=0.172$

因 $T=1.758s\leqslant T_L=8s$，根据 ASCE 7-10 式（12.8-3）：

$$C_s=\frac{S_{D1}}{T\left(\frac{R}{I_e}\right)}=\frac{\frac{2}{3}S_{M1}}{T\left(\frac{R}{I_e}\right)}=\frac{\frac{2}{3}F_vS_1}{T\left(\frac{R}{I_e}\right)}=\frac{\frac{2}{3}\times1.5\times0.707}{1.758\times\left(\frac{8}{1}\right)}=0.05027\leqslant0.172$$

则结构地震剪力为：

$$V=C_sW=0.05027\times44114.7=2217.65kN$$

根据 ASCE 7-10 式（12.8-11）：

$$F_x=C_{vx}V$$

其中：

$$C_{vx}=\frac{w_xh_x^k}{\sum_{i=1}^{n}w_ih_i^k}$$

因为 $T_n=1.758s$，所以 $k=1.629$。
计算得到各楼层地震力如表 9.6 所示。

各楼层地震力　　　　　　　　　　表 9.6

层号	地震质量（kg）	w_i（kN）	h_i（m）	$w_ih_i^k$	F_x（kN）
1	5.050×10^5	4949.00	5.49	79301.39	24.13
2	4.945×10^5	4846.10	9.45	188092.20	57.24
3	4.945×10^5	4846.10	13.41	332639.52	101.23
4	4.945×10^5	4846.10	17.37	507021.38	154.30
5	4.945×10^5	4846.10	21.33	708465.12	215.61
6	4.945×10^5	4846.10	25.29	934966.42	284.54
7	4.945×10^5	4846.10	29.25	1184981.08	360.63
8	4.945×10^5	4846.10	33.21	1457267.80	443.49
9	5.350×10^5	5243.00	37.17	1894190.00	576.46

将各层设计地震作用力作用于 9 层屈曲约束支撑钢框架上，进行弹性分析，得到结构的弹性最大层间位移角 $\delta_{emax}=0.0026$ rad，位于第三层。按照 ASCE 7-10 规范，结构的最大层间位移角应在弹性分析的基础上进行放大，按公式有：

$$\delta_{\max} = \frac{C_d \delta_{\text{emax}}}{I_e} = \frac{5 \times 0.0026}{1} = 0.013$$

其中 δ_{emax} 是弹性最大层间位移角。结构的最大层间位移角为 0.013 rad，小于美国规范规定的最大层间位移角限值 2%，则屈曲约束支撑钢框架设计地震作用下的侧向变形满足要求。

（6）BRBF OpenSEES 模型建立

如图 9.8 为分析所用有限元模型，梁柱铰接，梁柱采用 Dispbeamcolumn Element 模拟，材料采用 Steel01 模拟，梁钢材屈服强度为 248MPa，强化系数为 0.01；柱钢材屈服强度为 345MPa，强化系数为 0.01。采用刚性杆模拟节点域与及加劲板影响，普通节点域刚性杆长度为梁柱截面高度的一半，支撑节点域刚性杆长度为支撑节点板在梁柱方向的投影长度。

支撑长度取作用点之间距离的 70%，BRB 芯板长度取支撑长度的 70%，节点板采用刚性杆模拟，支撑端部弹性段采用梁单元模拟，截面为支撑芯板面积的 10 倍，支撑芯板采用梁单元模拟。

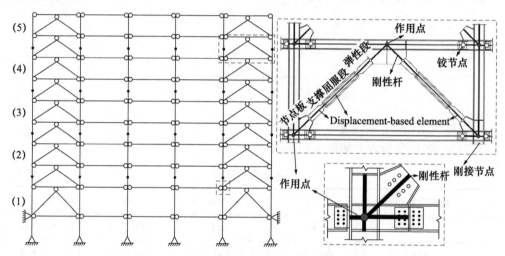

图 9.8　屈曲约束支撑钢框架结构有限元模型

（7）设计地震水平（DBE level）的地震波信息

选取了 15 条 D 类场地下的地震波，按照调波方法将其调至设计地震水平（DBE level），地震波的信息如表 9.7 所示，各条地震波弹性加速度反应谱（阻尼比＝5%）如图 9.9 所示。

设计地震水平的地震波信息表　　　　　　　　　　　　　表 9.7

序号	地震名称	记录台站	地震波分量	DBE 系数
1	San Fernando	LA-Hollywood_Stor_FF	SFERN/PEL090	2.609
2	Imperial Valley	Delta	IMPVALL/H-DLT262	2.930
3	Imperial Valley	Delta	IMPVALL/H-DLT352	1.730

续表

序号	地震名称	记录台站	地震波分量	DBE 系数
4	Imperial Valley	El_Centro_Array_#11	IMPVALL/H-E11140	0.872
5	Imperial Valley	El_Centro_Array_#11	IMPVALL/H-E11230	1.455
6	Superstition Hills	El_Centro_Imp._Co._Cent	SUPERST/B-ICC000	1.816
7	Superstition Hills	El_Centro_Imp._Co._Cent	SUPERST/B-ICC090	2.488
8	Superstition Hills	Poe_Road_（temp）	SUPERST/B-POE270	2.004
9	Superstition Hills	Poe_Road_（temp）	SUPERST/B-POE360	3.339
10	Loma Prieta	Capitola	LOMAP/CAP000	1.221
11	Loma Prieta	Gilroy_Array_#3	LOMAP/G03000	0.732
12	Landers	Coolwater	LANDERS/CLW-LN	2.298
13	Northridge	Beverly_Hills-14145_Mulhol	NORTHR/MUL009	2.311
14	Kocaeli Turkey	Duzce	KOCAELI/DZC270	1.450
15	Duzce Turkey	Bolu	DUZCE/BOL000	0.816

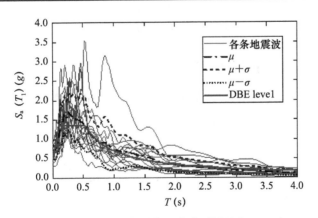

图 9.9　地震波弹性加速度反应谱（阻尼比＝ 5%）

（8）BRBF 在设计地震水平的地震波作用下验算结果

9 层屈曲约束支撑钢框架在 15 条设计地震水平的地震波作用下，各条波的最大层间位移角结果如图 9.10 所示。

最大层间位移角均值和中位值均满足 ASCE 7-10 的 2.5% 层间位移角限值要求。

首层支撑滞回曲线如图 9.11 所示。

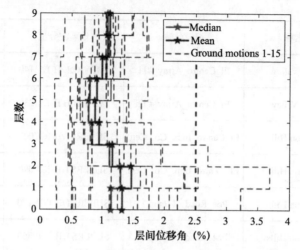

图 9.10　9 层屈曲约束支撑钢框架各条波下最大层间位移角

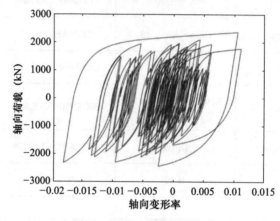

图 9.11　首层支撑滞回曲线

9.3.4　SMA 自复位支撑钢框架设计

　　因目前没有关于 SMA 自复位支撑钢框架的设计标准及规范，因此本文假设 SMA 自复位支撑钢框架设计方法与 BRBF 设计方法相同，即 $R = 8.0$。因此，其设计流程及方法与 9.3.3 节相同，得到 SMA 自复位支撑设计结果如表 9.8、表 9.9 所示。

2% 层间位移角设计目标下 SCBF 支撑设计结果　　　　表 9.8

楼层	SMA 外环尺寸（mm）			阻尼器尺寸（mm）						外环个数
	H	T	D	L_1	L_2	D_{i1}	D_{i2}	D_{e1}	D_{e2}	n
1	50	30	200	462	1600	68	88	212	224	7
2	50	25	200	476	800	58	78	212	222	7
3	50	25	200	483	800	58	76	212	222	7
4	50	20	200	378	1200	56	72	212	222	6

楼层	SMA 外环尺寸（mm）			阻尼器尺寸（mm）						外环个数
	H	T	D	L_1	L_2	D_{i1}	D_{i2}	D_{e1}	D_{e2}	n
5	50	20	200	408	1200	54	72	212	222	6
6	45	20	180	363	1400	50	66	192	202	6
7	40	20	180	448	1400	46	66	190	198	8
8	32	20	120	557	1200	40	58	130	138	12
9	30	15	100	546	1200	36	58	108	116	13

5% 层间位移角设计目标下 SCBF 支撑设计结果　　表 9.9

楼层	SMA 外环尺寸（mm）			阻尼器尺寸（mm）						外环个数
	H	T	D	L_1	L_2	D_{i1}	D_{i2}	D_{e1}	D_{e2}	n
1	60	30	200	688	1400	76	92	214	226	8
2	50	30	200	568	800	64	80	212	220	8
3	50	30	200	500	1200	64	82	212	220	7
4	50	30	200	511	1400	64	86	212	222	7
5	50	30	200	518	1400	62	78	212	222	7
6	45	25	180	516	1200	56	72	190	198	8
7	40	25	180	531	1400	50	68	190	198	9
8	35	20	120	670	1000	42	60	130	138	13
9	30	20	120	572	1400	40	58	128	136	13

表中涉及的尺寸标注于图 9.12 中。

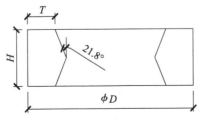

（a）SMA 外环尺寸示意

图 9.12　SMA 外环及阻尼器尺寸示意（一）

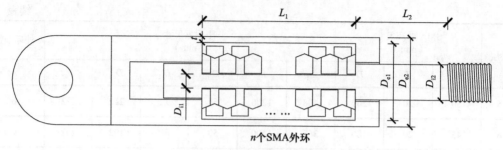

（*b*）SMA 环簧阻尼器尺寸示意

图 9.12　SMA 外环及阻尼器尺寸示意（二）

本节主要对其进行弹塑性位移验算。时程分析所用地震波与 9.3.3 节相同。

9 层自复位屈曲约束支撑钢框架在 15 条设计地震水平的地震波作用下，各条波的最大层间位移角结果如图 9.13 所示。

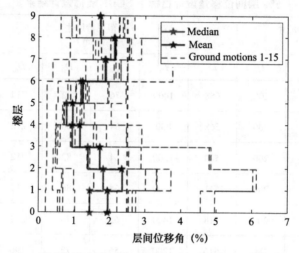

图 9.13　9 层自复位屈曲约束支撑钢框架各条波下最大层间位移角

最大层间位移角均值和中位值均满足 ASCE 7-10 的 2.5% 层间位移角限值要求。

首层支撑滞回曲线如图 9.14 所示。

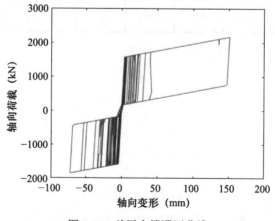

图 9.14　首层支撑滞回曲线

9.3.5　结构设计对比

三个结构基本周期分别为：2.26s、1.75s 和 1.75s。SMA 自复位支撑钢框架基本周期与屈曲约束支撑钢框架地震力计算方法相同，因此两者基本周期也相同。根据设计结果，分别对三种结构进行静力推覆分析，均采用倒三角侧向力模式，分析结果如图 9.15 所示。由图中可以看出，MRF 的底部剪力最大，其原因是 MRF 的设计是位移控制，而不是力控制，为了满足位移限值要求，往往 MRF 的构件截面承载力要比需求承载力大很多。SMA 自复位支撑钢框架和屈曲约束支撑钢框架的初始刚度和屈服承载力较为接近，但屈曲约束支撑钢框架的极限承载力比 SMA 自复位支撑钢框架大，其原因是 BRB 的模拟考虑了钢材的强化。

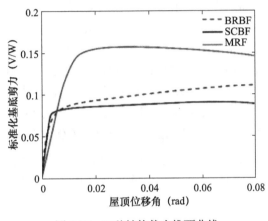

图 9.15　三种结构静力推覆曲线

9.4　SMA 支撑钢框架的易损性分析

9.4.1　结构易损性分析方法

（1）增量动力分析（IDA）方法

IDA 方法（Incremental Dynamic Analysis）是一种目前基于性能地震工程中用于确定结构在不同强度地震动作用下结构响应最有潜力的方法[90]。IDA 方法是向结构模型输入一条或多条地震动记录，每一条地震动都通过一系列比例系数 SF（Scale Factor）"调幅"得到不同的地震动强度，然后在这组"调幅"后地震动记录的激励下进行结构弹塑性时程分析，可以得到一系列结构的弹塑性地震响应指标，产生一条或多条损伤指标 DM（Damage Measures）和地震动强度指标 IM（Intensity Measures）之间的关系曲线，即为 IDA 曲线，从而通过对所得到的一系列 IDA 曲线和指标综合分析，考察结构的抗震性能。

早在 1977 年，Bertero 就提出了 IDA 方法，但是直到近年来才开始得到大量应用，其主要原因是 IDA 分析需要进行大量的弹塑性时程分析，因而对计算机能力提出了很高要求[91]。随着计算机硬件水平的提高，IDA 分析方法成为结构弹塑性分析计算的重要发展方向。2000 年，美国联邦紧急救援署（Federal Emergency Management Agency，FEMA）将该方法纳入 FEMA 350/351 中，作为评估钢框架整体倒塌能力极限的一种方法。2002 年，

Vamvatsikos 对增量动力分析方法的基本原理、实施过程做了详细总结[92]。2009 年，美国 FEMA P695 规范对基于 IDA 方法的易损性研究进行了详尽的阐述[93]。近年来，该方法已被广泛应用于结构基于性能的抗震评估中。

（2）结构易损性分析

地震易损性（Seismic Fragility）可反映一个确定区域内由于地震造成损失的程度。其研究对象可以是单个结构或一类结构，也可以是某个地区。而结构地震易损性是指结构在不同强度的地震激励下，发生不同破坏程度的可能性，或是结构达到某一极限状态（性能水平）的概率。

地震易损性的相关成果首次用于结构的抗震性能评估始于 20 世纪 70 年代。当时计算机尚未普及，地震易损性分析主要依赖于震后对震害的调查，在震害数据统计的基础上分析得到某一类型结构在不同地震烈度下发生各个等级破坏的比例，经一定修正后得到该类结构的破坏概率矩阵（Damage Probability Matrix，DPM），在国内被称为震害矩阵或易损性矩阵。目前，根据震害经验和建筑物调查统计，许多城市和地区建立了一批典型结构的易损性矩阵，成为我国震害预测工作的基础。但对于缺乏震害资料的地区，以及一些尚未经历地震考验的新型结构体系，可借助计算分析手段进行地震易损性分析。

地震易损性可用式（9.1）来表示（地震动强度以 S_a 为例）：

$$P_{DV|IM}(0|S_a) = \sum P_{DV|LS}(0|C) \, P_{DM|IM}(D>C|S_a) \qquad (9.1)$$

式中，IM 为地震动强度指标；DM 为结构的损伤指标；LS 为结构的能力指标；DV 是描述结构是否达到某个极限状态的二值指示变量，可取 0 或 1，DV = 0 表示结构达到极限状态。

$P_{DV|IM}(0|S_a)$ 表示地震动强度为 S_a 时结构达到极限状态的概率，对它的分析即是地震易损性分析；$\sum P_{DV|LS}(0|C)$ 表示当结构的抗震能力为 C 时结构达到极限状态的概率，对它的分析为概率能力分析；$P_{DM|IM}(D>C|S_a)$ 表示地震动强度 S_a 时结构的地震反应 D 大于抗震能力 C 的概率，对它的分析为概率需求分析。

（3）基于 IDA 方法的结构地震易损性分析

1）地震动记录的选择

根据 Vamvatsikos 等的研究[94]，在 IDA 分析中采用超过 20 条地震动记录作为输入可反映地震动的不确定性。因此，本节的易损性分析过程采用美国 FEMA P695 规范[93]所建议的 22 条（统一取 22 组地震动记录中的第一个分量）远场地震动记录，如表 9.10 所示。

基于 IDA 进行结构易损性分析的远场地震动记录信息   表 9.10

序号	地震名称	发生年份	台站	震级
1	San_Fernando	1971	LA-Hollywood_Stor_FF	6.6
2	Friuli-Italy-01	1976	Tolmezzo	6.5
3	Imperial_Valley-06	1979	Delta	6.5
4	Imperial_Valley-06	1979	El_Centro_Array_#11	6.5

序号	地震名称	发生年份	台站	震级
5	Superstition_Hills-02	1987	El_Centro_Imp._Co._Cent	6.5
6	Superstition_Hills-02	1987	Poe_Road_（temp）	6.5
7	Loma_Prieta	1989	Capitola	6.9
8	Loma_Prieta	1989	Gilroy_Array_#3	6.9
9	Cape_Mendocino	1992	Rio_Dell_Overpass-FF	7.0
10	Landers	1992	Coolwater	7.3
11	Landers	1992	Yermo_Fire_Station	7.3
12	Northridge-01	1994	Beverly_Hills-14145_Mulhol	6.7
13	Northridge-01	1994	Canyon_Country-W_Lost_Cany	6.7
14	Kobe-Japan	1995	NishiAkashi	6.9
15	Kobe-Japan	1995	Shin-Osaka	6.9
16	Kocaeli-Turkey	1999	Arcelik	7.5
17	Kocaeli-Turkey	1999	Duzce	7.5
18	Chi-Chi-Taiwan	1999	CHY101	7.6
19	Chi-Chi-Taiwan	1999	TCU045	7.6
20	Duzce-Turkey	1999	Bolu	7.1
21	Manjil_Iran	1990	Abbar	7.4
22	Hector_Mine	1999	Hector	7.1

2）比例系数及倒塌点搜寻

为得到连续的 IDA 曲线，需对原始的地震动记录按比例系数 λ 进行调整，从而得到不同比例系数下结构的地震响应：

$$a'(t) = \frac{A'_{\max}}{|A|_{\max}} a(t) = \lambda a(t) \tag{9.2}$$

其中，$a(t)$ 和 $|A|_{\max}$ 分别为天然地震动记录的加速度和峰值加速度（PGA）；$a'(t)$ 和 $A'_{\max}$ 分别为调幅后的地震动加速度和峰值加速度。

一条 IDA 曲线是一条地震动按比例系数 λ 多次调幅后时程分析的结果。若仅关注倒塌状态，则采用何种原则来逼近结构倒塌点将决定 IDA 分析所耗费的计算资源大小和计算时间多少。本文采用目前应用较多的 Hunt & Fill 算法确定比例系数[95]，即倒塌点搜索（hunt）和回插（hill），如图 9.16 所示。

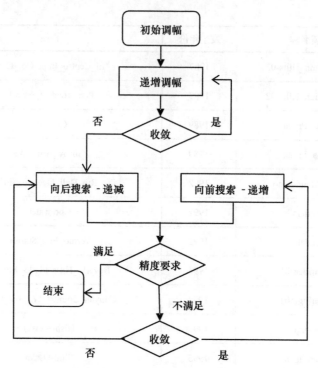

图 9.16　Hunt & Fill 方法的分析流程

3）地震动强度指标和结构损伤指标确定

IDA 曲线反映了地震动强度参数（Intensity Measure，IM）与结构损伤反应参数（Damage Measure，DM）之间的关系。

地震动强度指标（IM）的选取一般要求可调、单调递增且与调幅系数成正比。适合 IDA 方法的常用的 IM 指标有：地面峰值加速度（Peak Ground Acceleration，PGA）、地面峰值速度（Peak Ground Velocity，PGV）、阻尼比为5%时结构基本周期对应的弹性加速度谱值 $S_a(T_1, 5\%)$ 等。Vamvatsikos 对比了以 PGA 和 $S_a(T_1, 5\%)$ 分别作为 IM 指标时的 IDA 曲线簇，结果表明 $S_a(T_1, 5\%)$ 的离散性小于 PGA 的离散性。美国 FEMA P695 规范建议以结构第一周期地震影响系数 $S_a(T_1, 5\%)$ 作为地震动强度指标。

结构的损伤指标（DM）反映结构随某一地震动调幅系数的增大而变化的非负变量。常见的 DM 指标有：最大基底剪力、最大楼层延性系数、顶点最大位移角 $\theta_{roof, max}$、最大层间位移角的各层最大值 $\theta_{f, max}$ 等。通常采用楼层最大层间位移角的各层最大值 $\theta_{f, max}$ 作为 DM，这是因为：①这一指标能反映楼层梁、柱、节点弹塑性变形的综合结果；②梁柱相对强弱关系、节点强弱、柱轴压比、钢材和混凝土强度等级、配筋率、配箍率、剪跨比等都能影响结构层间位移角的大小，这些也正是影响结构和构件延性的因素。所以层间位移角反映了结构的层间位移延性和整体位移延性等，通过对最大层间位移角的分析研究即可全面了解结构的性能[96]。

综上所述，本文对结构体系进行增量动力分析时，采用 $S_a(T_1, 5\%)$ 作为地震动强度指标，$\theta_{f, max}$ 作为结构损伤指标。

4）极限状态及倒塌点定义

为了评估结构体系的抗震性能，需要在 IDA 曲线上定义结构各种性能水平的极限状态。定义极限状态的通用准则有：DM 准则和 IM 准则。结构倒塌点的定义主要有 3 种原则[94]：DM 原则、IM 原则和混合原则。

DM 准则是以 DM 的阈值 C_{DM} 来定义结构倒塌点，当 DM $\geqslant$ C_{DM} 时，认为结构发生倒塌。上节已确定选取最大层间位移角的各层最大值 $\theta_{f, max}$ 作为结构损伤指标 DM，美国 FEMA 356 规范[97]也依据最大层间位移角各层最大值 $\theta_{f, max}$ 定义结构的三个极限状态点：立即使用（Immediate Occupancy，IO）、生命安全（Life Safe，LS）和防止倒塌（Collapse Prevention，CP）。其中，FEMA 356 对 IO 极限状态的定义是未见永久性侧移，结构损伤很微小，仍保持初始刚度和强度，因此没有必要进行修补；LS 极限状态的定义是处于生命安全性能水平下的建筑物，认为其非结构构件的破坏较为严重，结构构件表面破坏严重，构件中部分钢筋达到屈服；建筑物继续使用不会危及生命安全，但必须经过修复才能保证其功能上的连续性；虽然修复成本较高，但在经济和时间上还是可以接受的。CP 极限状态的定义是结构处于局部或整体倒塌边缘的震后损伤状态，结构刚度和强度退化很严重，水平变形很大，结构可能在随后的地震中发生倒塌，因此 CP 极限状态即为倒塌点。

另一方面，结构倒塌为动力失稳问题，表现在微小外部激励增长下，结构反应无限增大，也常采用 IM 原则来定义结构倒塌阈值 C_{IM}，当 IM $\geqslant$ C_{IM} 时，认为结构发生倒塌。C_{IM} 一般可采用 IDA 曲线的平台段起始点（对应结构的动力失稳点）来定义。如美国 FEMA 350 规范[98]针对钢框架结构建议：当切线刚度退化至初始刚度的 20% 时，结构发生倒塌，这就是用 IM 准则来判断结构的倒塌点。

但是采用 IM 原则定义结构倒塌会出现倒塌点处的 DM 过大的情况，因此，综合考虑 IM 和 DM 的混合原则是定义结构倒塌点的较好选择，即：当 IM $\geqslant$ C_{IM} 或 DM $\geqslant$ C_{DM} 时，认为结构发生倒塌。本文在结构倒塌点的定义采用混合原则：若结构的最大层间位移角 $\theta_{f, max}$ $\leqslant$ C_{DM}，则以结构动力失稳点对应的 IM 值作为结构倒塌阈值。若 $\theta_{f, max}$ > C_{DM}，则以 $\theta_{f, max}$ = C_{DM} 所对应的 IM 值作为结构倒塌阈值。

5）结构极限状态点的定义

结构极限状态点的定义尤其是结构倒塌状态点的定义涉及其中构件的延性大小。首先，对于本文讨论的 SMA 自复位支撑，支撑的延性可以通过设计调整。为了探讨自复位支撑的变形能力对结构抗震性能的影响，本章将讨论两种变形能力的自复位支撑，其中一种为变形能力较小的"自复位支撑 A 型"（SCBF-A），另一种为变形能力较大的"自复位支撑 B 型"（SCBF-B）。可知，受到最大变形限制，SMA 自复位支撑 A 型钢框架整体能达到的最大侧向变形也相应受到限制，也就限制了结构倒塌极限点的定义；而 SMA 自复位支撑 B 型钢框架的延性则较大。

屈曲约束支撑钢框架和抗弯钢框架的极限状态点定义则遵循美国规范 FEMA 356。从规范中可知，屈曲约束支撑同样延性有限，因此屈曲约束支撑钢框架的结构倒塌极限点的定义也受到限制。由此，得到 SMA 自复位支撑 A 型钢框架、SMA 自复位支撑 B 型钢框架、屈曲约束支撑钢框架和抗弯钢框架的各极限状态以及极限状态对应的框架最大层间位移角各层最大值的定义如表 9.11 所示。

极限状态 $\theta_{f,\,max}$（rad）	SCBF-A	SCBF-A	BRBF	MRF
立即使用（IO）	0.005	0.005	0.005	0.007
生命安全（LS）	0.015	0.015	0.015	0.025
防止倒塌（CP）	0.02	0.05	0.02	0.05

不同钢框架体系的极限状态点定义　　表 9.11

6）结构地震易损性分析的理论推导

文献[99]指出结构地震需求参数（EDP）样本与地震动强度参数（IM）之间的关系满足公式：

$$EDP = \alpha_0(IM)^{\beta_0} \tag{9.3}$$

本文中的结构地震需求参数即为结构损伤指标 DM，也即结构的最大层间位移角中各层最大值 $\theta_{f,\,max}$。

假设结构反应（地震需求）的概率函数为 D，中位值 $\overline{D}$ 和地震动参数 IM（阻尼比为 5% 时结构基本周期对应的弹性加速度谱值 $S_a(T_1, 5\%)$）服从指数关系：

$$\overline{D} = \alpha_0(S_a(T_1, 5\%))^{\beta_0} \tag{9.4}$$

对上式两边取对数：

$$\ln \overline{D} = A + B\ln(S_a(T_1, 5\%)) \tag{9.5}$$

结构反应的概率函数 D 用对数正态分布函数表示，则其统计参数为：

$$\lambda_d = \ln \overline{D} \tag{9.6}$$

$$\beta_d = \sqrt{\frac{1}{N-2}\sum_{i=1}^{N}(\ln D - \ln \overline{D})} \tag{9.7}$$

同理假设结构能力参数的概率函数 C 也可以用对数正态分布函数来表示，该函数由结构能力参数对数平均值 λ_c 和 β_c 两个参数来定义。

式（9.5）中 $A = \ln\alpha_0$、$B = \ln\beta_0$，其中 A、B 通过对结构进行大量增量动力分析后的数据进行统计回归得到，则容易求得 α_0 和 β_0 值。

结构的易损性曲线表示在不同强度地震作用下结构反应 D 超过破坏阶段所定义的结构能力参数 C 的条件概率。其公式可表示为：

$$P_f = P(C/D < 1) \tag{9.8}$$

公式（9.8）可写成 $P_f = P(C-D < 0)$，令 $Z = C - D$，由于 C、D 为独立随机变量，且服从正态分布，则 $Z = C - D$ 也服从正态分布，其平均值为 $\lambda_z = \lambda_c - \lambda_d$，标准差为 $\beta_z = \sqrt{\beta_c^2 + \beta_d^2}$。

结构的失效概率可直接通过 $Z < 0$ 的概率来表达，即：

$$\begin{aligned} P_f &= P(Z < 0) \\ &= \int_{-\infty}^{0} f(Z)\,dZ \\ &= \int_{-\infty}^{0} \frac{1}{\beta_z\sqrt{2\pi}}\exp\left[-\frac{1}{2}\left(\frac{Z-\lambda_z}{\beta_z}\right)^2\right]dZ \end{aligned} \tag{9.9}$$

为便于查表，将 $N(\lambda_z, \beta_z)$ 化成标准正态变量 $N(0, 1)$。令 $t = (Z - \lambda_z)/\beta_z$，则

$\mathrm{d}Z = \beta_z \mathrm{d}t$，$Z = \lambda_z + t\beta_z < 0$，即 $t < -\lambda_z/\beta_z$。

则公式（9.9）可写成：

$$
\begin{aligned}
P_f &= P\left(t < -\frac{\lambda_z}{\beta_z}\right)\\
&= \int_{-\infty}^{\frac{\lambda_z}{\beta_z}} \frac{1}{\sqrt{2\pi}} \exp\left[-\frac{t^2}{2}\right] \mathrm{d}t\\
&= \Phi\left(-\frac{\lambda_z}{\beta_z}\right)\\
&= \Phi\left(-\frac{\lambda_c - \lambda_d}{\sqrt{\beta_c^2 + \beta_d^2}}\right)\\
&= \Phi\left(-\frac{\ln\overline{C} - \ln\overline{D}}{\sqrt{\beta_c^2 + \beta_d^2}}\right)
\end{aligned}
\tag{9.10}
$$

所以特定阶段的失效概率 P_f 为：

$$
\begin{aligned}
P_f &= \Phi\left[-\frac{\ln\overline{C}/\overline{D}}{\sqrt{\beta_c^2 + \beta_d^2}}\right] = \Phi\left[\frac{\ln\overline{D}/\overline{C}}{\sqrt{\beta_c^2 + \beta_d^2}}\right]\\
&= \Phi\left[\frac{\ln[\alpha_0(S_a(T_1,5\%))^{\beta_0}/\overline{C}]}{\sqrt{\beta_c^2 + \beta_d^2}}\right]
\end{aligned}
\tag{9.11}
$$

其中，P_f 即表示结构在地震作用下的反应超越某状态的概率，IO、LS、CP 三个性态点所对应 $\overline{C}$ 由 IDA 分析可以获取。上式中 $\sqrt{\beta_c^2 + \beta_d^2}$ 的 β_c 和 β_d 由统计得出，也可根据地震损失估算方法：用户手册（HAZUS99）取值[95]，当易损性曲线以 S_a 为自变量时，$\sqrt{\beta_c^2 + \beta_d^2}$ 取 0.4。$\Phi(x)$ 为正态分布函数，其值可通过标准正态分布表来确定。求出对应于不同性态水准的失效概率，所得曲线即为结构整体的地震易损性曲线。

7）基于 IDA 方法的地震易损性分析基本步骤

首先，创建能合理模拟结构在地震激励下动力响应的结构非线性有限元模型。

选择一系列符合结构所处场地条件的地震动记录，选择合适的地震动强度指标 IM 和结构损伤指标 DM。本章选定的 IM 为阻尼比等于 5% 时结构基本周期对应的弹性加速度谱值 $S_a(T_1,5\%)$，DM 为楼层最大层间位移角 $\theta_{f,max}$。

取一条地震动记录进行调幅，以首次调幅后的加速度进行一次非线性动力时程分析，记录分析结果得到第一个 DM-IM 点，记为 P_1，将此点与原点连线的斜率记为 K_e，即为初始斜率。对该条地震动记录按 Hunt&Fill 算法进行调幅，再次进行弹塑性动力时程分析，得到第二个 DM-IM 点，记为 P_2。如果该点与前一点斜率小于 $0.2K_e$（小于 $0.2K_e$ 数值出现发散），则认为结构倒塌，往前搜索倒塌极限点。否则按多个等级调幅，继续计算。如果 DM 大于 CP 点，则最大层间位移角限值取 CP 点作为倒塌极限点，进而得到一条由多个 DM-IM 点组成的 IDA 曲线。

重复以上步骤，即可得到在多条地震动记录下，数值分析得到的 IDA 曲线。

对多条 IDA 曲线进行后处理分析，假定每条 DM-IM 曲线均服从正态分布，在某一损伤指标 DM 值下，得到不同 IM 值的均值 μ_{IM} 和不同 IM 值的标准差 δ_{IM}，继而得到（DM，μ_{IM}），（DM，$\mu_{IM} \times e^{+\delta_{IM}}$），（DM，$\mu_{IM} \times e^{-\delta_{IM}}$）三条曲线，即 50%、84% 和 16% 分位值的

百分位 IDA 曲线，50% 分位曲线为中值曲线，84% 和 16% 曲线则能反映出离散程度，在三条百分位 IDA 曲线上定义极限状态点。

通过对结构 IDA 分析的响应数据进行线性回归，即可建立以地震动参数为自变量的结构地震需求概率模型。

通过地震需求概率模型，得到结构的易损性函数，从而求出不同地震动强度下结构达到极限状态的失效概率，并绘制以所选地震动参数为自变量的地震易损性曲线。

9.4.2 结构易损性分析结果

（1）IDA 曲线

通过 9.4.1 节所讨论的 IDA 分析方法，在 OpenSEES 有限元软件中对 9 层自复位支撑 A 型 Benchmark 钢框架、自复位支撑 B 型 Benchmark 钢框架、屈曲约束支撑 Benchmark 钢框架和抗弯 Benchmark 钢框架进行非线性时程分析，得到了不同 9 层钢框架的 22 条 IDA 曲线，如图 9.17 所示。

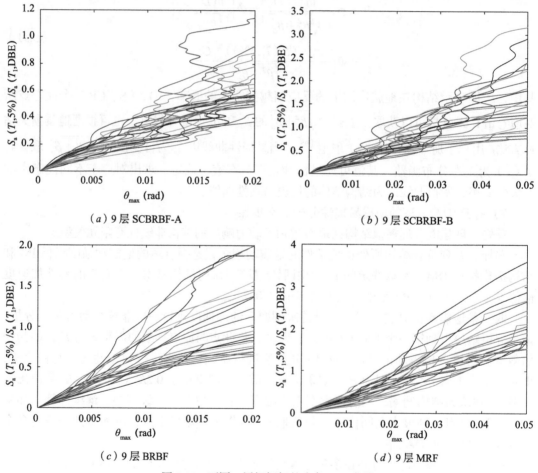

图 9.17 不同 9 层钢框架的多条 IDA 曲线

（2）IDA 分析结果

根据图 9.18 的结果可以看到，结构的 IDA 曲线形状和分布与所选取的地震记录相关，同一结构当输入不同地震记录时，结构的地震响应会有一定的离散性，因此需要用中值（50% 分位值）以及 16%、84% 分位曲线来反映这些 IDA 曲线的中值以及离散程度，如图 9.18 所示。这三条 IDA 百分位曲线表示 22 条地震记录中有 16%、50% 和 84% 的地震动记录的结果超越了结构相应的极限状态。

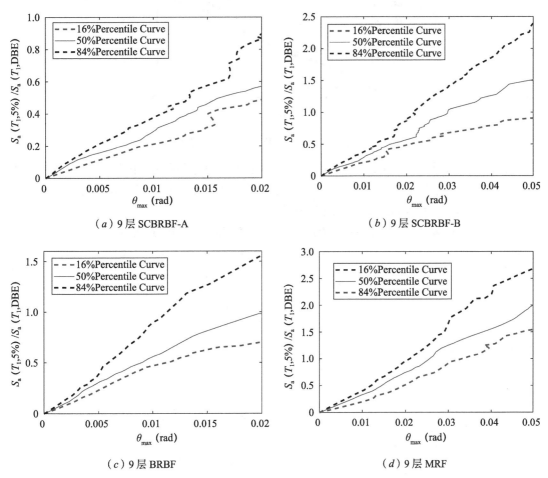

（a）9 层 SCBRBF-A　　　　　　（b）9 层 SCBRBF-B

（c）9 层 BRBF　　　　　　（d）9 层 MRF

图 9.18　不同 9 层钢框架的 IDA 分位曲线

作出不同 9 层钢框架的 IDA50% 分位曲线在结构损伤指标 $\theta_{f,\,max}$ 小于 2% 的范围内的对比，如图 9.19 所示。

由图可知，SMA 自复位支撑钢框架的 IDA50% 分位曲线在 0.005rad 前小于屈曲约束支撑钢框架，而高于抗弯钢框架，原因是弹性阶段的结构行为由刚度控制，SMA 自复位支撑钢框架及屈曲约束支撑钢框架的初始刚度大于抗弯钢框架。当结构变形大于 0.005rad 时，自复位支撑的曲线最低，其原因是当结构进入非线性后，结构抗震性能主要由耗能控制，而 SMA 自复位支撑钢框架的耗能能力小于屈曲约束支撑和抗弯钢框架。

（3）地震需求概率模型及易损性曲线

为得到不同结构的易损性曲线函数，对不同结构地震动强度指标 IM 和结构损伤指标 DM 分别取自然对数，如式（9.12）所示，即对 IDA 分析得到的数据进行线性回归分析，分别以地震动强度指标 $S_a\,(T_1,\,5\%)$ 的自然对数为自变量，以结构响应值 $\theta_{f,\,max}$ 的自然对

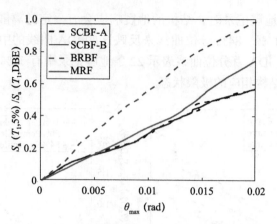

图 9.19　不同 9 层钢框架 IDA 的 50% 分位曲线对比

数为因变量，利用 MATLAB 软件对取自然对数后的数据进行线性回归，建立结构需求反应的概率函数，将不同 9 层钢框架的地震需求概率模型的线性回归结果绘制在 $\ln[S_{\mathrm{a}}(T_1, 5\%)] - \ln(\theta_{\mathrm{f, max}})$ 坐标系中，如图 9.20 所示。

$$\ln DM = \ln(\theta_{\mathrm{f,max}}) = A + B\ln[S_{\mathrm{a}}(T_1, 5\%)] = \ln\alpha_0 + \beta_0\ln[S_{\mathrm{a}}(T_1, 5\%)] \quad (9.12)$$

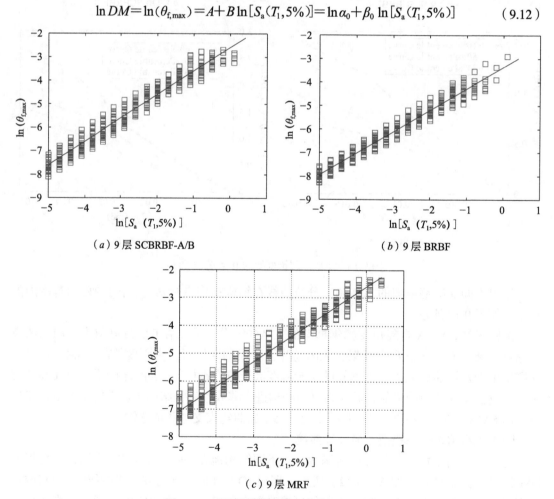

图 9.20　地震需求概率模型的线性回归结果

由此得到 9 层抗弯钢框架、自复位支撑钢框架和屈曲约束支撑钢框架的地震需求概率模型表达式依次为：

$$\ln(\theta_{\mathrm{f,max}}) = -2.6108 + 0.8930\ln[S_{\mathrm{a}}(T_1,5\%)]$$

$$\ln(\theta_{\mathrm{f,max}}) = -2.5790 + 1.0035\ln[S_{\mathrm{a}}(T_1,5\%)]$$

$$\ln(\theta_{\mathrm{f,max}}) = -3.3508 + 0.9197\ln[S_{\mathrm{a}}(T_1,5\%)]$$

根据 9.4.1 节（3）的推导结果，有：$\alpha_0 = e^A$，$\beta_0 = B$，由此，即可以计算得到不同 9 层钢框架对应的 α_0 和 β_0，将各钢框架的 α_0 和 β_0 代入公式（9.5），即可得到各模型以 $S_{\mathrm{a}}(T_1,5\%)$ 表示的结构在各极限状态下的失效概率函数公式。由此得到 9 层抗弯钢框架、自复位支撑钢框架和屈曲约束支撑钢框架的失效概率（P_{f}）的函数公式（即结构整体的地震易损性函数公式）依次为：

$$P_{\mathrm{f}} = \Phi\left(\frac{\ln\{0.07348[S_{\mathrm{a}}(T_1,5\%)]^{0.8930}/\overline{C}\}}{\sqrt{\beta_{\mathrm{c}}^2 + \beta_{\mathrm{d}}^2}} \right) \tag{9.13}$$

$$P_{\mathrm{f}} = \Phi\left(\frac{\ln\{0.07585[S_{\mathrm{a}}(T_1,5\%)]^{1.0035}/\overline{C}\}}{\sqrt{\beta_{\mathrm{c}}^2 + \beta_{\mathrm{d}}^2}} \right) \tag{9.14}$$

$$P_{\mathrm{f}} = \Phi\left(\frac{\ln\{0.03506[S_{\mathrm{a}}(T_1,5\%)]^{0.9197}/\overline{C}\}}{\sqrt{\beta_{\mathrm{c}}^2 + \beta_{\mathrm{d}}^2}} \right) \tag{9.15}$$

上面各式中，$\overline{C}$ 为不同极限状态下的结构能力参数，由表 9.11 中不同类型 9 层钢框架的 IDA50% 分位曲线确定。上式中 $\Phi(x)$ 为正态分布函数，通过查标准正态分布表可以确定。

根据失效概率公式，即可绘制以 $S_{\mathrm{a}}(T_1,5\%)$ 为横坐标的地震易损性曲线，但为了便于直观对比分析，这里采用 $S_{\mathrm{a}}(T_1,5\%)/S_{\mathrm{a}}(T_1,\mathrm{DBE})$ 作为横坐标，表示相对于 $S_{\mathrm{a}}(T_1,\mathrm{DBE})$ 的倍率，即将 $S_{\mathrm{a}}(T_1,5\%)$ 横坐标值除以 $S_{\mathrm{a}}(T_1,\mathrm{DBE})$，$S_{\mathrm{a}}(T_1,\mathrm{DBE})$ 指结构对应于基本周期 T_1 的 DBE 水准（大震）下水平影响系数与重力加速度的乘积取值。不同 9 层钢框架的基本周期 T_1 对应的 $S_{\mathrm{a}}(T_1,\mathrm{DBE})$ 值如表 9.12 所示。

不同 9 层钢框架的各地震水准下的 $S_{\mathrm{a}}(T_1,\mathrm{DBE})$ 　　　　表 9.12

结构	MRF	BRBF	SCBF
$S_{\mathrm{a}}(T_1,\mathrm{DBE})$	0.313	0.403	0.404

进而可得到这些结构在各个性能水准下的地震易损性曲线，如图 9.21 所示。

（4）易损性曲线对比

由此，作出在 IO、LS 和 CP 三个极限状态下不同 9 层钢框架的易损性曲线对比如图 9.22 所示。

由图的对比可以得到以下结论：

在给定的 IM 值下，结构超越 IO 状态的概率由 BRBF、MRF 到 SCBF 依次增大，BRBF 和 MRF 超越 LS 状态的概率类似，且均小于 SCBF。MRF 的抗倒塌性能最好，这是因为 MRF 的承载力、耗能能力和延性都是最好的，而 BRBF 的抗倒塌能力小于 SCBF-B 主要是因为 SCBF-B 的延性比 BRBF 好。SCBF-A 因耗能能力差且变形能力较小，因此其抗倒塌能力最小。

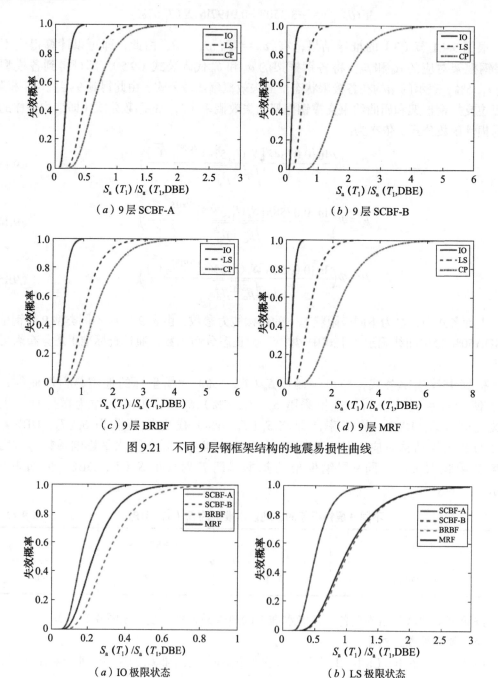

图 9.21　不同 9 层钢框架结构的地震易损性曲线

图 9.22　不同 9 层钢框架结构在各性能水准下的易损性曲线对比（一）

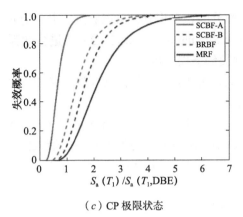

（c）CP 极限状态

图 9.22 不同 9 层钢框架结构在各性能水准下的易损性曲线对比（二）

9.5 SMA 支撑钢框架的地震经济损失分析

9.5.1 基于 MCS 的地震经济损失分析方法

（1）地震经济损失分析及其计算公式

根据美国 FEMA P58 规范[96]的定义，一般建筑物的地震损失可分为以下三种类型：

1）结构构件（承重构件）的损坏造成的损失；

2）非承重构件如隔墙、管道系统等的损坏造成的损失；

3）建筑物内的财物如桌椅等的损坏造成的损失。

以上这些地震损失可以采用构件的易损性函数进行评估。构件的易损性函数能够确定在地震发生时该构件超越某种损伤状态（Damage State，DS）的概率，其对应的自变量是工程需求参数（EDP），如最大层间位移角的各层最大值（$\theta_{f, max}$）或楼层绝对加速度峰值（PFA）[100]。

因此，对于所给定的地震动强度指标（IM），每个构件（组件）都能分配相应的落在各个 DS 状态中的概率，这个概率与经济成本概率函数相关联，从而可以针对给定的 DS 状态确定出各构件（组件）地震后修复费用的累积分布函数。将整个建筑所关心的构件（组件）的地震后维修费用累加，就可以进一步建立结构地震后经济损失评估函数。

根据经济学理论，在地震损失分析中，决策变量（DV）（如地震后维修费用）的年超越概率计算公式为[101]：

$$P(DV > IM) = \int_{IM} \int_{DM} \int_{EDP} G(dv|DM)|dG(DM|EDP)||dG(EDP|IM)| \left| \frac{d\lambda(IM)}{dIM} \right| dIM \quad (9.16)$$

其中，$G(\ldots)$ 表示在给定的条件下，超越某一参数的超越概率；$dG(\ldots)$ 表示在给定的条件下，该超越概率的微分增量。由于本章的框架模型已经在确定的场地条件上，因此公式中的地震危险性概率（即不同场地地震强度超过某个值的年超越概率）可以进行简化，由此，得到简化后的计算公式：

$$G(dv|IM) = \int_{DM} \int_{EDP} G(dv|DM)|dG(DM|EDP)||dG(EDP|IM)| \quad (9.17)$$

上式是一个带有概率微分的二重积分，可以看到，其计算过程较为复杂，通常可采用蒙特卡洛模拟（Monte Carlo Simulation，MCS）的方法进行计算[102]。

（2）MCS方法计算地震经济损失步骤

本章采用蒙特卡洛模拟方法计算地震经济损失的步骤如下[103]：

1）EDP的预测（计算）

EDP指结构工程需求参数，定义为在每一级地震动强度指标IM水平下，计算得到结构的EDP矩阵（如$\theta_{f,max}$，结构层最大绝对加速度各层最大值PFA，结构层最大绝对速度各层最大值PFV，$\theta_{RE,f,max}$），可通过对结构进行增量动力分析和易损性分析得到，这在9.4.2节中的IDA分析结果里已完成。

2）计算结构总的重置成本

结构的总重置成本不等同于结构的总建造费用。结构的总重置成本是指将原有的建筑拆除并运送出场地的费用加上新的设计费以及以现行价格水平再建造一个与评估对象具有同等功能的全新结构所需的费用。由于这是建造在美国的Benchmark钢框架，因此参考美国规范FEMA P58的相关资料，计算得到不同9层钢框架的总重置成本如表9.13所示。

不同9层钢框架的总重置成本　　　　　　　　　　表9.13

9层钢框架类型	MRF	BRBF	SCBF
结构总重置成本（$\times 10^6$，美元）	7.795	7.554	8.194

3）建立三维矩阵

蒙特卡洛模拟方法计算概率的积分核心在于建立三维矩阵 C，三维矩阵 C 的示意如图9.23所示。

其中，竖轴为蒙特卡洛模拟方法所需的样本个数 N，N 的物理含义为置换或维修成本（费用），最少为40，这里取 $N = 1000$；横轴为地震动强度指标IM，纵轴为所用的22条地震动记录GM。当 GM $= i$，IM $= j_1$ 时，对应的一维矩阵 $C(i, j_1, 1:N)$ 即为MCS方法某一步的研究对象。

4）计算倒塌状态下结构的地震经济损失

先判断是否有结构倒塌发生。假如当 GM $= i$，IM $= j_1$ 时，结构的EDP满足预设的倒塌条件，则结构发生

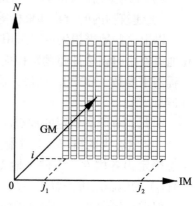

图9.23　三维矩阵 C 示意

整体倒塌，结构的地震后修复费用就等于结构的总重置成本；由于结构的重置和不同场地、价格变动等因素有关，结构实际可能的总重置成本是一个以计算得到的成本为中值的正态分布，因此，此时矩阵 $C(i, j_1, 1:N)$ 中的所有元素按此正态分布生成的随机值填满。

5）计算非倒塌状态下结构被拆除时的地震经济损失

假如当 GM $= i$，IM $= j_1$ 时，结构的EDP不满足预设的倒塌条件，则结构没有发生倒塌，此时则需考虑地震后结构是否拆除的概率。若结构被拆除，则结构的修复成本就等于结构的重置成本。地震后是否拆除的概率（即拆除概率）与结构的残余层间位移

角各层最大值 $\theta_{RE, f, max}$ 有关，根据 $\theta_{RE, f, max}$ 计算出拆除概率 $P(D_{dem} | \theta_{RE, f, max})$ 后，将 $N_{dem} = N \times P(D_{dem} | \theta_{RE, f, max})$ 个元素按步骤 4）中的总重置成本的概率分布的随机值填满。

6）计算非倒塌状态下结构无拆除时的地震经济损失

对于 5）步骤中剩余的（$N-N_{dem}$）个不需要拆除的样本，则需要计算结构的总修复费用。在给定的 GM = i，IM = j_1 条件下，结构的 EDP 值是确定的，由此可以根据不同构件的易损性曲线，确定不同构件所处损伤状态 DS 的概率；再由相应的维修费用清单，即可计算出该构件的修复费用概率分布函数；将剩余的（$N-N_{dem}$）个不需要拆除的样本按该构件的修复费用概率分布函数生成随机值填满，并进行不断的累计，即可得到结构总的修复费用矩阵。

7）计算 16%、50%、84% 分位值曲线

根据所得的三维矩阵，计算每一级地震动强度指标 IM 对应下的维修费用矩阵的16%、50%、84% 分位超越概率曲线。

（3）MCS 方法相关的基本信息

1）结构拆除概率

结构的拆除概率是指在结构不倒塌的前提下，某一最大残余层间位移角 $\theta_{RE, f, max}$ 下结构需被拆除的概率分布函数，可理解为结构随着残余层间位移角的增加而必须拆除的工程百分比，一般假定为累积对数正态分布。该对数正态分布的中值一般取 0.5%、1.0% 或 1.5%，取决于建筑物的重要程度等因素，而标准差固定取 0.3。例如，当该对数正态分布的中值取 1.0% 时，拆除概率曲线如图 9.24 所示，表明若最大残余层间位移角为 1.0% 时，结构需要被拆除的概率是 50%；当最大残余层间位移角达到 2.0% 时，结构需要被拆除的概率是 100%。后文 9.5.2 节的研究中则先采用中值＝0.5% 作为典型案例。

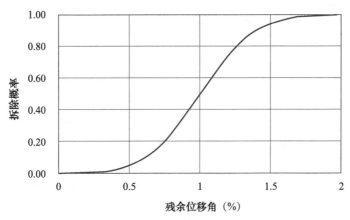

图 9.24　结构的拆除概率曲线

2）结构构件清单

为计算结构的地震经济损失，需建立不同 9 层钢框架的构件清单。不同 9 层钢框架的构件清单按照美国规范 FEMA P58 的分类进行编号，钢框架每一层的构件清单如表 9.14 所示。

不同 9 层钢框架的每层构件清单　　表 9.14

序号	MRF	SCBRBF	BRBF	FEMA P58（ID）	数量	EDP	类别
1	柱及柱底板	柱及柱底板	柱及柱底板	B1031.011b	6	$\theta_{f,\,max}$	结构构件
2	焊接刚接梁柱节点，梁单侧	焊接刚接梁柱节点，梁单侧	焊接刚接梁柱节点，梁单侧	B1035.021	1	$\theta_{f,\,max}$	结构构件
3	焊接刚接梁柱节点，梁双侧	焊接刚接梁柱节点，梁双侧	焊接刚接梁柱节点，梁双侧	B1035.031	4	$\theta_{f,\,max}$	结构构件
4	铰接梁柱节点及螺栓和节点板	铰接梁柱节点及螺栓和节点板	铰接梁柱节点及螺栓和节点板	B1031.001	7	$\theta_{f,\,max}$	结构构件
5	—	人字形自复位无屈曲支撑	人字形屈曲约束支撑	B1033.101b	4	$\theta_{f,\,max}$	结构构件
6	玻璃幕墙	玻璃幕墙	玻璃幕墙	B2022.001	90	$\theta_{f,\,max}$	非结构构件
7	悬挂吊顶	悬挂吊顶	悬挂吊顶	C3032.003a	15	PFA	非结构构件
8	废水管道	废水管道	废水管道	D2031.011b	1	PFA	非结构构件
9	空调及通风设备	空调及通风设备	空调及通风设备	D3041.001a	5	PFA	非结构构件
10	办公桌椅	办公桌椅	办公桌椅	E2022.001	45	PFA	财物
11	架子上未固定易碎财物	架子上未固定易碎财物	架子上未固定易碎财物	E2022.010	45	PFA	财物
12	柜子中易碎财物	柜子中易碎财物	柜子中易碎财物	E2022.012	45	PFA	财物
13	墙上电子设备	墙上电子设备	墙上电子设备	E2022.021	1	PFA	财物
14	桌上电子设备	桌上电子设备	桌上电子设备	E2022.022	45	PFA	财物
15	书架	书架	书架	E2022.103a	45	PFV	财物

3）构件的易损性函数

美国 FEMA P58 规范通过大量的统计和具体的实践，给出了各种常见结构类型的主要结构物、非结构物、设施设备等的易损性函数，并根据统计结果假定其均服从对数正态分布，易损性函数的相关参数如表 9.15 所示。

构件的易损性函数参数　　表 9.15

构件序号	EDP	单位	DS1 中值	DS2 中值	DS3 中值	DS1 标准差	DS2 标准差	DS3 标准差
1	θ_{max}	rad	0.04	0.07	0.1	0.4	0.4	0.4
2	θ_{max}	rad	0.03	0.04	0.05	0.3	0.3	0.3
3	θ_{max}	rad	0.03	0.04	0.05	0.3	0.3	0.3
4	θ_{max}	rad	0.04	0.08	0.11	0.4	0.4	0.4

续表

构件序号	EDP	单位	DS1 中值	DS2 中值	DS3 中值	DS1 标准差	DS2 标准差	DS3 标准差
5	$\theta_{\max}$	rad	0.02	—	—	0.4	—	—
6	$\theta_{\max}$	rad	0.03	0.0383	—	0.4	0.4	—
7	PFA	g	1	1.8	2.4	0.4	0.4	0.4
8	PFA	g	1.20	2.4	—	0.5	0.5	—
9	PFA	g	1.92	2.4	—	0.5	0.5	—
10	PFA	g	1	—	—	0.4	—	—
11	PFA	g	0.4	—	—	0.6	—	—
12	PFA	g	0.6	—	—	0.6	—	—
13	PFA	g	2.5	—	—	0.5	—	—
14	PFA	g	1	—	—	0.5	—	—
15	PFV	m/s	0.493	—	—	0.5	—	—

　　选取某一典型构件（焊接刚接梁柱节点，梁单侧，ID：B1035.021）的易损性函数曲线为例，如图 9.25 所示，其中该构件各 DS 状态为：① DS1：节点附近梁翼缘和腹板局部屈曲；② DS2：节点附近梁端扭转变形；③ DS3：节点附近梁端出现断裂。为确定该构件所处某一 DS 状态的概率，需按式（9.18）计算该构件处于各 DS 状态下的概率曲线（m 为 DS 数目），结果如图 9.26 所示。

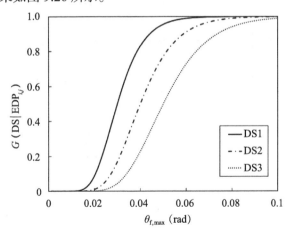

图 9.25　典型构件（ID：B1035.021）的易损性曲线

$$P(\mathrm{DS}=\mathrm{d}s_i|\mathrm{EDP}=edp)=1-P(\mathrm{DS}\geqslant \mathrm{d}s_{i+1}|\mathrm{EDP}=edp) \qquad\qquad i=0$$

$$P(\mathrm{DS}\geqslant \mathrm{d}s_i|\mathrm{EDP}=edp)-P(\mathrm{DS}\geqslant \mathrm{d}s_{i+1}|\mathrm{EDP}=edp) \quad 1\leqslant i<m \;(9.18)$$

$$P(\mathrm{DS}\geqslant \mathrm{d}s_i|\mathrm{EDP}=edp) \qquad\qquad i=m$$

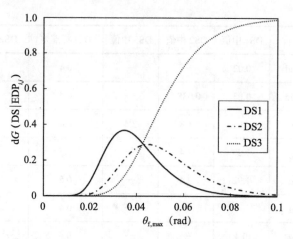

图 9.26 典型构件（ID：B1035.021）处于各个损伤状态 DS 的概率曲线

4）构件修复费用清单

按照 FEMA P58 规范，9 层钢框架中各结构构件和非结构构件等在不同损伤状态 DS 下的修复费用清单如表 9.16 所示。

构件在各 DS 状态下的修复费用清单（单位：美元）   表 9.16

序号	最小数量	最大数量	DS1		DS2		DS3	
			最大费用	最小费用	最大费用	最小费用	最大费用	最小费用
1	5	15	25092	16728	34584	23056	42264	28176
2	10	30	21600	14400	35880	23920	35880	23920
3	10	30	42960	28640	63720	42480	63720	42480
4	10	30	15864	10776	18650	6650	15864	10776
5	5	15	20000	15000	—	—	—	—
6	600	3000	68.5	36.5	68.5	36.5	—	—
7	250	2500	1.885	1.305	15.08	10.44	—	—
8	5	10	800	240	5700	1710	—	—
9	3	10	910	560	3240	2295	—	—
10	20	100	100	80	—	—	—	—
11	10	50	50	30	—	—	—	—
12	10	50	30	20	—	—	—	—
13	15	50	20	15	—	—	—	—
14	20	100	150	120	—	—	—	—
15	5	15	35	25	—	—	—	—

构件的修复费用与其数量有关，修复费用会随着构件的数量增加而减少，当数量减少到

一定程度后则不再减少，在一定范围内，修复费用与构件数量为线性函数，如图 9.27 所示。

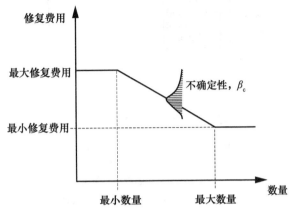

图 9.27　构件修复费用与构件数量的关系

9.5.2　结构震后修复费用与地震经济损失分析结果

结合 9.4.2 节中得到的 IDA 分析结果，经过蒙特卡洛模拟的分析后，得到不同 9 层钢框架的地震后结构总修复费用的 16%、50%、84% 分位超越概率曲线。本节的拆除概率中值取 0.5% 残余层间位移角作为典型案例。将地震后结构总修复费用分别按 16%、50%、84% 分位超越概率曲线进行不同钢框架的对比，如图 9.28 所示。

从图中可以看出，各结构的经济损失都随着 IM 的增大而增大。无论是从哪个分位数来看，经济损失曲线平台段的 IM 值从大到小的顺序都是 SCBF-B、MRF、BRBF 和 SCBF-A。这说明 SMA 自复位支撑钢框架结构的经济性能优于 MRF 和 BRBF，但前提是其变形能力较大。

从图 9.28（b）可以看出，当结构在经历 DBE 地震作用后，MRF、BRBF 和 SCBF-A 的修复费用都接近总重建成本。MRF 和 BRBF 出现该现象的原因是，其在 DBE 下产生较大的残余变形（大于 0.5%），无法修复，只能拆除。而 SCBF-A 出现这种现象的原因是，在相同的设计条件下，SCBF-A 的耗能能力比 BRBF 小很多，在相同的地震作用下，SCBF-A 的结构响应比 BRBF 大很多，从图 9.21（c）也可以看出，在 DBE 下，SCBF-A 的

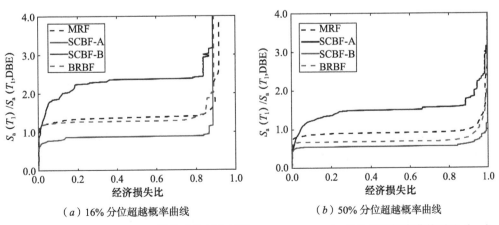

（a）16% 分位超越概率曲线　　　　　　（b）50% 分位超越概率曲线

图 9.28　不同 9 层钢框架震后结构总修复费用按 16%、50%、84% 分位超越概率曲线对比（一）

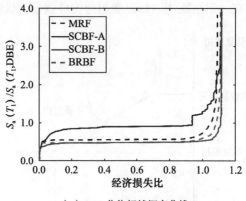

（c）84% 分位超越概率曲线

图 9.28　不同 9 层钢框架震后结构总修复费用按 16%、50%、84% 分位超越概率曲线对比（二）

倒塌概率达到 0.86。相应的，SCBF-B 在 DBE 和 MCE 下的经济损失为 0.368×10^6 和 3.768×10^6 美元，损失比分别为 4.49% 和 45.98%，因此在 DBE 下 SCBF-B 几乎无需修复或稍加修复即可恢复使用，即使在 MCE 地震作用下 SCBF-B 也可以修复，而不用推倒重建。

结合图 9.22，虽然 SCBF-B 的抗倒塌能力小于 MRF，但是其经济性能（震后可修复性）要远优于 MRF 及 BRBF。

9.5.3　结构总修复费用曲线的敏感性分析

由于 9.5.2 节的蒙特卡洛分析结果是在当拆除概率中值等于 0.5% 残余层间位移角的条件下进行评估的，因此，需要分析在不同的拆除概率中值下，结构的震后总修复费用曲线受该参数取值的影响程度，即"敏感性分析"。根据有关资料，不同重要等级的结构拆除概率的中值和方差取值如下：

1）中值 = 0.5%，标准差 = 0.3（重要程度高的结构，如医院）

2）中值 = 1.0%，标准差 = 0.3（重要程度中等的结构，如办公楼）

3）中值 = 1.5%，标准差 = 0.3（重要程度低的结构）

图 9.29 为四个结构在不同拆除概率中值下经济损失曲线 50% 分位线对比。

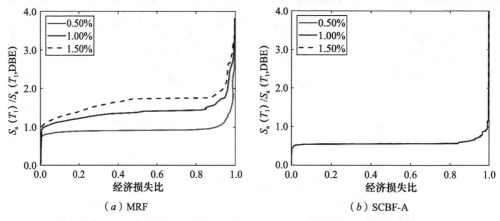

（a）MRF　　　　　　　　　　　　　　　（b）SCBF-A

图 9.29　不同 9 层钢框架在不同拆除概率中值下经济损失曲线 50% 分位线对比（一）

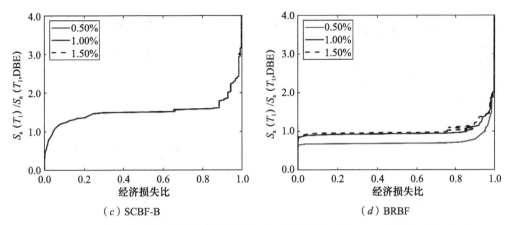

$$（c）\text{SCBF-B} \qquad\qquad （d）\text{BRBF}$$

图 9.29　不同 9 层钢框架在不同拆除概率中值下经济损失曲线 50% 分位线对比（二）

如图 9.29 所示，MRF 的经济损失对拆除概率中值最为敏感，如果拆除概率中值较小，往往会增加 MRF 的经济损失。在拆除概率中值在 1.0% ~ 1.5% 之间时，BRBF 经济损失对拆除概率中值不敏感。由于 SCBF-A 和 SCBF-B 在地震作用下的残余位移较小，拆除概率中值对 SCBF-A 和 SCBF-B 几乎没有影响。

9.5.4　经济损失金字塔

虽然 9.5.3 节中各结构的经济损失曲线表现出不同的幅值大小，但具有相同的趋势，以图 9.29（a）为例，本节重点针对经济损失的趋势和关键转折点开展研究。

图 9.30（a）中横坐标表示经济损失率，即通过总重置成本归一化的经济损失，其可以实现直接客观的比较。如图 9.30（a）所示，经济损失曲线有三个关键转折点，分别表示为 A、B 和 C。当 IM 小于 IM_A 时经济损失可以忽略不计；当 IM 大于 IM_A 时，经济损失开始上升；当 IM 大于 IM_C 时，经济损失接近结构总体重置成本。B 点为 A 点和 C 点的过度，A 点与 B 点之间的经济损失曲线斜率远高于 B 点到 C 点之间的经济损失曲线斜率，这表明经济损失在 B 点后变得不稳定，即微小的 IM 增加会导致经济损失的急剧增加。当经济损失曲线达到非稳定阶段时，比较 IM 的大小是没有意义的，因此在评价结构经济损失性能的时候，应主要关注 A 点到 B 点之间经济损失曲线的平稳变化段。

在给定的经济损失曲线上，将曲线横坐标趋近于总重置成本的点定义为 C 点，B 点为经济损失曲线上距离原点与 C 连线距离最大的点，A 点为经济损失曲线上原点与 B 点之间距离原点与 B 点连线最远点。将图 9.30（a）中三个点的坐标分别表示为：$[\tilde{S}(A),\tilde{L}(A)]$、$[\tilde{S}(B),\tilde{L}(B)]$ 和 $[\tilde{S}(C),\tilde{L}(C)]$。A 点和 B 点连线与水平方向的夹角表示为：

$$\theta_{AB}=\tan^{-1}\left(\frac{\tilde{S}(B)-\tilde{S}(A)}{\tilde{L}(B)-\tilde{L}(A)}\right) \tag{9.19}$$

从概念上讲，一个结构的 $\tilde{S}(A)$、$\tilde{S}(B)$ 和 θ_{AB} 越大，该结构的经济性能越好，因为较大的 $\tilde{S}(A)$ 意味着引起结构有明显经济损失的 IM 值较大，θ_{AB} 越大表明结构以较小的损失速度达到经济损失敏感点，$\tilde{S}(B)$ 越大，表明结构达到经济损失敏感点的 IM 值越大。因为 $\tilde{S}(A)$、$\tilde{S}(B)$ 和 θ_{AB} 均影响结构的经济损失性能，因此评估结构的经济性能时需要将三个参数都考虑进去。

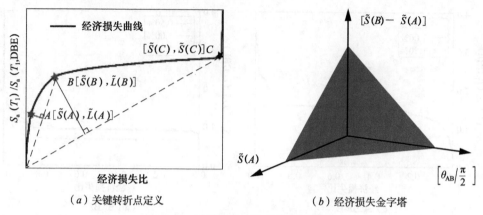

（a）关键转折点定义　　　　　　　　　（b）经济损失金字塔

图 9.30　经济损失金字塔构成示意图

如图 9.30（b）三维坐标系，三个坐标轴分别表示 $\tilde{S}(A)$、$[\tilde{S}(B) - \tilde{S}(A)]$ 和 $\left(\theta_{AB} \middle/ \dfrac{\pi}{2}\right)$，三个坐标轴值连线组成一个金字塔，金字塔的体积即可用来作为综合考虑了 $\tilde{S}(A)$、$\tilde{S}(B)$ 和 θ_{AB} 的结构经济性能评价指标。

基于 9.5.3 节各结构的经济损失曲线，可以得到各结构的 $\tilde{S}(A)$、$[\tilde{S}(B) - \tilde{S}(A)]$ 和 $\left(\theta_{AB} \middle/ \dfrac{\pi}{2}\right)$ 值，并可以求得各个金字塔的体积。如图 9.31 所示，MRF 的 $\tilde{S}(A)$ 值最大，这是因为 MRF 的设计主要是由位移控制，其屈服承载力比 SCBF 和 BRBF 要高很多，因此引起 MRF 有明显经济损失的 IM 值较大。

基于图 9.31 的对比发现，SCBF-B 在所考虑的四个结构中经济性能最好。BRBF 的经济损失表现比 MRF 好，这是因为在相同的地震作用下 BRBF 的层间变形要比 MRF 小，因此一些位移敏感的非结构构件和物品损伤较小，降低了 BRBF 的修复成本。SCBF-A 与 MRF 金字塔体积类似，这表明如果自复位支撑的变形能力较小，则无法表现出明显的震后修复优势。

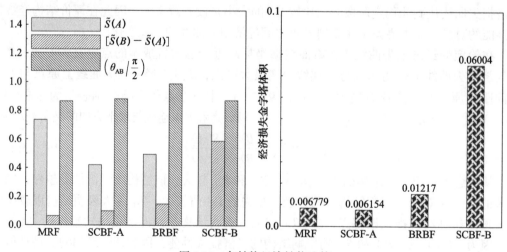

图 9.31　各结构经济性能比较

参 考 文 献

［1］ 重建克赖斯特彻奇：建筑结构体系抗震设计的转变［M］．米歇尔·布鲁诺，格雷格·麦克雷。王伟，
方成译．北京：中国建筑工业出版社，2019.

［2］ Wang W，Chan T M，Zhang Y. Special issue on resilience in steel structures［J］. Frontier of Structural
and Civil Engineering，2016，10（3）：237-238.

［3］ Chang W S，Araki Y. Use of shape memory alloy in construction：a critical review［J］. Proceedings of
the Institution of Civil Engineers-Civil Engineering，2016，169（2）：87-95.

［4］ Wang W，Fang C，Liu J. Large size superelastic SMA bars：heat treatment strategy，mechanical
property and seismic application［J］. Smart Materials and Structures，2016，25（7）：075001.

［5］ 王伟，邵红亮．不同直径 NiTi 形状记忆合金棒材的超弹性试验研究［J］．结构工程师，2014（3）：
168-174.

［6］ 钱辉，李静斌，李宏男，等．结构振动控制的不同直径 NiTi 丝力学性能试验研究［J］．振动与冲击，
2013，32（24）：89-95.

［7］ Fang C，Yam M C H，Ma H，et al. Tests on superelastic Ni–Ti SMA bars under cyclic tension and direct-
shear：towards practical recentring connections［J］. Materials and Structures，2015，48（4）：1013-
1030.

［8］ Fang C，Yam M C H，Lam A C C，et al. Cyclic performance of extended end-plate connections equipped
with shape memory alloy bolts［J］. Journal of Constructional Steel Research，2014，94：122-136.

［9］ Yam M C H，Fang C，Lam A C C，et al. Numerical study and practical design of beam-to-column
connections with shape memory alloys［J］. Journal of Constructional Steel Research，2015，104：177-
192.

［10］ Fang C，Zheng Y，Chen J B，et al. Superelastic NiTi SMA cables：Thermal-mechanical behavior，
hysteretic modelling and seismic application［J］. Engineering Structures，2019，183：533-549.

［11］ Reedlunn B，Daly S，Shaw J. Superelastic shape memory alloy cables：Part I–isothermal tension
experiments［J］. International Journal of Solids and Structures，2013，50（20-21）：3009-3026.

［12］ Ozbulut O E，Daghash S，Sherif M M. Shape memory alloy cables for structural applications［J］.
Journal of Materials in Civil Engineering，2015，28（4）：04015176.

［13］ Sherif M M，Ozbulut O E. Tensile and superelastic fatigue characterization of NiTi shape memory cables［J］.
Smart Materials and Structures，2017，27（1）：015007.

［14］ Carboni B，Lacarbonara W，Auricchio F. Hysteresis of multiconfiguration assemblies of nitinol and steel
strands：experiments and phenomenological identification［J］. Journal of Engineering Mechanics，
2014，141（3）：04014135.

［15］ Mas B，Biggs D，Vieito I，et al. Superelastic shape memory alloy cables for reinforced concrete
applications［J］. Construction and Building Materials，2017，148：307-320.

［16］ 庄鹏，聂攀，薛素铎，等．大尺寸超弹性镍钛形状记忆合金螺旋弹簧滞回性能［J］．建筑科学与工
程学报，2016：114-120.

［17］ Speicher M，Hodgson D E，DesRoches R，et al. Shape memory alloy tension/compression device for
seismic retrofit of buildings［J］. Journal of materials engineering and performance，2009，18（5-6）：

746-753.

［18］ Mirzaeifar R，DesRoches R，Yavari A. A combined analytical，numerical，and experimental study of shape-memory-alloy helical springs ［J］. International Journal of Solids and Structures，2011，48（3-4）: 611-624.

［19］ Savi M A，Pacheco P M C L，Garcia M S，et al. Nonlinear geometric influence on the mechanical behavior of shape memory alloy helical springs ［J］. Smart Materials and Structures，2015，24（3）: 035012.

［20］ Fang C，Zhou X，Osofero A I，et al. Superelastic SMA Belleville washers for seismic resisting applications : experimental study and modelling strategy ［J］. Smart Materials and Structures，2016， 25（10）: 105013.

［21］ Sgambitterra E，Maletta C，Furgiuele F. Modeling and simulation of the thermo-mechanical response of NiTi-based Belleville springs ［J］. Journal of Intelligent Material Systems and Structures，2016，27（1）: 81-91.

［22］ Fang C，Yam M C H，Lam A C C，et al. Feasibility study of shape memory alloy ring spring systems for self-centring seismic resisting devices ［J］. Smart Materials and Structures，2015，24（7）: 075024.

［23］ 李宏男，钱辉，宋钢兵，等. 一种新型 SMA 阻尼器的试验和数值模拟研究 ［J］. 振动工程学报， 2008，21（2）: 179-184.

［24］ Asgarian B，Moradi S. Seismic response of steel braced frames with shape memory alloy braces ［J］. Journal of Constructional Steel Research，2011，67（1）: 65-74.

［25］ 陈云，吕西林，蒋欢军. 新型耗能增强型 SMA 阻尼器设计和滞回耗能性能分析 ［J］. 中南大学学报（自然科学版），2013，44（6）: 2527-2536.

［26］ Ma H，Cho C. Feasibility study on a superelastic SMA damper with re-centring capability ［J］. Materials Science and Engineering : A，2008，473（1-2）: 290-296.

［27］ 宋娃丽，戴辰，任文杰，等. 多维形状记忆合金阻尼器的设计及性能研究 ［J］. 河北工业大学学报， 2010，39（1）: 103-107.

［28］ Zhu S，Zhang Y. Performance based seismic design of steel braced frame system with self-centering friction damping brace ［C］//Structures Congress 2008 : 18th Analysis and Computation Specialty Conference. American Society of Civil Engineers，Vancouver，2008 : 1-13.

［29］ 任文杰，王利强，马志成，等. 形状记忆合金 - 摩擦复合阻尼器力学性能研究 ［J］. 建筑结构学报， 2013，34（2）: 83-90.

［30］ Miller D J，Fahnestock L A，Eatherton M R. Development and experimental validation of a nickel–titanium shape memory alloy self-centering buckling-restrained brace ［J］. Engineering Structures， 2012，40 : 288-298.

［31］ Yang C S W，DesRoches R，Leon R T. Design and analysis of braced frames with shape memory alloy and energy-absorbing hybrid devices ［J］. Engineering Structures，2010，32（2）: 498-507.

［32］ Xu X，Zhang Y，Luo Y. Self-centering eccentrically braced frames using shape memory alloy bolts and post-tensioned tendons ［J］. Journal of Constructional Steel Research，2016，125 : 190-204.

［33］ Sepúlveda J，Boroschek R，Herrera R，et al. Steel beam–column connection using copper-based shape memory alloy dampers ［J］. Journal of Constructional Steel Research，2008，64（4）: 429-435.

［34］ Speicher M S，DesRoches R，Leon R T. Experimental results of a NiTi shape memory alloy（SMA）-based recentering beam-column connection ［J］. Engineering structures，2011，33（9）: 2448-2457.

［35］ 武振宇，何小辉，张耀春，等. 采用马氏体镍钛形状记忆合金螺杆的钢框架梁柱节点滞回性能试验研究 ［J］. 建筑结构学报，2011，32（10）: 97-106.

［36］ Wang W，Fang C，Liu J. Self-centering beam-to-column connections with combined superelastic SMA bolts and steel angles［J］. Journal of Structural Engineering，2016，143（2）：04016175.

［37］ Wang W，Chan T M，Shao H. Seismic performance of beam–column joints with SMA tendons strengthened by steel angles［J］. Journal of Constructional Steel Research，2015，109：61-71.

［38］ 刘佳，王伟. SMA 节点自回复性能的有限元研究［J］. 建筑结构，2016，46（增刊1）：558-562.

［39］ 邵红亮，王伟. 新型圆管柱-H型钢梁节点自回复性能分析［J］. 建筑结构，2014，44（增刊1）：352-355.

［40］ Ma H，Wilkinson T，Cho C. Feasibility study on a self-centering beam-to-column connection by using the superelastic behavior of SMAs［J］. Smart Materials and Structures，2007，16（5）：1555.

［41］ Fang C，Yam M C H，Chan T M，et al. A study of hybrid self-centring connections equipped with shape memory alloy washers and bolts［J］. Engineering Structures，2018，164：155-168.

［42］ Wang W，Chan T M，Shao H，et al. Cyclic behavior of connections equipped with NiTi shape memory alloy and steel tendons between H-shaped beam to CHS column［J］. Engineering Structures，2015，88：37-50.

［43］ Wang W，Chan T M，Shao H. Numerical investigation on I-beam to CHS column connections equipped with NiTi shape memory alloy and steel tendons under cyclic loads［J］. Structures，2015，4（5）：114-124.

［44］ Wang W，Fang C，Yang X，et al. Innovative use of a shape memory alloy ring spring system for self-centering connections［J］. Engineering Structures，2017，153：503-515.

［45］ Dezfuli F H，Alam M S. Performance-based assessment and design of FRP-based high damping rubber bearing incorporated with shape memory alloy wires［J］. Engineering Structures，2014，61：166-183.

［46］ Shinozuka M，Chaudhuri S R，Mishra S K. Shape-memory-alloy supplemented lead rubber bearing（SMA-LRB）for seismic isolation［J］. Probabilistic Engineering Mechanics，2015，41：34-45.

［47］ 任文杰，钱辉，伊廷华，等. 一种新型超弹性SMA-叠层橡胶复合隔震支座［J］. 防灾减灾工程学报，2010，30（增刊1）：238-242.

［48］ Gur S，Mishra S K，Chakraborty S. Performance assessment of buildings isolated by shape - memory - alloy rubber bearing：Comparison with elastomeric bearing under near - fault earthquakes［J］. Structural Control and Health Monitoring，2014，21（4）：449-465.

［49］ 庄鹏，薛素铎，韩淼，等. SMA弹簧-摩擦支座的滞回性能研究［J］. 振动与冲击，2016，35（9）：94-100.

［50］ 刘海卿，李忠献. 应用形状记忆合金-橡胶复合支座的结构隔震［J］. 自然灾害学报，2006，15（3）：123-127.

［51］ Ozbulut O E，Hurlebaus S. Evaluation of the performance of a sliding-type base isolation system with a NiTi shape memory alloy device considering temperature effects［J］. Engineering Structures，2010，32（1）：238-249.

［52］ Ozbulut O E，Hurlebaus S. Energy-balance assessment of shape memory alloy-based seismic isolation devices［J］. Smart Structures and Systems，2011，8（4）：399-412.

［53］ 陈鑫，李爱群，左晓宝，等. 新型形状记忆合金隔震支座设计与分析［J］. 振动与冲击，2011，30（6）：256-260.

［54］ 毛晨曦，李素超，赵亚哥白，等. 一种新型隔震材料：形状记忆合金金属橡胶［J］. 土木工程学报，2010，43（增刊2）：176-181.

［55］ Moradi S，Alam M S，Asgarian B. Incremental dynamic analysis of steel frames equipped with NiTi shape memory alloy braces［J］. The Structural Design of Tall and Special Buildings，2014，23（18）：1406-1425.

［56］ Vafaei D，Eskandari R. Seismic performance of steel mega braced frames equipped with shape - memory alloy braces under near - fault earthquakes ［J］. The Structural Design of Tall and Special Buildings, 2016, 25（1）: 3-21.

［57］ Qiu C, Zhu S. Shake table test and numerical study of self - centering steel frame with SMA braces ［J］. Earthquake Engineering & Structural Dynamics, 2017, 46（1）: 117-137.

［58］ Ozbulut O E, Hurlebaus S. Re-centering variable friction device for vibration control of structures subjected to near-field earthquakes ［J］. Mechanical Systems and Signal Processing, 2011, 25（8）: 2849-2862.

［59］ Silwal B, Michael R J, Ozbulut O E. A superelastic viscous damper for enhanced seismic performance of steel moment frames ［J］. Engineering Structures, 2015, 105: 152-164.

［60］ Di Cesare A, Ponzo F C, Nigro D, et al. Experimental and numerical behaviour of hysteretic and visco-recentring energy dissipating bracing systems ［J］. Bulletin of Earthquake Engineering, 2012, 10（5）: 1585-1607.

［61］ Kari A, Ghassemieh M, Abolmaali S A. A new dual bracing system for improving the seismic behavior of steel structures ［J］. Smart Materials and Structures, 2011, 20（12）: 125020.

［62］ 李春祥, 汤钰新. 混合形状记忆合金和屈曲约束支撑系统自复位抗震研究 ［J］. 振动与冲击, 2014, 33（10）: 152-156.

［63］ Eatherton M R, Fahnestock L A, Miller D J. Computational study of self - centering buckling - restrained braced frame seismic performance ［J］. Earthquake Engineering & Structural Dynamics, 2014, 43（13）: 1897-1914.

［64］ DesRoches R, Taftali B, Ellingwood B R. Seismic performance assessment of steel frames with shape memory alloy connections. Part I—analysis and seismic demands ［J］. Journal of Earthquake Engineering, 2010, 14（4）: 471-486.

［65］ Sultana P, Youssef M A. Seismic performance of steel moment resisting frames utilizing superelastic shape memory alloys ［J］. Journal of Constructional Steel Research, 2016, 125: 239-251.

［66］ Fang C, Wang W, Chen Y Y, Ricles J, Sause R, Yang X, Zhong QM. Application of an innovative SMA ring spring system for self-centering steel frames subject to seismic conditions ［J］. Journal of Structural Engineering, 2018, 144（8）: 04018114.

［67］ Fang C, Wang W, He C, et al. Self-centring behaviour of steel and steel-concrete composite connections equipped with NiTi SMA bolts ［J］. Engineering Structures, 2017, 150: 390-408.

［68］ McCormick J, Aburano H, Ikenaga M, Nakashima M. Permissible residual deformation levels for building structures considering both safety and human elements ［C］//14th conference on earthquake engineering, Chinese Association of Earthquake Engineering, Beijing, 2008.

［69］ FEMA P-58-1: Seismic Performance Assessment of Buildings, Volume 1 – Methodology ［S］. Federal Emergency Management Agency, Washington, D.C., 2012.

［70］ 中华人民共和国国家质量监督检验检疫总局. GB/T 228.1—2010 金属材料拉伸试验 第1部分：室温试验方法 ［S］. 北京：中国标准出版社, 2010.

［71］ Li Yan, 张为民, Langbein Suen. 退火处理对 NiTi 形状记忆合金丝力学特性影响的试验研究 ［J］. 装备机械, 2008（2）: 58-60.

［72］ 图仕捷, 钟春燕. 退火处理对 NiTi 记忆合金丝力学性能的影响 ［J］. 热加工工艺, 2009（24）: 143-145.

［73］ 邵红亮. 集成形状记忆合金螺杆的圆钢管柱 -H 形梁节点自回复性能研究 ［D］. 上海：同济大学, 2014.

［74］ Frick C P, Ortega A M, Tyber J, et al. Thermal processing of polycrystalline NiTi shape memory alloys ［J］. Materials Science and Engineering: A, 2005, 405（1-2）: 34-49.

［75］McCormick J P. Cyclic Behavior Of Shape Memory Alloys -Material Characterization And Optimization ［D］. 2006.

［76］李广波，崔迪，洪树蒙. 超弹性形状记忆合金丝力学性能试验研究［J］. 大连大学学报，2008，29（3）：129-133.

［77］凌育洪，彭辉鸿，张帅. 超弹性 NiTi 丝的力学性能［J］. 华南理工大学学报，2010，38（4）：131-135.

［78］李艳锋，米绪军，高宝东. 预应变对 Ni50.2Ti49.8 合金记忆特性的影响［J］. 稀有金属，2008,32(6)：714-717.

［79］DesRoches R，McCormick J，Delemont M. Cyclic properties of superelastic shape memory alloy wires and bars［J］. Journal of Structural Engineering，2004，130（1）：38-46.

［80］Liang C，Davidson F M，Schetky M D，et al. Applications of torsional shape memory alloy actuators for active rotor blade control：opportunities and limitations［C］// Smart Structures and Materials 1996：Smart Structures and Integrated Systems. International Society for Optics and Photonics，1996.

［81］刘佳. 基于大尺度 SMA 的钢框架梁柱节点自回复性能试验与设计方法研究［D］. 上海：同济大学，2016.

［82］CEN. BS EN 1998-1：2004 Eurocode 8：Design of Structures for earthquake resistance - Part1：General rules，seismic action and rules for buildings［S］. 2004.

［83］AISC. ANSI/AISC 341-10 Seismic Provisions for Structural Steel Buildings［S］. American Institute of Steel Construction，2010.

［84］Venture S J. Protocol for Fabrication，Inspection，Testing，and Documentation of Beam-Column connection Tests and Other Experimental Specimens，Report No. SAC/BD-97/02［R］.1997.

［85］Birtel V，Mark P. Parameterised Finite Element Modelling of RC Beam Shear Failure：2006 ABAQUS Users' Conference［C］. 2006.

［86］Chou C C，Chen S Y .Subassemblage tests and finite element analyses of sandwiched buckling-restrained braces［J］. Engineering Structures，2010，32（8）：2108-2121.

［87］Ohtori Y，Christenson R E，Spencer B F，et al. Benchmark Control Problems for Seismically Excited Nonlinear Buildings［J］. Journal of Engineering Mechanics，2004，130（4）：366-385.

［88］Ozbulut O E，Hurlebaus S . Application of an SMA-based hybrid control device to 20-story nonlinear benchmark building［J］. Earthquake Engineering & Structural Dynamics，2012，41（13）.

［89］ASCE 7-10. Minimum Design Loads for Buildings and Other Structures［S］. American Society of Civil Engineers，Reston，Virginia，2010.

［90］周颖，吕西林，卜一. 增量动力分析法在高层混合结构性能评估中的应用［J］. 同济大学学报（自然科学版），2008，38（2）：183-187.

［91］Bertero V V. Strength and deformation capacities of buildings under extreme environments［J］. Structural engineering and structural mechanics. 1977，53（1）：29-79.

［92］Vamvatsikos D. Seismic performance，capacity and reliability of structures as seen through incremental dynamic analysis［D］. Stanford University，2002.

［93］FEMA P695. Quantification of building seismic performance factors［S］. Federal Emergency Management Agency，Washington. 2009.

［94］Vamvatsikos D，Cornell C A. Incremental dynamic analysis［J］. Earthquake Engineering & Structural Dynamics. 2002，31（3）：491-514.

［95］HAZUS F. Earthquake Loss Estimation Methodology：User's Manual. Federal Emergency Management Agency［S］. Washington，DC. 1999.

［96］FEMA P58. Seismic Performance Assessment of Buildings［S］. ATC. Applied Technology Council. CA.

USA; 2012.

[97] FEMA 356. Prestandard and commentary for the seismic rehabilitation of buildings. FEMA Publication . 2000，356.

[98] Venture S J，Committee G D，Venture S J. Recommended seismic design criteria for new steel moment-frame buildings［S］. Federal Emergency Management Agency，2000.

[99] 龚思礼 . 建筑抗震设计手册［M］. 北京：中国建筑工业出版社，2002.

[100] Cornell C A. Progress and challenges in seismic performance assessment［J］. Peer Center News，2000，20（2）：130–139.

[101] Jayaram N，Shome N，Rahnama M . Development of earthquake vulnerability functions for tall buildings［J］. Earthquake Engineering & Structural Dynamics，2012，41（11）：1495-1514.

[102] Binder K，Heermann D，Roelofs L，et al. Monte Carlo Simulation in Statistical Physics［J］. Computers in Physics，1993，7（2）：156.

[103] Dimopoulos A I，Tzimas A S，Karavasilis T L，et al. Probabilistic economic seismic loss estimation in steel buildings using post-tensioned moment-resisting frames and viscous dampers［J］. Earthquake Engineering & Structural Dynamics，2016，45：1725-1741.